U0203162

清华

开发者书库

The Architecture and Programming of ARM Cortex-M3
Second Edition

ARM Cortex-M3
体系结构与编程
（第2版）

冯新宇◎编著
Feng Xinyu

清华大学出版社

北京

内 容 简 介

本书从 Cortex-M3 处理器入手,详细阐述了 STM32 微控制器的用法。本书从编程软件的使用、STM32 的 IO 口配置讲起,深入浅出地介绍了该处理器的重要内容,主要包括基本 IO 接口、中断、ADC、定时器等。最后几章给出了多个案例,有的来源于学生的电子设计大赛作品,有的来源于科研课题,如平衡车设计、井下通信分站设计、四旋翼飞行器设计等,都较好地诠释了 STM32 的典型应用,可以帮助读者快速地入门并且上手操作。最后一章给出几个设计案例思路,读者在综合前面的学习后,可以自行设计作品,达到活学活用的目的。

本书配套全部设计电路图、源代码和 PPT 素材以及在线答疑等,方便读者学习。本书可作为电子、通信及控制等相关专业的参考书,也可以作为相关技术人员的技术参考书。

本书封面贴有清华大学出版社防伪标签,无标签者不得销售。

版权所有,侵权必究。举报:010-62782989,beiqinquan@tup.tsinghua.edu.cn。

图书在版编目(CIP)数据

ARM Cortex-M3 体系结构与编程/冯新宇编著.—2 版.—北京:清华大学出版社,2017(2023.1重印)
(清华开发者书库)
ISBN 978-7-302-47332-9

Ⅰ.①A… Ⅱ.①冯… Ⅲ.①微处理器—系统设计 Ⅳ.①TP332

中国版本图书馆 CIP 数据核字(2017)第 124179 号

责任编辑:盛东亮
封面设计:李召霞
责任校对:梁 毅
责任印制:丛怀宇

出版发行:清华大学出版社
　　　网　　址:http://www.tup.com.cn,http://www.wqbook.com
　　　地　　址:北京清华大学学研大厦 A 座　　　　　　邮　编:100084
　　　社 总 机:010-83470000　　　　　　　　　　　邮　购:010-62786544
　　　投稿与读者服务:010-62776969,c-service@tup.tsinghua.edu.cn
　　　质量反馈:010-62772015,zhiliang@tup.tsinghua.edu.cn
　　　课件下载:http://www.tup.com.cn,010-83470236
印 装 者:三河市铭诚印务有限公司
经　　销:全国新华书店
开　　本:186mm×240mm　　　印　张:25　　　　　　字　　数:576 千字
版　　次:2016 年 2 月第 1 版　 2017 年 8 月第 2 版　　印　　次:2023 年 1 月第 8 次印刷
定　　价:69.00 元

产品编号:075320-01

第2版前言
PREFACE

《ARM Cortex-M3 体系结构与编程》一书在 2016 年出版以来,收到很多高校授课教师和广大读者的意见反馈,在此首先感谢这些读者给本书提出的宝贵意见,针对书中出现的问题和不足,在第 2 版中进行了修订和完善。

主要修订内容如下:

第 1 版书稿中有多处文字错误,有些原理表述不清,对此进行了修订;完善每章课后习题内容,使之更适合教学和强化训练。

第 2 版增加了 3 章内容,涉及两个综合案例(第 15 章和第 16 章)和一章设计内容(第 17 章)。两个综合案例为无线电能功率传输系统的设计和四旋翼飞行器设计,论述较为详细,是两个完整的设计案例。为了保证设计的完整性,部分设计内容和第 10 章以及第 14 章有少量重复,读者在进行案例内容学习时,可以根据自身需要,不按章节顺序学习。第 17 章给出了几个设计思路,读者可以根据设计要求自行设计,所有设计经过实际验证,软件代码会通过网络发布。

本书涉及的最小系统、显示电路、键盘模块、巡线模块、各种驱动电源模块,都已经做成了标准的 PCB。所有工程案例的源代码、书稿 PPT 等内容读者均可获取,这些案例在实际教学中都得到了验证,方便读者修改制作。第 1 版的 QQ 群号继续使用,方便读者交流学习:185156135。

本书第 2 版得到了教育部高等教育司 2016 年第二批产学合作协同育人项目 ARM 公司的支持,感谢陈炜先生!

感谢我的同事范红刚老师,我们一起合作多年,感谢他的无私帮助!

我的学生张凯、李民杰、张成照、梁亮、宋熠林、张学飞、秦云辉等完成了所有代码的编写验证工作,感谢他们的辛苦工作。

作 者

2017 年 5 月

第1版前言
PREFACE

本书的名称为《ARM Cortex-M3 体系结构与编程》，更多讲解的是编程及应用开发，结构方面涉及较少。作为 Cortex-M3 重要的一员，STM32 是现在应用较多的一款芯片，从应用的角度出发，这本书实际是在讲 STM32 的应用，这个先和读者交代一下。

从 51 单片机的简单应用，演变到嵌入式、物联网、元计算、框计算等，越来越多的"概念"呈现在我们眼前，电子技术的日新月异，推动着相关行业的发展，改变着我们的生活。现在已经习惯把单片机相关的开发，统称为嵌入式开发。高校的授课主要以 51 单片机为主，有个别专业开始开设 M3 的选修课，STM32 作为其重要家族成员，正慢慢地被越来越多的学生学习。

2012 年，开始研发井下小型的通信基站，想选一款合适的芯片，后来选中了一款基于 STM32 的工业核心开发板作为主控制器，该项目已经实际运行使用，读者可以作为蓝本，在此基础上进一步开发、学习。该项目作为一个案例，出现在本书的最后一章。当真正开始着手写本书时，发现无从下手，一拖再拖，因为 STM32 的内容真的很多，资料短时间内整理起来又很困难，从一本书的角度很难说得透彻、清晰，所以有些概念的理解还是希望读者有一点 51 单片机和 C 语言的基础。本书所列出的章节都是学生日常参加电子设计大赛、毕业设计用的一些内容，STM32 本身很多重要的应用并未列入其中。同时，互联网上有很多优秀的电子资源，比较适合作为初学者学习的素材，例如"野火""战舰""原子"等，本书很多想法和内容也来自它们。很多学生大二开始学习 STM32，从流水灯开始，做普通的巡线小车、小平衡车到最后做出能载 100 多公斤并自由行进的大平衡车，整个学习过程不到一年，但他们收获了很多知识。STM32 入门相对 51 单片机复杂一些，但是 STM32 的使用要比 51 单片机更容易和便捷，书中的很多例子来源于笔者指导的毕业设计和电子设计大赛，后面章节特别涉及最小系统设计、电源设计、电机驱动设计，从全书看是有一些重复的，但是作为独立的设计，这种重复还是必要的，希望读者理解。书中涉及最小系统、数码管显示电路、键盘模块、巡线模块、各种驱动电源模块，都已经做成了标准的 PCB，在实际教学实验中使用，读者可以方便修改制作。这本书完成匆忙，很多东西加工得不是很细致，留个 QQ 群号 185156135，方便读者交流学习。

　　本书的很多素材资料来源于其他老师和学生,在此一并感谢! 参与本书编写的还有范红刚老师、宋一兵、管殿柱、王献红、李文秋、赵景波、张忠林、曹立文、张凯、李民杰、张成照、梁亮、宋熠林和张学飞等。

　　感谢我的家人,假期陪我一起工作!

冯新宇

2016 年 1 月

学习说明
STUDY SHOWS

本书工程文件下载地址

  本书配套资源可加入下方学习交流 QQ 群获取,仅限购买本书的读者个人学习使用,不得以任何方式传播!

本书学习交流联络方式

(1) 微信公众号:嵌入式系统设计(emsyde)

(2) QQ 群号:185156135

(3) 作者电子邮件:88574099@163.com

(4) 嵌入式开发硬件资源:https://shop58461739.taobao.com/? spm＝a1z10.1-c.0.0.N63Uxr

目 录
CONTENTS

## 第 1 章

ARM Cortex-M3 核介绍

Cortex-M3 采用 ARM V7 构架,不仅支持 Thumb-2 指令集,而且拥有很多新特性。较之 ARM7 TDMI,Cortex-M3 拥有更优的性能、更高的代码密度、可嵌套中断、低成本、低功耗等众多优势。

国内 Cortex-M3 市场,ST(意法半导体)公司的 STM32 无疑是最大赢家,ST 无论市场占有率,还是技术支持方面,都远超竞争对手。Cortex-M3 在芯片的选择上,STM32 无疑是大家的首选,而且可以比较方便地购买。目前,Cortex-M3 在以下领域有较广泛的应用:

(1) 医疗和手持设备;

(2) PC 游戏机外设和 GPS 平台;

(3) 工业应用中可编程控制器(PLC)、变频器、打印机和扫描仪等;

(4) 警报系统、视频对讲和暖气通风空调系统等。

1.1 Cortex-M3 主要特性

Cortex-M3 是 ARM 公司基于 ARM V7 架构的基础上设计出来的一款新型的芯片内核。相对于其他 ARM 系列的微控制器,Cortex-M3 内核拥有以下优势和特点:

1. 三级流水线和分支预测

现代处理器中,大多数都采用了指令预存及流水线技术,来提高处理器的指令运行速度。执行指令的过程中,如果遇到了分支指令,由于执行的顺序也许会发生改变,指令预取队列和流水线中的一些指令就可能作废,需要重新取相应的地址,这样会使得流水线出现"断流现象",处理器的性能会受到影响。尤其在 C 语言程序中,分支指令的比例能达到 $10\% \sim 20\%$,这对于处理器来说无疑是一件很恐怖的事情。因此,现代高性能的流水线处理器都会就一些分支预测的部件,在处理器从存储器预取指令的过程中,当遇到分支指令时,处理器就能自动预测跳转是否会发生,然后才从预测的方向进行相应的取值,从而让流水线能连续地执行指令,保证它的性能。

2. 哈佛结构

哈佛结构式的处理器采用独立的数据总线和指令总线,处理器可以同时进行对指令和数据的读写操作,使得处理器的运行速度得以提高。

3. 内置嵌套向量中断控制器

Cortex-M3 首次在内核部分采用了嵌套向量中断控制器,即 NVIC。也正是采用了中断嵌套的方式,使得 Cortex-M3 能将中断延迟减小到 12 个时钟周期(一般,ARM7 需要 24～42 个时钟周期)。Cortex-M3 不仅采用了 NVIC 技术,还采用了尾链技术,从而使中断响应时间减小到了 6 个时钟周期。

4. 支持位绑定操作

在 Cortex-M3 内核出现之前,ARM 内核是不支持位操作的,而是要用逻辑与、或的操作方式来进行屏蔽对其他位的影响。这样的结果带来的是指令的增加和处理时间的增加。Cortex-M3 采用了位绑定的方式让位操作成为可能。

5. 支持串行调试(SWD)

一般的 ARM 处理器采用的都是 JTAG 调试接口,但是 JTAG 接口占用的芯片 I/O 端口过多,这对于一些引脚少的处理器来说很浪费资源。Cortex-M3 在原来的 JTAG 接口的基础上增加了 SWD 模式,只需要两个 I/O 端口即可完成仿真,节约了调试占用的引脚。

6. 支持低功耗模式

Cortex-M3 内核在原来的只有运行/停止的模式上增加了休眠模式,使得 Cortex-M3 的运行功耗也很低。

7. 拥有高效的 Thumb2 16/32 位混合指令集

原有的 ARM7、ARM9 等内核使用的都是不同的指令,例如 32 位的 ARM 指令和 16 位的 Thumb 指令。Cortex-M3 使用了更高效的 Thumb2 指令来实现接近 Thumb 指令的代码尺寸,达到 ARM 编码的运行性能。Thumb2 是一种高效的,紧凑的新一代指令集。

8. 32 位硬件除法和单周期乘法

Cortex-M3 内核加入了 32 位的除法指令,弥补了一些除法密集型运用中性能不好的问题。

同时,Cortex-M3 内核也改进了乘法运算的部件,使得 32 位乘 32 位的乘法在运行时间上减少到了一个时钟周期。

9. 支持存储器非对齐模式访问

Cortex-M3 内核的 MCU 一般用的内部寄存器都是 32 位编址。如果处理器只能采用对齐的访问模式,那么有些数据就必须被分配,占用一个 32 位的存储单元,这是一种浪费的现象。为了解决这个问题,Cortex-M3 内核采用了支持非对齐模式的访问方式,从而提高了存储器的利用率。

10. 内部定义了统一的存储器映射

在 ARM7、ARM9 等内核中没有定义存储器的映射,不同的芯片厂商需要自己定义存储器的映射,这使得芯片厂商之间存在不统一的现象,给程序的移植带来了麻烦。Cortex-M3 则采用了统一的存储器映射的分配,使得存储器映射得到了统一。

11. 极高的性价比

Cortex-M3 内核的 MCU 相对于其他的 ARM 系列的 MCU 性价比高许多。

1.2　典型 M3 核处理器特性

以 STM32F103xxx 为例，介绍其主要特性。中等容量增强型主要特性有：

1. 内核：ARM 32 位的 Cortex-M3 CPU

(1) 最高 72MHz 工作频率，在存储器的 0 等待周期访问时，可达到 1.25Dmips/MHz。

(2) 单周期乘法和硬件除法。

2. 存储器

(1) 64～128KB 的闪存程序存储器。

(2) 高达 20KB 的 SRAM。

3. 时钟、复位和电源管理

(1) 2.0～3.6V 电压和 I/O 引脚。

(2) 上电/断电复位(POR/PDR)、可编程电压监测器(PVD)。

(3) 4～16MHz 晶体振荡器。

(4) 内嵌经出厂调校的 8MHz 的 RC 振荡器。

(5) 内嵌带校准的 40kHz 的 RC 振荡器。

(6) 产生 CPU 时钟的 PLL。

(7) 带校准功能的 32kHz RTC 振荡器。

4. 低功耗

(1) 睡眠、停机和待机模式。

(2) VBAT 为 RTC 和后备寄存器供电。

5. 两个 12 位模数转换器，1 μs 转换时间(多达 16 个输入通道)

(1) 转换范围为 0～3.6V。

(2) 双采样和保持功能。

(3) 温度传感器。

6. DMA

(1) 7 通道 DMA 控制器。

(2) 支持的外设，包括定时器、ADC、SPI、I2C 和 USART。

7. 多达 80 个快速 I/O 端口

(1) 26/37/51/80 个 I/O 端口，所有 I/O 端口都可以映射到。

(2) 16 个外部中断，几乎所有端口均可容忍 5V 电压信号。

8. 调试模式

串行单线调试(SWD)和 JTAG 接口。

9. 多达 7 个定时器

(1) 3 个 16 位定时器,每个定时器有多达 4 个用于输入捕获/输出比较/PWM 或脉冲计数的通道和增量编码器输入。

(2) 一个 16 位带死区控制和紧急刹车,用于电机控制的 PWM 高级控制定时器。

(3) 两个看门狗定时器(独立的和窗口型的)。

(4) 系统时间定时器,即 24 位自减型计数器。

10. 多达 9 个通信接口

(1) 多达两个 I2C 接口(支持 SMBus/PMBus)。

(2) 多达 3 个 USART 接口(支持 ISO7816 接口,LIN,IrDA 接口和调制解调控制)。

(3) 多达两个 SPI 接口(18Mb/s)。

(4) CAN 接口(2.0B 主动)。

(5) USB 2.0 全速接口。

1.2.1 命名规则

STM32 的命名规则如图 1-1 所示。

1.2.2 产品功能和外设配置

STM32F103xx 中等容量产品功能和外设配置如表 1-1 所示。

表 1-1 STM32F103xx 中等容量产品功能和外设配置

外设		STM32F103Tx	STM32F103Cx		STM32F103Rx		STM32F103Vx	
闪存(KB)		64	64	128	64	128	64	128
SRAM(KB)		20	20	20	20		20	
定时器	通用	3 个(TIM2、TIM3、TIM4)						
	高级控制	1 个(TIM1)						
通信接口	SPI	1 个(SPI1)	2 个(SPI1、SPI2)					
	I^2C	1 个(I^2C1)	2 个(I^2C1,I^2C2)					
	USART	2 个 USART1、USART2	3 个(USART1、USART2、USART3)					
	USB	1 个(USB 2.0 全速)						
	CAN	1 个(2.0B 主动)						
GPIO 端口		26	37		51		80	
12 位 ADC 模块(通道数)		2(10)	2(10)		2(16)		2(16)	
CPU 频率		72MHz						
工作电压		2.0～3.6V						
工作温度		环境温度:−40～+85℃/−40～+105℃						
		结温度:−40～+125℃						
封装形式		LQFP64	TFBGA64		LQFP100 VFQFPN36		LFBGA100 LQFP48	

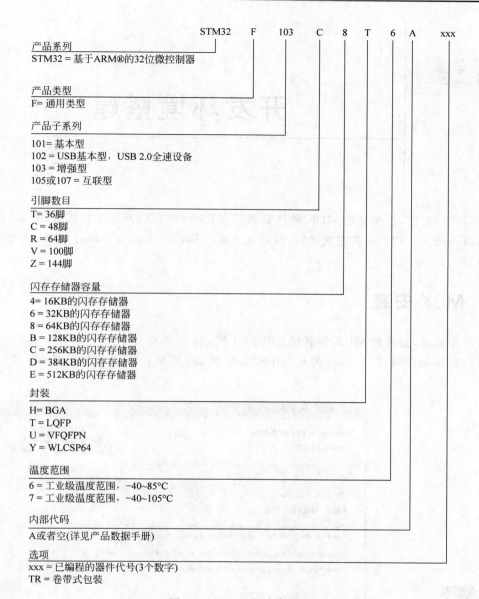

STM32 F 103 C 8 T 6 A xxx

产品系列
STM32 = 基于ARM®的32位微控制器

产品类型
F= 通用类型

产品子系列
101= 基本型
102 = USB基本型，USB 2.0全速设备
103 = 增强型
105或107 = 互联型

引脚数目
T= 36脚
C = 48脚
R = 64脚
V = 100脚
Z = 144脚

闪存存储器容量
4= 16KB的闪存存储器
6 = 32KB的闪存存储器
8 = 64KB的闪存存储器
B = 128KB的闪存存储器
C = 256KB的闪存存储器
D = 384KB的闪存存储器
E = 512KB的闪存存储器

封装
H= BGA
T = LQFP
U = VFQFPN
Y = WLCSP64

温度范围
6 = 工业级温度范围，−40~85℃
7 = 工业级温度范围，−40~105℃

内部代码
A或者空(详见产品数据手册)

选项
xxx = 已编程的器件代号(3个数字)
TR = 卷带式包装

图 1-1　STM32 的命名规则

习题

（1）Cortex-M3 处理器与传统 ARM7 和 ARM9 处理器相比，有哪些改进？

（2）掌握 STM32 的命名规则，如图 1-1 所示。

（3）通过表 1-1，了解 STM32 家族成员的区别。

## 第 2 章

开发环境搭建

编写代码之前,首先要把 MDK 软件安装好,STM32 常用的开发工具是 Keil,本书使用的软件版本是 V4.72。安装完成之后,可以在工具栏 help→about μVision 选项卡中查看到版本信息。

2.1 MDK 安装

打开安装包,会看到 MDK 安装包,如图 2-1 所示。

(1) 单击 MDK472_a.exe,弹出 MDK 安装界面,按照如下步骤操作即可,如图 2-2所示。

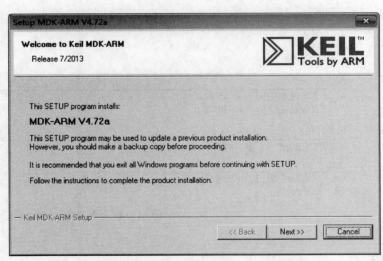

图 2-1 安装包   图 2-2 安装启动界面

(2) 单击 Next>> 按钮,弹出安装 License Agreement 界面,如图 2-3 所示。

(3) 勾选 I agree to…,单击 Next>> 按钮,选择安装路径,如图 2-4 所示,选择英文路径安装。

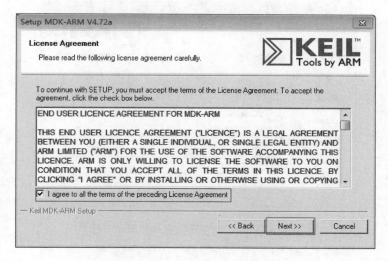

图 2-3　License Agreement 界面

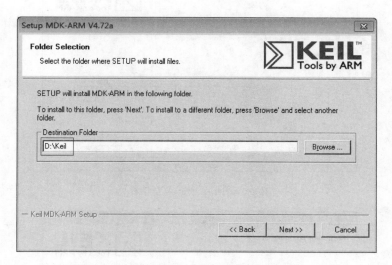

图 2-4　安装路径设置

（4）单击 Next >> 按钮，弹出 Customer Information 定制信息，如图 2-5 所示。按要求填写名称，公司名称，电子邮件等信息。

（5）单击 Next >> 按钮，软件开始安装，弹出 Setup Status 对话框，如图 2-6 所示。

（6）待软件安装结束，如图 2-7 所示，提示是否添加项目。

（7）选择不添加项目，如图 2-8 所示。

（8）单击 Finish 按钮，如图 2-9 所示，软件安装完毕。

（9）试用版软件对编译程序有 40KB 大小的代码限制，可以通过购买正版软件或者其他方式获取更多的信息。

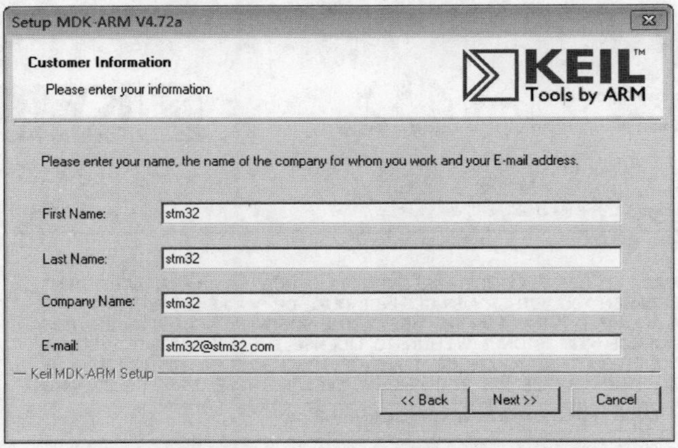

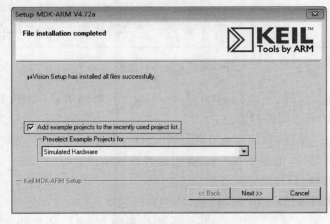

图 2-5　Customer Information 定制信息对话框

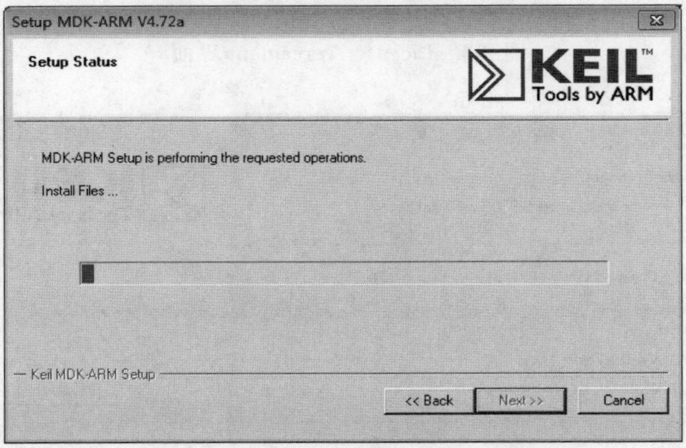

图 2-6　Setup Status 对话框

图 2-7　软件安装完成对话框

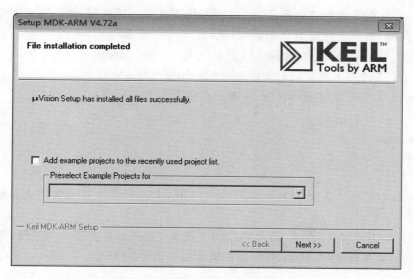

图 2-8 软件安装完成设置对话框

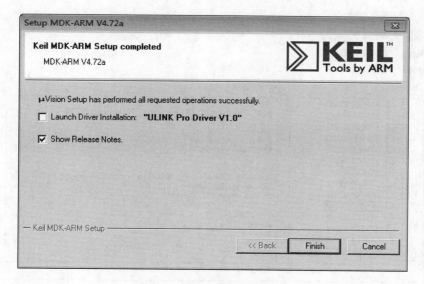

图 2-9 软件安装完成对话框

2.2 新建工程

单击桌面 ![Keil uVision4] 图标,启动软件。该软件和一般编译器区别不大,本书不详细说明使用方法,读者可以通过该软件自带的 Help 了解详细信息。新建工程的方法主要是考虑设计方便,符合自己常用的习惯,下面简单介绍创建一个工程的步骤。

(1) 将 V3.5 版本的库文件解压,让 Libraries 库文件可以共用,所以将此文件夹放到所有工程外面共用,本书放置到 D 盘根目录。

(2) 建立一个存放工程的文件夹,例如 GPIO。

(3) 在这个文件夹下建立两个文件夹,例如 Project 和 User。

其中,User 文件夹存放用户程序,一般包括以下几个文件:

```
main.c
stm32f10x_conf.h
stm32f10x_it.c
stm32f10x_it.h
```

而 Project 中需要建立两个文件夹:List 和 Obj,这两个文件夹主要用来存放编译时生成的文件。

(4) 打开 KEIL4 软件,在第(3)步建立的文件夹 Project 下创建一个工程,例如取名为 gpio_led_flash,并选择芯片,例如 STM32F103RC,如图 2-10 所示。

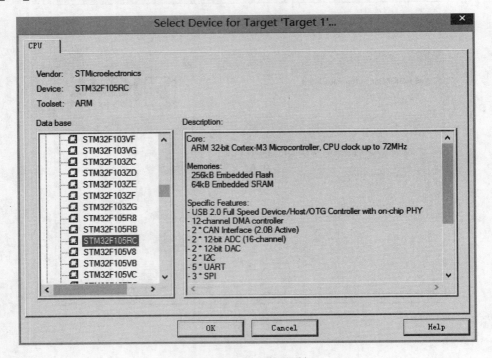

图 2-10　选择器件对话框

(5) 单击 ok 按钮,随后弹出图 2-11 所示的窗口,询问是否添加 startup_stm32f10x_cl.s 代码。

(6) 单击 否(N) 按钮,弹出新的界面,如图 2-12 所示。

(7) 在图 2-12 中进行工程管理设置,然后创建几个文件夹,如图 2-13 所示。

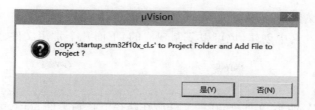

图 2-11 询问是否添加启动代码对话框

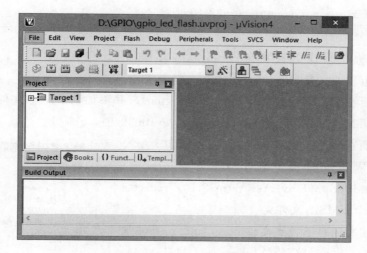

图 2-12 新的工程界面

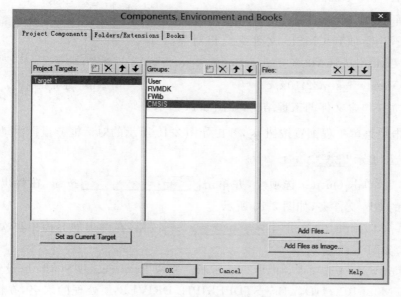

图 2-13 工程管理配置

(8) 建立相关文件,并添加进相应的文件夹里。

① 在 User 文件夹中创建(也可以复制现成的)下面几个常用文件。

```
main.c
stm32f10x_it.c
```

② 建立一个 RVMDK 文件夹,在库文件所在路径下找到文件 startup_stm32f10x_hd. s,并添加到 RVMDK 文件夹。相对路径是\ Libraries\CMSIS\CM3\DeviceSupport\ST\STM32F10x\startup\arm\startup_stm32f10x_hd. s。

③ 建立一个 FWlib 文件夹。

在库文件所在路径下找到文件 misc. c,并添加到 FWlib 文件夹。相对路径是\Libraries\STM32F10x_StdPeriph_Driver\src\misc. c。

在库文件所在路径下找到文件 stm32f10x_gpio. c,并添加到 FWlib 文件夹。相对路径是\Libraries\STM32F10x_StdPeriph_Driver\src\stm32f10x_gpio. c。

在库文件所在路径下找到文件 src\stm32f10x_rcc. c,并添加到 FWlib 文件夹。相对路径是\ Libraries\STM32F10x_StdPeriph_Driver\src\stm32f10x_rcc. c。

④ 建立一个 CMSIS 文件夹。

在库文件所在路径下找到文件 core_cm3. c,并添加到 CMSIS 文件夹。相对路径是\Libraries\CMSIS\CM3\CoreSupport\core_cm3. c。

⑤ 在库文件所在路径下找到文件 system_stm32f10x. c,并添加到 CMSIS 文件夹。相对路径是\Libraries \ CMSIS \ CM3 \ DeviceSupport \ ST \STM32F10x\system_stm32f10x. c。

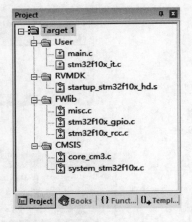

图 2-14　建立完成的工程项目结构

全部建立并包含文件的工程结构,如图 2-14 所示。

(9) 单击主菜单工程配置按钮 ,弹出如图 2-15 所示的对话框。鼠标滑动到该图标上时,旁边会给出提示 Target Options... Configure target options 。

(10) 然后,单击 Output 选项卡,并单击 Select Folder for Objects... 按钮,在弹出的界面中再次选择圈起的 Obj 文件夹,如图 2-16 所示。

(11) 单击 Listing,并单击 Select Folder for Listings... 按钮,在弹出的界面中再次选择圈起的 List 文件夹,如图 2-17 所示。

(12) 单击 C/C++选项卡,如图 2-18 所示。完成 Preproccsor Symbols 设置,在 Define 栏中输入 STM32F10X_HD,USE_STDPERIPH_DRIVER 预处理的宏名,在图中,单击文件路径选择按钮,添加几个重要头文件的路径。

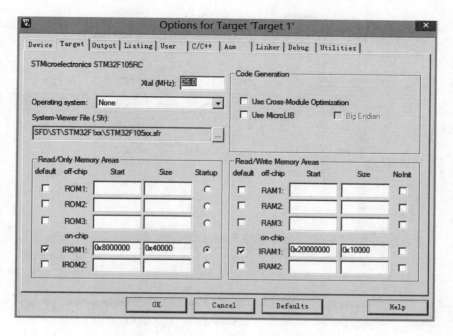

图 2-15 Options for Target 对话框

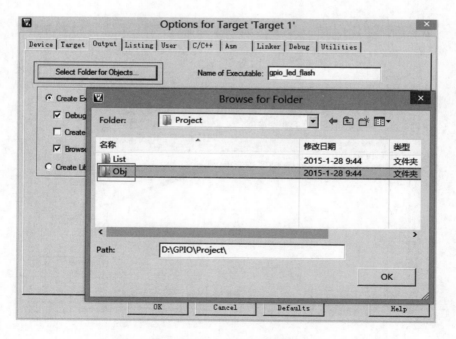

图 2-16 Output 选项卡配置

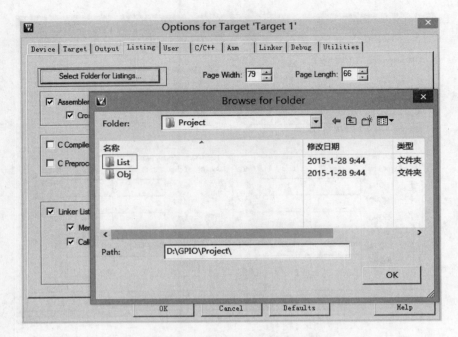

图 2-17　Listing 选项卡配置

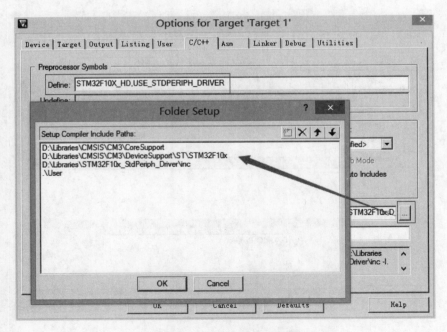

图 2-18　C/C++选项卡配置

D:\Libraries\CMSIS\CM3\CoreSupport
D:\Libraries\CMSIS\CM3\DeviceSupport\ST\STM32F10x
D:\Libraries\STM32F10x_StdPeriph_Driver\inc
.\User

（13）现在可以编写程序了，在 main.c 中输入代码，然后单击图 2-19 中的编译按钮，就可以开始了。

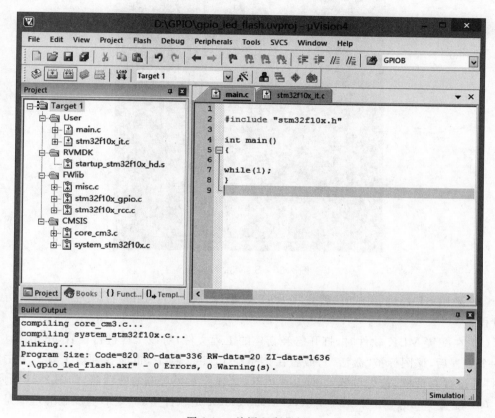

图 2-19　编译程序范例

2.3　采用 ST-Link 调试仿真代码

硬件仿真部分，本书使用 AD9 制版软件设计了 STM32 核心板，读者可以试着动手制作，在本书附带的资料中有该开发板的资料，爱好者直接使用或经过简单修改，添加自己所需的功能，即可很快完成一个工程实例的设计。

该开发系统支持串口、ST-Link 下载及 J-Link 等下载调试方式。完成代码的调试，软件和硬件都要完成相应的设置，缺一不可。STM32F10X 系列开发套件中核心板如图 2-20 所示（AD9 的 3D 投影图）。硬件调试需要重点注意的地方如下：

图 2-20   STM32 核心板

(1) 采用 ST-Link 调试时,首先将 RST 短路,然后插 ST-Link 可以完成基本的仿真调试过程。

(2) 在配置 MDK 软件时,打开已经新建的工程文件,对该工程进行设置,单击 🔧(当打开一个工程后,该图标被"激活"),或者在菜单栏 Project 项下,也能找到该工具。单击该图标,打开设置对话框,首先设置 Device 选项卡,选择开发板对应的处理器,如图 2-21 所示。

(3) 配置 Debug,如图 2-22 所示,Use Simulator 是软件仿真,矩形框圈起的选项是采用硬件仿真的方式,这里选择 ST-Link Debugger。

(4) 单击 Utilities 选项卡,选中 Use Target Driver for Flash Programming 项,这里也要选择 ST-Link Debugger,与 Debug 选项卡一致,如图 2-23 所示。

(5) 单击图 2-23 的 Settings 按钮,如图 2-24 所示,配置 Flash Download,单击 Add 按钮,弹出 Add Flash Programming Algorithm 对话框,选择合适器件的 Flash,如图 2-25 所示。

(6) 单击 Add 按钮后,配置 Flash 完成,如图 2-26 所示。

软件安装设置完毕,学过 51 单片机的读者可能会迫不及待地想试验一下流水灯的程序了。学习一款处理器几乎都是从流水灯开始,那么就新建一个工程项目吧。

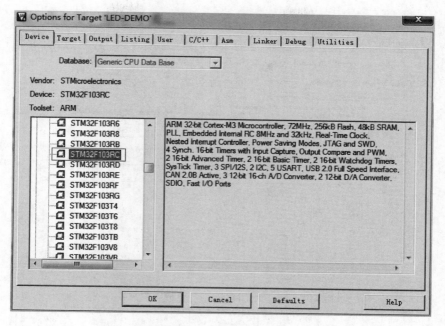

图 2-21　配置 Device 界面

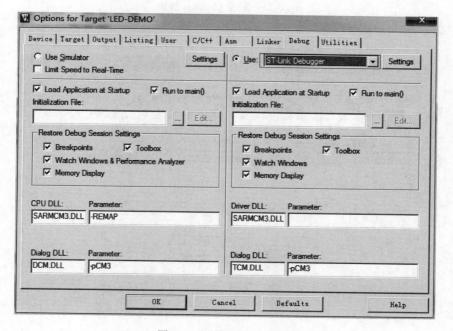

图 2-22　配置 Debug 菜单

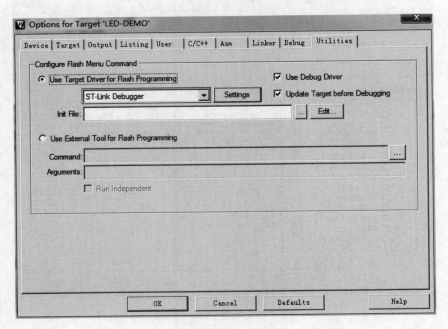

图 2-23　配置 Utilities 界面

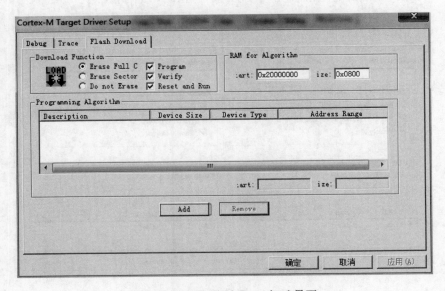

图 2-24　配置 Flash Download 界面

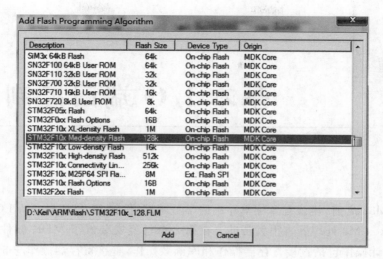

图 2-25　选择适当的 Flash

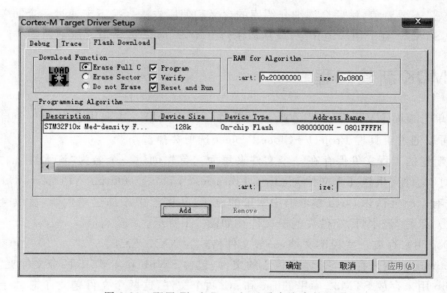

图 2-26　配置 Flash Download 重点注意的几项

习题

(1) 下载 MDK472_a.exe 软件,安装在 PC 上。

(2) 练习 MDK 建立工程的步骤和方法。

(3) 练习用 ST-link 调试硬件的设置方法。

(4) Keil 里如何查询程序执行时间。

## 第 3 章

基本 I/O 端口控制

学习 STM32 之前,建议有 8 位单片机的学习基础,例如 51 单片机、AMEG8 等,这对于学习新的 Cortex-M3 处理器有很大帮助。在第 2 章已经安装好了 MDK 软件,版本为 V4. 72,STM32 设计操作包括直接寄存器操作和库函数操作,直接寄存器操作与 51 单片机控制很接近,库函数操作与学过 8 位控制器的读者来说有很大的不同,开始阅读本章的读者可能会比较困惑,不要着急,稍后会详细介绍库的含义和使用方法。接下来通过一个简单的寄存器操作对 STM32 有个初步地介绍,就从流水灯开始 STM32 的学习之旅吧。

3.1 MDK 新建工程

(1) 单击桌面 UVision4 图标 ，启动软件。如果是第一次使用会打开一个自带的工程文件,可以通过工具栏 Project→Close Project 选项关掉。

(2) 新建的工程文件保存在一个文件夹里面。首先创建一个名为"流水灯"的文件夹,在"流水灯"文件夹里建几个文件夹:Doc、Libraries、Listing、Output 、Project、User(为了使读者先有个感性认识,可以参考书中附带的例子,从例子中添加这些代码,后续会陆续解释其含义),工程"流水灯"文件夹的子文件夹如图 3-1 所示。

① Doc 用来存放一些说明文档,一般文件格式为 XXX. TXT。

② Libraries 用来存放 ST 库最核心的文件,包含 FWlib 和 CMSIS 两个文件夹。

FWlib 用来存放 STM32 库里的 inc 和 src 两个文件,这两个文件包含了芯片上的所有驱动。

inc 和 src 两个文件夹也是直接从 ST 的库里复制过来的。

inc 里是 ST 片上资源的驱动头文件,如果用到某个资源,则必须把相应的头文件包含进来。

src 里是 ST 片上资源的驱动文件,这些驱动涉及了大量的 C 语言知识,是学习库的重点。

CMSIS 用来存放库自带的启动文件和一些 M3 系列通用的文件。CMSIS 存放的文件适合任何 M3 内核的单片机。CMSIS 为 Cortex Microcontroller Software Interface

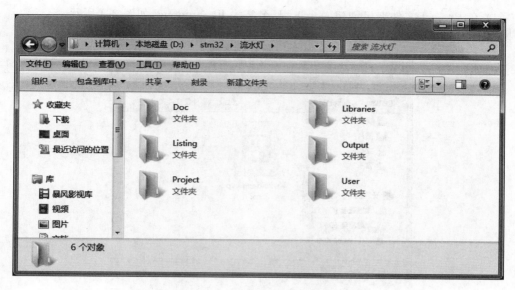

图 3-1 流水灯工程的子文件夹

Standard 的缩写,是 ARM Cortex 微控制器软件接口标准,是 ARM 公司为芯片厂商提供的一套通用且独立于芯片厂商的处理器软件接口。

③ Listing 用来保存编译后生成的链接文件。

④ Output 用来保存软件编译后输出的文件。

⑤ Project 建立工程文件的路径。

⑥ User 用来存放用户编写的驱动文件。

(3) 在工具栏 Project→New μVision Project,新建工程文件,如图 3-2 所示。

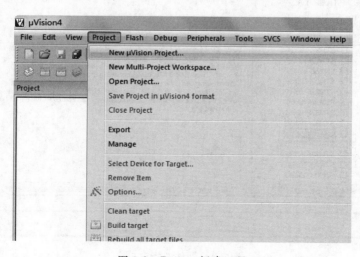

图 3-2 Project 新建工程

（4）在 Project 文件夹里创建一个工程,名字为 liushuideng,如图 3-3 所示。

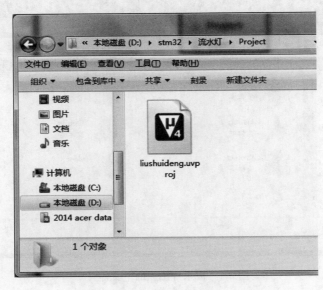

图 3-3　Project 中新建 liushuideng

（5）选择芯片的型号,本书使用的芯片是 ST 公司的 STM32F103RC。选择窗口如图 3-4 所示。

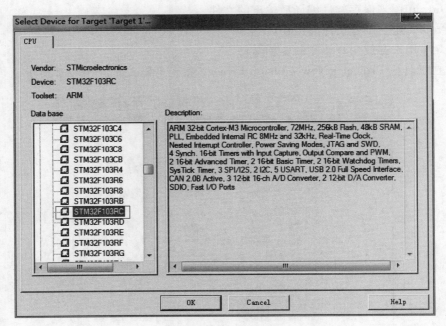

图 3-4　器件选择窗口

（6）接下来询问是否需要复制 STM32 的启动代码到工程文件中，这个启动代码在 M3 系列中都是适用的，一般情况下单击"是"按钮，这里用的是 ST 库，库文件也自带了一份启动代码，为了保持库的完整性，就不需要开发环境自带的启动代码了，稍后手动添加启动代码，这里单击"否"按钮，如图 3-5 所示。

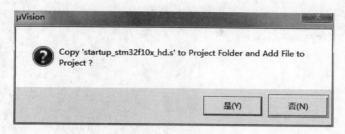

图 3-5　STM32 启动代码是否复制到工程文件中的询问对话框

（7）此时工程新建成功，打开如图 3-6 所示的界面。工程中还没有任何文件，接下来在工程中添加所需文件。

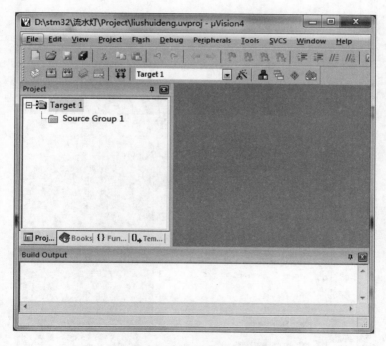

图 3-6　新建工程成功后的界面

（8）把 Target1 的名称改为"流水灯"，其实不改也可以，改了只是为了见名知义，如图 3-7 所示线条圈出部分。

（9）往工程里面添加 5 个组文件夹，并命名为 STARTUP、CMSIS、FWLIB、USER、DOC。选择 Add Group，如图 3-8、图 3-9 所示。

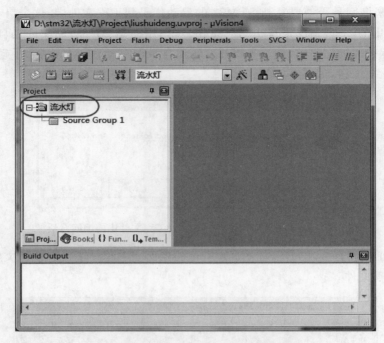

图 3-7　Target1 改为"流水灯"

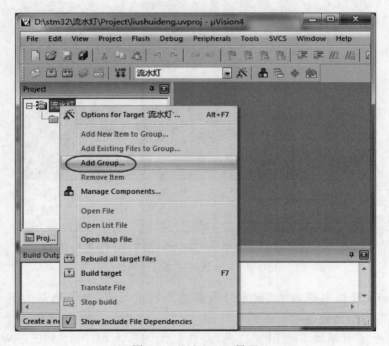

图 3-8　Add Group 界面

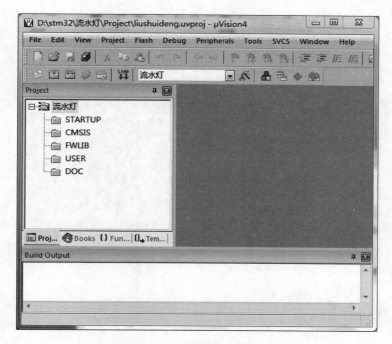

图 3-9 添加文件夹界面

从名字就可以看得出是用它来存放启动代码，USER 用来存放用户自定义的应用程序，FWLIB 用来存放库文件，CMSIS 用来存放 M3 系列单片机通用的文件。

（10）接下来往这些新建的组中添加文件，双击哪个组就可以往哪个组里添加文件，如果该组已经有文件，双击则把组里的文件都显示出来，然后再双击该组，可以继续添加文件。

在对话框的文件类型里选择 ALL files(＊.＊)，否则有些文件会显示不出来，如图 3-10 所示。

① 在 STARTCOKE 里添加 startup_stm32f10x_hd.s。

② 在 USER 组里添加 main.c、stm32f10x_it.c 两个文件。

其中，stm32f10x_conf.h、stm32f10x_it.h 两个头文件不需要添加，即使添加也添加不进来，因为.h 文件不是通过这种方式进入到工程里面的。头文件都包含在.c 文件中，当编译工程时，.h 文件就自然包含进来了。

③ 在 FWLIB 组里添加 src 里的全部驱动文件，当然，src 的驱动文件也可以需要哪个就添加哪个。这里将它们全部添加进去是为了后续开发方便，况且可以通过配置 stm32f10x_conf.h 头文件来选择性添加，只有在 stm32f10x_conf.h 文件中配置的文件才会被编译。

④ 在 CMSIS 里添加以下文件。注意，这些组里添加的都是汇编文件和 C 文件，头文件是不需要添加。

⑤ 在 DOC 文件夹添加 readme.txt 文档对程序重要信息进行说明，如果使用的 I/O 端口，配置后的工程如图 3-11 所示。

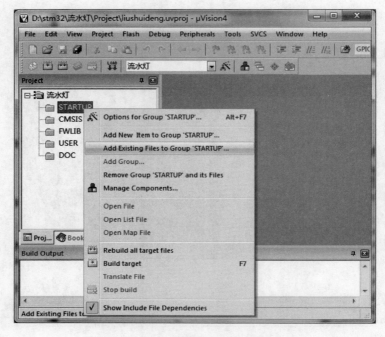

图 3-10　新建组中添加文件

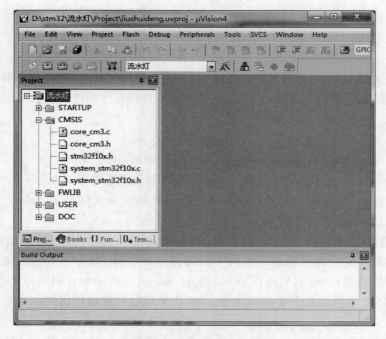

图 3-11　配置后的工程

至此,"流水灯"工程已经基本建好,但是还有一些工作需要完成。下面来配置 MDK 的选项。

3.2　MDK 工程配置

(1)单击工具栏中的魔术棒按钮 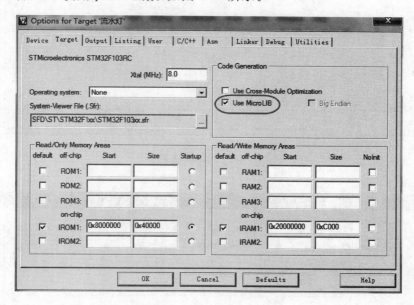,弹出配置菜单,可以看到配置菜单关于 Device、Target、Output、Listing、User、C/C++、Asm、Linker、Debug 和 Utilities 选项的设置。

(2)Device 在新建工程时已经选定了器件,单击 Target 选项卡,勾选微库,这样是为了后面的串口例程可以使用 printf 函数,如图 3-12 所示。

图 3-12　Target 选项卡

(3)单击 Output 选项卡,再单击 Select Folder for Objects…按钮,设置编译后输出文件保存的位置。同时把 Debug Information、Create HEX File 和 Browse information 复选框都勾选上,如图 3-13 所示。

(4)在 Listing 选项卡中,单击 Select Folder Listings…按钮,定位到模板中的 Listing 文件夹,如图 3-14 所示。

(5)在 C/C++选项卡上需要设置的比较多。

① 在 Define 里输入添加 STM32F10X_HD,USE_STDPERIPH_DRIVER 两个宏。添加 USE_STDPERIPH_DRIVER 是为了屏蔽编译器的默认搜索路径,转而使用添加到工程中的 ST 的库,添加 STM32F10X_HD 是因为用的芯片是大容量的,添加了 STM32F10X_HD 宏之后,库文件为大容量定义的寄存器就可以用了。芯片是小或中容量时,宏要换成 STM32F10X_LD 或者 STM32F10X_MD。

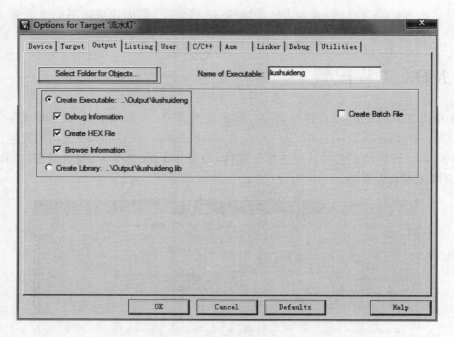

图 3-13　Output 选项卡

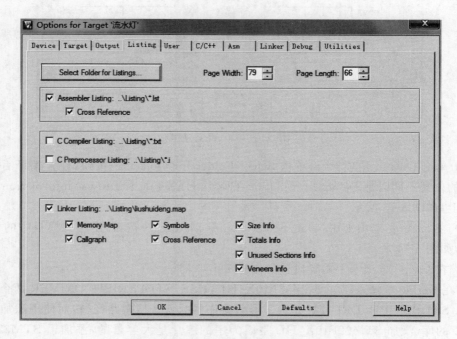

图 3-14　Listing 选项卡

② 在 Include Paths 栏添加库文件的搜索路径,就可以屏蔽掉默认的搜索路径。

③ 当编译器在指定的路径下搜索不到,还是会回到标准目录去搜索,就像有些 ANSIC C 的库文件,例如 stdin.h、stdio.h。

库文件路径修改成功之后,如图 3-15 所示。

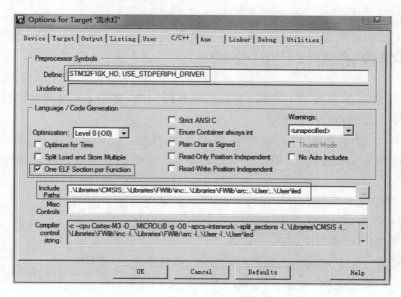

图 3-15 C/C++选项卡

(6) 单击 Debug 选项卡,选择 Use Simulator,软件仿真设置完成,如图 3-16 所示。

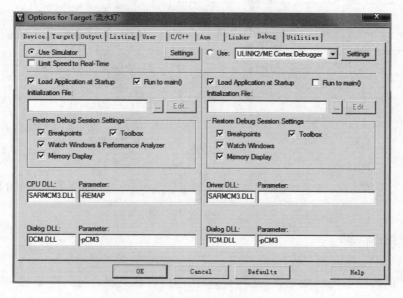

图 3-16 Debug 选项卡

（7）单击菜单栏中的编译 ▦ 按钮，对该工程进行编译，弹出编译信息，编译成功。

linking...
Program Size: Code = 1000 RO – data = 252 RW – data = 0 ZI – data = 1024
FromELF: creating hex file...
"..\Output\liushuideng.axf" – 0 Errors, 0 Warning(s).

3.3 寄存器法操作代码分析

在 main.c 文件里输入以下代码，实现流水灯的闪烁，其中 led 接到 STM32 的 GPIOB口的 8～15 号引脚，如图 3-17 所示。

有过单片机编程经历的人很容易看懂这段代码，主要涉及几个寄存器，RCC→APB2ENR，GPIOB→CRH 和 GPIOB→ODR。STM32 普通 I/O 端口的使用过程大致步骤如下：

① 先开启对应 I/O 端口时钟（RCC→APB2ENR）；
② 配置 I/O 端口（GPIOB→CRH）；
③ 给 I/O 端口赋值（GPIOB→ODR）。

这 3 步完成一个 I/O 端口的最基本操作，代码如图 3-18 所示。

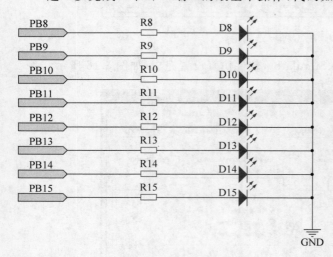

图 3-17　流水灯电路

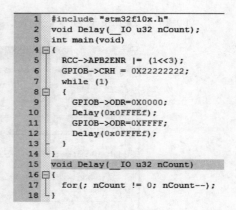

图 3-18　流水灯代码

3.4 时钟配置

STM32 的时钟系统功能完善，但是十分复杂，目的是实现功耗的降低，普通的微处理器一般简单配置好时钟，其他的寄存器就可以使用，但是 STM32 针对不同的功能，要相应的设置其时钟。

3.4.1 时钟树

大家都知道在使用 51 单片机时,时钟速度决定于外部晶振或内部 RC 振荡电路的频率,是不可以改变的。而 ARM 的出现打破了这个传统的法则,可以通过软件随意改变时钟速度。这让设计更加灵活,但也给设计增加了复杂性。在使用某一功能前,要先对其时钟进行初始化。图 3-19 是它的时钟树,不同的外设对应不同的时钟,在 STM32 中有 5 个时钟源,分别为 HSI、HSE、LSI、LSE、PLL。PLL 是由锁相环电路倍频得到 PLL 时钟。

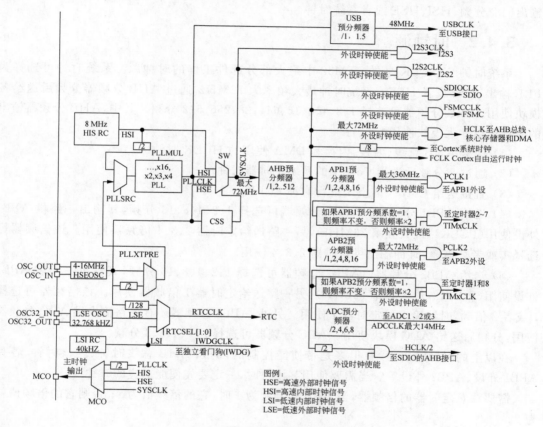

图 3-19　时钟树

(1) HSI 是高速内部时钟,RC 振荡器,频率为 8MHz。

(2) HSE 是高速外部时钟,可接石英/陶瓷谐振器,或者接外部时钟源,频率范围为 4~16MHz。

(3) LSI 是低速内部时钟,RC 振荡器,频率为 40kHz。

(4) LSE 是低速外部时钟,接频率为 32.768kHz 的石英晶体。

(5) PLL 为锁相环倍频输出,其时钟输入源可选择为 HSI/2、HSE 或者 HSE/2。倍频可选择为 2～16 倍,但是其输出频率最高不得超过 72MHz。

其中,40kHz 的 LSI 供独立看门狗 IWDG 使用,另外它还可以选择为实时时钟 RTC 的时钟源。另外,实时时钟 RTC 的时钟源还可以选择 LSE,或者是 HSE 的 128 分频。RTC 的时钟源通过 RTCSEL[1:0]来选择。

STM32 中有一个全速功能的 USB 模块,其串行接口引擎需要一个频率为 48MHz 的时钟源。该时钟源只能从 PLL 输出端获取,可以选择为 1.5 分频或者 1 分频。也就是,当需要使用 USB 模块时,PLL 必须使能,并且时钟频率配置为 48MHz 或 72MHz。

另外,STM32 还可以选择一个时钟信号输出到 MCO 引脚(PA8)上,可以选择为 PLL 输出的 2 分频、HSI、HSE 或者系统时钟。

3.4.2　时钟源

系统时钟 SYSCLK 是供 STM32 中绝大部分部件工作的时钟源。系统时钟可选择为 PLL 输出、HSI 或者 HSE。系统时钟最大频率为 72MHz,通过 AHB 分频器分频后送给各模块使用,AHB 分频器可选择 1、2、4、8、16、64、128、256、512 分频。其中,AHB 分频器输出的时钟送给 5 大模块使用。

(1) 送给 AHB 总线、内核、内存和 DMA 使用的 HCLK 时钟。

(2) 通过 8 分频后送给 Cortex 的系统定时器时钟。

(3) 直接送给 Cortex 的空闲运行时钟 FCLK。

(4) 送给 APB1 分频器。APB1 分频器可选择 1、2、4、8、16 分频,其输出一路供 APB1 外设使用(PCLK1,最大频率 36MHz),另一路送给定时器 2、3、4 倍频器使用。该倍频器可选择 1 或者 2 倍频,时钟输出供定时器 2、3、4 使用。

(5) 送给 APB2 分频器。APB2 分频器可选择 1、2、4、8、16 分频,其输出一路供 APB2 外设使用(PCLK2,最大频率 72MHz),另一路送给定时器 1 倍频器使用。该倍频器可选择 1 或者 2 倍频,时钟输出供定时器 1 使用。另外,APB2 分频器还有一路输出供 ADC 分频器使用,分频后送给 ADC 模块使用。ADC 分频器可选择为 2、4、6、8 分频。

在以上的时钟输出中,有很多是带使能控制的,例如 AHB 总线时钟、内核时钟、各种 APB1 外设、APB2 外设等。当需要使用某模块时,一定要先使能对应的时钟。

需要注意定时器的倍频器,当 APB 的分频为 1 时,它的倍频值为 1;否则它的倍频值就为 2。

连接在 APB1(低速外设)上的设备有电源接口、备份接口、CAN、USB、I2C1、I2C2、UART2、UART3、SPI2、窗口看门狗、Timer2、Timer3、Timer4。注意 USB 模块虽然需要一个单独的 48MHz 时钟信号,但它不是供 USB 模块工作的时钟,只是提供给串行接口引擎(SIE)使用的时钟。USB 模块工作的时钟应该是由 APB1 提供的。

连接在 APB2(高速外设)上的设备有 UART1、SPI1、Timer1、ADC1、ADC2、所有普通 I/O 端口(PA～PE)、第二功能 I/O 端口。

通过对时钟树的简单了解,知道了普通 I/O 端口连接在 APB2 设备上,需要初始化

APB2 的时钟,即时钟控制(RCC)的 APB2 的对应使能寄存器。

3.4.3　APB2 外设时钟使能寄存器(RCC_APB2ENR)

外设通常无访问等待周期。但在 APB2 总线上的外设被访问时,将插入等待状态直到 APB2 的外设访问结束。它的寄存器格式如图 3-20 所示。各位对应含义如表 3-1 所示。

31	30	29	28	27	26	25	24	23	22	21	20	19	18	17	16
保留															
rw	rw	rw	rw	rw	rw	rw	rw	rw	rw	rw	rw	rw	rw	rw	rw

15	14	13	12	11	10	9	8	7	6	5	4	3	2	1	0
保留	USART1 EN	保留	SPI1 EN	TIM1 EN	ADC2 EN	ADC1 EN	保留		IOPE EN	IOPD EN	IOPC EN	IOPB EN	IOPA EN	保留	AFIO EN
rw	rw	rw	rw	rw	rw	rw	rw	rw	rw	rw	rw	rw	rw	rw	rw

图 3-20　APB2 外设时钟使能寄存器格式

表 3-1　使能寄存器位置功能表

位 31:15	保留,始终读为 0
位 14 USART1EN	USART1 时钟使能,由软件置"1"或清"0" 0:USART1 时钟关闭 1:USART1 时钟开启
位 13	保留,始终读为 0。
位 12 SPI1EN	SPI1 时钟使能,由软件置"1"或清"0" 0:SPI1 时钟关闭 1:SPI1 时钟开启
位 11 TIM1EN	TIM1 定时器时钟使能,由软件置"1"或清"0" 0:TIM1 定时器时钟关闭 1:TIM1 定时器时钟开启
位 10 ADC2EN	ADC2 接口时钟使能,由软件置"1"或清"0" 0:ADC2 接口时钟关闭 1:ADC2 接口时钟开启
位 9 ADC1EN	ADC1 接口时钟使能,由软件置"1"或清"0" 0:ADC1 接口时钟关闭 1:ADC1 接口时钟开启
位 8:7	保留,始终读为 0。
位 6 IOPEEN	I/O 端口 E 时钟使能,由软件置"1"或清"0" 0:I/O 端口 E 时钟关闭 1:I/O 端口 E 时钟开启
位 5 IOPDEN	I/O 端口 D 时钟使能,由软件置"1"或清"0" 0:I/O 端口 D 时钟关闭 1:I/O 端口 D 时钟开启

续表

位 31：15	保留，始终读为 0
位 4 IOPCEN	I/O 端口 C 时钟使能，由软件置"1"或清"0" 0：I/O 端口 C 时钟关闭 1：I/O 端口 C 时钟开启
位 3 IOPBEN	I/O 端口 B 时钟使能，由软件置"1"或清"0" 0：I/O 端口 B 时钟关闭 1：I/O 端口 B 时钟开启
位 2 IOPAEN	I/O 端口 A 时钟使能，由软件置"1"或清"0" 0：I/O 端口 A 时钟关闭 1：I/O 端口 A 时钟开启
位 1	保留，始终读为 0
位 0 AFIOEN	辅助功能 I/O 时钟使能，由软件置"1"或清"0" 0：辅助功能 I/O 时钟关闭 1：辅助功能 I/O 时钟开启

例如，开启 PB 口时钟的寄存器操作为：

RCC ->APB2ENR | = (1 << 3); //开启 PB 口的时钟

3.5 I/O 端口配置

I/O 在使用之前需要进行配置，通过 PB 的使用，说明它的一般配置过程。

3.5.1 I/O 基本情况

每个 GPI/O 端口有：

(1) 两个 32 位配置寄存器(GPIOx_CRL,GPIOx_CRH)；

(2) 两个 32 位数据寄存器(GPIOx_IDR 和 GPIOx_ODR)；

(3) 一个 32 位置位/复位寄存器(GPIOx_BSRR)；

(4) 一个 16 位复位寄存器(GPIOx_BRR)；

(5) 一个 32 位锁定寄存器(GPIOx_LCKR)。

根据数据手册中列出的每个 I/O 端口的特定硬件特征，GPIO 端口的每个位可以由软件分别配置成多种模式。

STM32 的 I/O 端口可以由软件配置成如下 8 种模式：

(1) 浮空输入；

(2) 上拉输入；

（3）下拉输入；

（4）模拟输入；

（5）开漏输出；

（6）推挽输出；

（7）复用开漏输出；

（8）复用推挽输出。

每个 I/O 端口可以自由编程，但 I/O 端口寄存器必须要按 32 位被访问。STM32 的很多 I/O 端口都是兼容 5V 的，这些 I/O 端口在与 5V 电压的外设连接时很有优势，具体哪些 I/O 端口是兼容 5V 的，可以从该芯片的数据手册引脚描述章节查到。

STM32 的每个 I/O 端口都有 7 个寄存器来控制。常用的 I/O 端口寄存器只有 4 个，分别为 CRL、CRH、IDR、ODR。CRL 和 CRH 控制着每个 I/O 端口的模式及输出速率。STM32 的 I/O 端口位配置如表 3-2 所示。

表 3-2　STM32 的 I/O 端口位配置表

配置模式		CNF1	CNF0	MODE1	MODE0	PxODR 寄存器
通用输出	推挽式（Push-Pull）	0	0	01（最大输出速度 10MB） 10（最大输出速度 2MB） 11（最大输出速度 50MB）		0 或 1
	开漏（Open-Drain）	0	1			0 或 1
复用功能输出	推挽式（Push-Pull）	1	0			不使用
	开漏（Open-Drain）	1	1			不使用
输入	模拟输入	0	0	00（保留）		不使用
	浮空输入	0	1			不使用
	下拉输入	1	0			0
	上拉输入	1	1			1

3.5.2　GPIO 配置寄存器描述

（1）端口配置低寄存器（GPIOx_CRL）（x＝A…E），如图 3-21 所示。各位对应关系如表 3-3 所示。

31	30	29	28	27	26	25	24	23	22	21	20	19	18	17	16
CNF7[1:0]		MODE7[1:0]		CNF6[1:0]		MODE6[1:0]		CNF5[1:0]		MODE5[1:0]		CNF4[1:0]		MODE4[1:0]	
rw	rw	rw	rw	rw	rw	rw	rw	rw	rw	rw	rw	rw	rw	rw	rw

15	14	13	12	11	10	9	8	7	6	5	4	3	2	1	0
CNF3[1:0]		MODE3[1:0]		CNF2[1:0]		MODE2[1:0]		CNF1[1:0]		MODE1[1:0]		CNF0[1:0]		MODE0[1:0]	
rw	rw	rw	rw	rw	rw	rw	rw	rw	rw	rw	rw	rw	rw	rw	rw

图 3-21　端口配置低寄存器格式

表 3-3   GPIO 端口配置低寄存器配置方式

位	CNFy[1:0]：端口 x 配置位（y = 0…7）	
31:30	软件通过这些位配置相应的 I/O 端口	
27:26	在输入模式（MODE[1:0]＝00）：	在输出模式（MODE[1:0]＞00）：
23:22	00：模拟输入模式	00：通用推挽输出模式
19:18	01：浮空输入模式（复位后的状态）	01：通用开漏输出模式
15:14	10：上拉/下拉输入模式	10：复用功能推挽输出模式
11:10	11：保留	11：复用功能开漏输出模式
7:6		
3:2		
位	MODEy[1:0]：端口 x 的模式位（y＝0…7）	
29:28	软件通过这些位配置相应的 I/O 端口	
25:24	00：输入模式（复位后的状态）	
21:20	01：输出模式，最大速度 10MHz	
17:16	10：输出模式，最大速度 2MHz	
13:12	11：输出模式，最大速度 50MHz	
9:8		
5:4		
1:0		

（2）端口配置高寄存器（GPIOx_CRH）（x＝A…E），如图 3-22 所示。各位对应关系如表 3-4 所示。

31	30	29	28	27	26	25	24	23	22	21	20	19	18	17	16
CNF15[1:0]		MODE15[1:0]		CNF14[1:0]		MODE14[1:0]		CNF13[1:0]		MODE13[1:0]		CNF12[1:0]		MODE12[1:0]	
rw	rw	rw	rw	rw	rw	rw	rw	rw	rw	rw	rw	rw	rw	rw	rw

15	14	13	12	11	10	9	8	7	6	5	4	3	2	1	0
CNF11[1:0]		MODE11[1:0]		CNF10[1:0]		MODE10[1:0]		CNF9[1:0]		MODE9[1:0]		CNF8[1:0]		MODE8[1:0]	
rw	rw	rw	rw	rw	rw	rw	rw	rw	rw	rw	rw	rw	rw	rw	rw

图 3-22   端口配置高寄存器格式

表 3-4   GPIO 端口配置高寄存器配置方式

位	CNFy[1:0]：端口 x 配置位（y＝8…15）	
31:30	软件通过这些位配置相应的 I/O 端口	
27:26	在输入模式（MODE[1:0]＝00）：	在输出模式（MODE[1:0]＞00）：
23:22	00：模拟输入模式	00：通用推挽输出模式
19:18	01：浮空输入模式（复位后的状态）	01：通用开漏输出模式
15:14	10：上拉/下拉输入模式	10：复用功能推挽输出模式
11:10	11：保留	11：复用功能开漏输出模式
7:6		
3:2		

位	MODEy[1:0]：端口 x 的模式位(y＝8…15)
29:28	软件通过这些位配置相应的 I/O 端口
25:24	00：输入模式(复位后的状态)
21:20	01：输出模式，最大速度 10MHz
17:16	10：输出模式，最大速度 2MHz
13:12	11：输出模式，最大速度 50MHz
9:8	
5:4	
1:0	

例如，控制的是 LED 小灯，可以选择通用推挽输出模式，设置速度为 2MHz，实现代码为：

```
GPIOB->CRH = 0X22222222;
```

3.5.3　端口输出数据寄存器

端口输出数据寄存器(GPIOx_ODR)(x＝A…E)，如图 3-23 所示。各位对应关系如表 3-5 所示。

31	30	29	28	27	26	25	24	23	22	21	20	19	18	17	16
保留															
rw	rw	rw	rw	rw	rw	rw	rw	rw	rw	rw	rw	rw	rw	rw	rw

15	14	13	12	11	10	9	8	7	6	5	4	3	2	1	0
ODR15	ODR14	ODR13	ODR12	ODR11	ODR10	ODR9	ODR8	ODR7	ODR6	ODR5	ODR4	ODR3	ODR2	ODR1	ODR0
rw	rw	rw	rw	rw	rw	rw	rw	rw	rw	rw	rw	rw	rw	rw	rw

图 3-23　端口输出数据寄存器格式

表 3-5　端口输出数据寄存器各位含义

位 31:16	保留，始终读为 0
位 15:0	ODRy[15:0]：端口输出数据(y＝0…15)，这些位可读可写并只能以字节(16 位)的形式操作 注：对 GPIOx_BSRR(x＝A…E)，可以分别对各个 ODR 位进行独立地设置/清除

例如：

```
GPIOB->ODR = 0X0000;灯灭
GPIOB->ODR = 0XFFFF;灯亮
```

3.6　用库函数操作流水灯

采用库函数控制流水灯，程序的可读性增强，代码维护起来方便，且操作简便。在主程序中输入如图 3-24 所示的代码。

```
1   #include "stm32f10x.h"
2   #include "bsp_led.h"
3
4   void Delay(__IO u32 nCount);
5
6   int main(void)
7   {
8     /* LED 端口初始化 */
9     LED_GPIO_Config();
10
11    while (1)
12    {
13      LED1( ON );          // 亮
14      Delay(0x0FFFFF);
15      LED1( OFF );         // 灭
16
17      LED2( ON );          // 亮
18      Delay(0x0FFFFF);
19      LED2( OFF );         // 灭
20
21      LED3( ON );          // 亮
22      Delay(0x0FFFFF);
23      LED3( OFF );         // 灭
24    }
25
26  }
27  void Delay(__IO uint32_t nCount)
28  {
29    for(; nCount != 0; nCount--);
30  }
```

图 3-24 采用库函数主程序代码

这段代码,在完成了 LED 初始化后(LED_GPIO_Config()),实现了小灯的闪烁。LED初始化实际是库函数操作的核心,采用库函数来配置时钟、工作模式等。新建两个文件 LED.c 和 LED.h。LED.c 文件如图 3-25 所示。

```
1   #include "bsp_led.h"
2   void LED_GPIO_Config(void)
3   {
4       /*定义一个GPIO_InitTypeDef类型的结构体*/
5       GPIO_InitTypeDef GPIO_InitStructure;
6
7       /*开启GPIOB的外设时钟*/
8       RCC_APB2PeriphClockCmd( RCC_APB2Periph_GPIOB, ENABLE);
9
10      /*选择要控制的GPIOB引脚*/
11      GPIO_InitStructure.GPIO_Pin = GPIO_Pin_All;
12
13      /*设置引脚模式为通用推挽输出*/
14      GPIO_InitStructure.GPIO_Mode = GPIO_Mode_Out_PP;
15
16      /*设置引脚速率为50MHz */
17      GPIO_InitStructure.GPIO_Speed = GPIO_Speed_50MHz;
18
19      /*调用库函数,初始化GPIOB0*/
20      GPIO_Init(GPIOB, &GPIO_InitStructure);
21
22  }
23
```

图 3-25 LED.c 文件

3.6.1　GPIO_Init 函数

在 LED.c 文件中，第 20 行代码调用了 GPIO_Init 函数。通过《STM32F101xx 和 STM32F103xx 固件函数库》手册找到该库函数的原型，表 3-6 为函数 GPIO_Init。

表 3-6　函数 GPIO_Init

函数名	GPIO_Init
函数原型	Void GPIO_Init(GPIO_TypeDef * GPIOx,GPIO_InitTypeDef * GPIO_InitStruct)
功能描述	根据 GPIO_InitStruct 中指定的参数初始化外设 GPIOx 寄存器
输入参数 1	GPIOx：x 可以是 A,B,C,D 或者 E，来选择 GPIO 外设
输入参数 2	GPIO_InitStruct:指向结构 GPIO_InitTypeDef 的指针，包含了外设 GPIO 的配置信息。参阅 Section：GPIO_InitTypeDef 查阅更多该参数允许取值范围
输出参数	无
返回值	无
先决条件	无
被调用函数	无

第 5 行代码利用库定义了一个 GPIO_InitStructure 的结构体，结构体的类型为 GPIO_InitTypeDef；它是利用 typedef 定义的新类型。追踪其定义原型，知道它位于 stm32f10x_gpio.h 文件中，代码为：

```
typedef struct
{
  uint16_t GPIO_Pin;
  GPIOSpeed_TypeDef GPIO_Speed;
  GPIOMode_TypeDef GPIO_Mode;
}GPIO_InitTypeDef;
```

通过这段代码可知，GPIO_InitTypeDef 类型的结构体有 3 个成员，分别为 uint16_t 类型的 GPIO_Pin，GPIOSpeed_TypeDef 类型的 GPIO_Speed 及 GPIOMode_TypeDef 类型的 GPIO_Mode。

1. GPIO pin

该参数选择待设置的 GPIO 引脚，使用操作符"|"可以一次选中多个引脚。可以使用表 3-7 中的任意组合。

表 3-7　GPIO_Pin 值

GPIO_Pin	描　　述
GPIO_Pin_None	无引脚被选中
GPIO_Pin_0	选中引脚 0
GPIO_Pin_1	选中引脚 1
GPIO_Pin_2	选中引脚 2

GPIO_Pin	描　述
GPIO_Pin_3	选中引脚 3
GPIO_Pin_4	选中引脚 4
GPIO_Pin_5	选中引脚 5
GPIO_Pin_6	选中引脚 6
GPIO_Pin_7	选中引脚 7
GPIO_Pin_8	选中引脚 8
GPIO_Pin_9	选中引脚 9
GPIO_Pin_10	选中引脚 10
GPIO_Pin_11	选中引脚 11
GPIO_Pin_12	选中引脚 12
GPIO_Pin_13	选中引脚 13
GPIO_Pin_14	选中引脚 14
GPIO_Pin_15	选中引脚 15
GPIO_Pin_All	选中全部引脚

这些宏的值,就是允许给结构体成员 GPIO_Pin 赋的值,例如给 GPIO_Pin 赋值为宏 GPIO_Pin_0,表示选择了 GPIO 端口的第 0 个引脚,在后面会通过一个函数把这些宏的值进行处理,设置相应的寄存器,实现对 GPIO 端口的配置。

2. GPIOSpeed

GPIOSpeed_TypeDef 库定义的新类型,GPIOSpeed_TypeDef 原型如下:

```
typedef enum
{
  GPIO_Speed_10MHz = 1,
  GPIO_Speed_2MHz,
  GPIO_Speed_50MHz
}GPIOSpeed_TypeDef;
```

这是一个枚举类型,定义了 3 个枚举常量,GPIO_Speed 值如表 3-8 所示。

表 3-8　GPIO_Speed 值

GPIO_Speed	描　述
GPIO_Speed_10MHz	最高输出速率 10MHz
GPIO_Speed_2MHz	最高输出速率 2MHz
GPIO_Speed_50MHz	最高输出速率 50MHz

这些常量可用于标识 GPIO 引脚可以配置成的各自最高速度。所以在为结构体中的 GPIO_Speed 赋值的时候,就可以直接用这些含义清晰的枚举标识符。

3. GPIOMode

GPIOMode_TypeDef 也是一个枚举类型定义符,分量值如表 3-9 所示,其原型如下:

```
typedef enum
{
GPIO_Mode_AIN = 0x0,
  GPIO_Mode_IN_FLOATING = 0x04,
  GPIO_Mode_IPD = 0x28,
  GPIO_Mode_IPU = 0x48,
  GPIO_Mode_Out_OD = 0x14,
  GPIO_Mode_Out_PP = 0x10,
  GPIO_Mode_AF_OD = 0x1C,
  GPIO_Mode_AF_PP = 0x18
}GPIOMode_TypeDef;
```

表 3-9   GPIO_Mode 值

GPIO_Mode	描　　述
GPIO_Mode_AIN	模拟输入
GPIO_Mode_IN_FLOATING	浮空输入
GPIO_Mode_IPD	下拉输入
GPIO_Mode_IPU	上拉输入
GPIO_Mode_Out_OD	开漏输出
GPIO_Mode_Out_PP	推挽输出
GPIO_Mode_AF_OD	复用开漏输出
GPIO_Mode_AF_PP	复用推挽输出

　　这个枚举类型也定义了很多含义清晰的枚举常量，用来帮助配置 GPIO 引脚的模式，例如 GPIO_Mode_AIN 为模拟输入、GPIO_Mode_IN_FLOATING 为浮空输入模式。可以明白 GPIO_InitTypeDef 类型结构体的作用，整个结构体包含 GPIO_Pin、GPIO_Speed、GPIO_Mode 3 个成员，这 3 个成员赋予不同的数值可以对 GPIO 端口进行不同的配置，这些可配置的数值已经由 ST 的库文件封装成见名知义的枚举常量，这使编写代码变得非常简便。

3.6.2　RCC_APB2PeriphClockCmd

　　GPIO 所用的时钟 PCLK2 采用默认值，为 72MHz。采用默认值可以不修改分频器，但外设时钟默认处在关闭状态，所以外设时钟一般会在初始化外设时设置为开启，开启和关闭外设时钟也有封装好的库函数 RCC_APB2PeriphClockCmd()，该函数如表 3-10 所示。

表 3-10   RCC_APB2PeriphClockCmd()库函数

函数名	RCC_APB2PeriphClockCmd()
函数原型	void RCC_APB2PeriphClockCmd(u32 RCC_APB2Periph,FunctionalState NewState)
功能描述	使能或者失能 APB2 外设时钟
输入参数 1	RCC_APB2Periph：门控 APB2 外设时钟
输入参数 2	NewState：指定外设时钟的新状态
	这个参数可以取 ENABLE 或者 DISABLE

续表

函数名	RCC_APB2PeriphClockCmd()
输出参数	无
返回值	无
先决条件	无
被调用函数	无

该参数被门控的 APB2 外设时钟,可以取表 3-11 中的一个或者多个值的组合作为该参数的值。

表 3-11　APB2 外设时钟的取值参数

RCC_AHB2Periph	描　　述
RCC_APB2Periph_AFIO	功能复用
RCC_APB2Periph_GPIOA	GPIOA
RCC_APB2Periph_GPIOB	GPIOB
RCC_APB2Periph_GPIOC	GPIOC
RCC_APB2Periph_GPIOD	GPIOD
RCC_APB2Periph_GPIOE	GPIOE
RCC_APB2Periph_ADC1	ADC1
RCC_APB2Periph_ADC2	ADC2
RCC_APB2Periph_TIM1	TIM1
RCC_APB2Periph_SPI1	SPI1
RCC_APB2Periph_USART1	USART1
RCC_APB2Periph_ALL	全部

例如,使能 GPIOA,GPIOB 和 SPI1 时钟,代码为:

```
RCC_APB2PeriphClockCmd(RCC_APB2Periph_GPIOA|RCC_APB2Periph_GPIOB|RCC_APB2Periph_SPI1,
ENABLE);
```

3.6.3　控制 I/O 输出电平

前面选择好了引脚,配置了其功能及开启了相应的时钟,终于可以正式控制 I/O 端口的电平高低,从而实现控制 LED 灯的亮与灭。

前面提到过,要控制 GPIO 引脚的电平高低,只要在 GPIOx_BSRR 寄存器相应的位写入控制参数即可。ST 库也提供了具有这样功能的函数,可以分别用 GPIO_SetBits()(见表 3-12)控制输出高电平和 GPIO_ResetBits()(见表 3-13)控制输出低电平。

表 3-12 函数 GPIO_SetBits

函数名	GPIO_SetBits
函数原型	void GPIO_SetBits(GPIO_TypeDef * GPIOx, u16 GPIO_Pin)
功能描述	设置指定的数据端口位
输入参数 1	GPIOx：x 可以是 A,B,C,D 或者 E,来选择 GPIO 外设
输入参数 2	GPIO_Pin：待设置的端口位
	该参数可以取 GPIO_Pin_x(x 可以是 0~15)的任意组合
输出参数	无
返回值	无
先决条件	无
被调用函数	无

例如,设置 GPIOA 端口 pin10 和 pin15 为高电平,代码为：

```
GPIO_SetBits(GPIOA, GPIO_Pin_10 | GPIO_Pin_15);
```

表 3-13 函数 GPIO_ResetBits

函数名	GPIO_ResetBits
函数原型	void GPIO_ResetBits(GPIO_TypeDef * GPIOx, u16 GPIO_Pin)
功能描述	清除指定的数据端口位
输入参数 1	GPIOx：x 可以是 A,B,C,D 或者 E,来选择 GPIO 外设
输入参数 2	GPIO_Pin：待清除的端口位
	该参数可以取 GPIO_Pin_x(x 可以是 0~15)的任意组合
输出参数	无
返回值	无
先决条件	无
被调用函数	无

例如,设置 GPIOA 端口 pin10 和 pin15 为低电平,代码为：

```
GPIO_ResetBits(GPIOA,GPIO_Pin_10 | GPIO_Pin_15);
```

3.6.4 LED.h 文件

LED.h 文件如图 3-26 所示。

这个头文件的内容不多,但也把它独立成一个头文件,方便以后扩展或移植使用。希望读者养成良好的习惯,在写头文件的时候,加上类似以下这样的条件编译。

```
#ifndef __LED_H
#define __LED_H
…
#endif
```

```
 1 ⊟#ifndef __LED_H
 2  #define __LED_H
 3
 4  #include "stm32f10x.h"
 5
 6  #define ON  0
 7  #define OFF 1
 8
 9
10  #define LED1(a) if (a)  \
11          GPIO_SetBits(GPIOB,GPIO_Pin_8);\
12          else    \
13          GPIO_ResetBits(GPIOB,GPIO_Pin_8)
14
15  #define LED2(a) if (a)  \
16          GPIO_SetBits(GPIOC,GPIO_Pin_9);\
17          else    \
18          GPIO_ResetBits(GPIOC,GPIO_Pin_9)
19
20  #define LED3(a) if (a)  \
21          GPIO_SetBits(GPIOC,GPIO_Pin_10);\
22          else    \
23          GPIO_ResetBits(GPIOC,GPIO_Pin_10)
24  void LED_GPIO_Config(void);
25
26  #endif
```

图 3-26　LED.h 文件

这样可以防止头文件重复包含,使得工程的兼容性更好。在 led.h 头文件的部分,首先包含了前面提到的最重要的 ST 库必备头文件 stm32f10x.h,有了它才可以使用各种库定义、库函数。

在 LED.h 文件的第 10～24 行,是利用 GPIO_SetBits()、GPIO_ResetBits()库函数编写的带参宏定义,最后声明了在 LED.c 源文件定义的 LED_GPIO_Config()用户函数。因此,要使用 LED.c 文件定义的函数,只要把 LED.h 包含到调用到函数的文件中即可。

3.6.5　软件调试易现问题

使用新版 MDK4.72 环境和 3.5 库来编写程序,在进行软件仿真或调试 STM32F103 部分型号时,可能会出现错误。例如,直接卡死在 SystemInit()中,MDK 报如图 3-27 类似的错误。

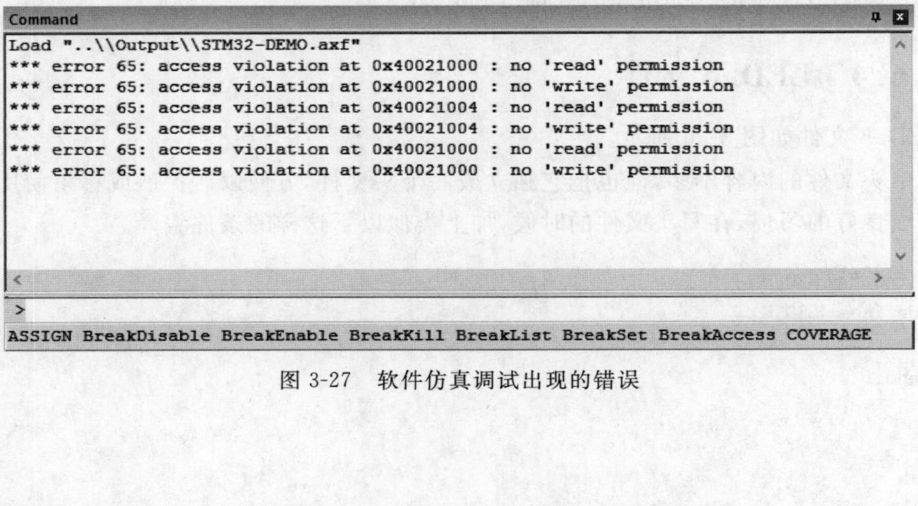

```
Command                                                          🗕 ✖
Load "..\\Output\\STM32-DEMO.axf"
*** error 65: access violation at 0x40021000 : no 'read' permission
*** error 65: access violation at 0x40021000 : no 'write' permission
*** error 65: access violation at 0x40021004 : no 'read' permission
*** error 65: access violation at 0x40021004 : no 'write' permission
*** error 65: access violation at 0x40021000 : no 'read' permission
*** error 65: access violation at 0x40021000 : no 'write' permission


<

>
ASSIGN BreakDisable BreakEnable BreakKill BreakList BreakSet BreakAccess COVERAGE
```

图 3-27　软件仿真调试出现的错误

打开工程设置界面的 Debug 选项卡，如图 3-28 所示。经观察发现，主要是由于在 Debug 页面配置的 DLL 等参数不匹配所致。

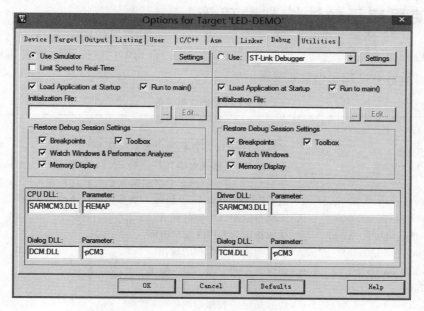

图 3-28　修改前的 Debug 选项卡

修改后，如图 3-29 所示。

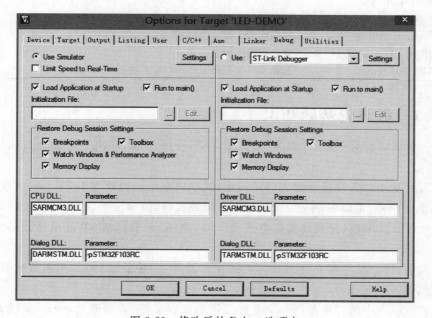

图 3-29　修改后的 Debug 选项卡

单击 OK 按钮,就能实现代码的软件调试。

3.7 使用库函数法控制数码管

通过数码管的例子,进一步说明 IO 的使用方法。常用 GPIO 库函数如表 3-14 所示,这些函数在以后的 I/O 控制中会陆续使用到。

表 3-14 GPIO 库函数

函数名	描 述
GPIO_DeInit	将外设 GPIOx 寄存器重设为默认值
GPIO_AFIODeInit	将复用功能(重映射事件控制和 EXTI 设置)重设为默认值
GPIO_Init	根据 GPIO_InitStruct 中指定的参数初始化外设 GPIOx 寄存器
GPIO_StructInit	把 GPIO_InitStruct 中的每一个参数按默认值填入
GPIO_ReadInputDataBit	读取指定端口引脚的输入
GPIO_ReadInputData	读取指定的 GPIO 端口输入
GPIO_ReadOutputDataBit	读取指定端口引脚的输出
GPIO_ReadOutputData	读取指定的 GPIO 端口输出
GPIO_SetBits	设置指定的数据端口位
GPIO_ResetBits	清除指定的数据端口位
GPIO_WriteBit	设置或者清除指定的数据端口位
GPIO_Write	向指定 GPIO 数据端口写入数据
GPIO_PinLockConfig	锁定 GPIO 引脚设置寄存器
GPIO_EventOutputConfig	选择 GPIO 引脚用作事件输出
GPIO_EventOutputCmd	使能或者失能事件输出
GPIO_PinRemapConfig	改变指定引脚的映射
GPIO_EXTILineConfig	选择 GPIO 引脚用作外部中断线路

3.7.1 数码管基础知识

(1) 一个数码管有 8 段,分别为 A,B,C,D,E,F,G,DP,即由 8 个发光二极管组成,如图 3-30 所示。

(2) 因为发光二极管导通的方向是一定的(导通电压一般取为 1.7V),这 8 个发光二极管的公共端有两种,可以分别接+5V(即为共阳极数码管)或接地(即为共阴极数码管)。

(3) 故可分共阳极(公共端接高电平或+5V 电压)和共阴极(共低电平或接地)两种数码管。

(4) 其中,每个段均有 0(不导通)和 1(导通发光)两种状态,但共阳极数码管和共阴极数码管显然是不同的。

(5) 它在程序中的应用是用一个 8 位二进制数表示,A 为最低位,……,F 为最高位(第 8 位)。

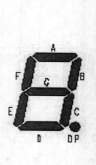

图 3-30　数码管示意图

共阳极数码管编码表为：

位选为高电平（即 1）选中数码管，各段选为低电平（即 0 接地时）选中各数码段亮，由 0 到 f 的编码为：

```
uchar code table[] = { 0xc0,0xf9,0xa4,0xb0,0x99,0x92,0x82,
                       0xf8,0x80,0x90,0x88,0x83,0xc6,0xa1,
                       0x86,0x8e};
```

共阴极数码管编码表为：

位选为低电平（即 0）选中数码管，各段选为高电平（即 1 接＋5V 时）选中各数码段亮，由 0 到 f 的编码为：

```
uchar code table[] = { 0x3f,0x06,0x5b,0x4f,0x66,0x6d,0x7d,
                       0x07,0x7f,0x6f,0x77,0x7c,0x39,0x5e,
                       0x79,0x71};
```

3.7.2　硬件电路设计

如图 3-31 所示的电路使用共阳极数码管，段选端接到 PB0～PB7，位选端接到 PB8～PB15，通过 PNP 三极管实现电流的放大，增加驱动能力，提高显示的亮度，当位选端为低电平时，三极管导通，段选端输入正确的数据，数码管就能实现正确的显示。

通过这个小例子进一步了解 I/O 端口的库函数操作方法，以及 I/O 复用端口的设置问题。

3.7.3　软件说明

下面这段代码简单实现了数码管从 1～F 的亮灭，控制过程类似 LED，这里使用 RCC_APB2Periph_AFIO、GPIO_PinRemapConfig 的配置。下面对程序进行解释和说明。

STM32F10x 系列的 MCU 复位后，PA13/14/15＆PB3/4 默认配置为 JTAG 功能。有

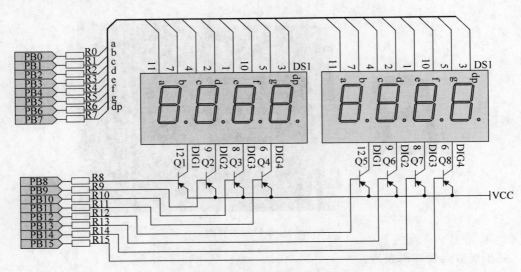

图 3-31 数码管接口电路

时为了充分利用 STM32I/O 端口的资源,会把这些端口设置为普通 I/O 端口。STM32 的 PB3、PB4,分别是 JTAG 的 JTDO 和 NJTRST 引脚,在没关闭 JTAG 功能之前,程序中配置不了这些引脚的功能。要配置这些引脚,首先要开启 AFIO 时钟,然后在 AFIO 中设置释放这些引脚。

```c
1.  # include "stm32f10x.h"
2.  void Delay(__IO u32 nCount);
3.  u8 table[] = {0xc0,0xf9,0xa4,0xb0,0x99,0x92,0x82,0xf8,\
4.  0x80,0x90,0x88,0x83,0xc6,0xa1,0x86,0x8e};
5.  u8 i;
6.  int main(void)
7.  {
8.
9.  GPIO_InitTypeDef GPIO_InitStructure;
10. RCC_APB2PeriphClockCmd(RCC_APB2Periph_AFIO | RCC_APB2Periph_GPIOB , ENABLE);
11. GPIO_PinRemapConfig(GPIO_Remap_SWJ_Disable,ENABLE);
12. GPIO_InitStructure.GPIO_Pin = GPIO_Pin_All;
13. GPIO_InitStructure.GPIO_Mode = GPIO_Mode_Out_PP;
14. GPIO_InitStructure.GPIO_Speed = GPIO_Speed_50MHz;
15. GPIO_Init(GPIOB, &GPIO_InitStructure);
16. while (1)
17. {
18. for(i = 0;i < 16;i++)
19. {
20. GPIO_Write(GPIOB, table[i]);
21. Delay(0x0FFFEF5);
22. if(i == 15) i = 0;
```

```
23. }
24. }
25. }
26. void Delay(__IO u32 nCount)
27. {
28. for(; nCount != 0; nCount -- );
29. }
30. void Delay(__IO u32 nCount)
31. {
32. for(; nCount != 0; nCount -- );
33. }
```

第 10 行代码,开启 AFIO 时钟和 GPIOB 的时钟。

第 11 行代码,禁用 JTAG 功能,重新映射为普通的 I/O 端口。

为了优化 64 脚或 100 脚封装的外设数目,可以把一些复用功能重新映射到其他引脚上。设置复用重映射和调试 I/O 配置寄存器(AFIO_MAPR)实现引脚的重新映射。这时,复用功能不再映射到它们的原始分配上。GPIO_PinRemapConfig 函数如表 3-15 所示。

表 3-15 函数 GPIO_PinRemapConfig

函数名	GPIO_PinRemapConfig
函数原型	void GPIO_PinRemapConfig(u32 GPIO_Remap,FunctionalState NewState)
功能描述	改变指定引脚的映射
输入参数 1	GPIO_Remap:选择重映射的引脚
输入参数 2	NewState:引脚重映射的新状态
	这个参数可以取 ENABLE 或者 DISABLE
输出参数	无
返回值	无
先决条件	无
被调用函数	无

GPIO_Remap 用以选择用作事件输出的 GPIO 端口。表 3-16 给出了该参数可取的值。

表 3-16 GPIO_Remap

GPIO_Remap	描 述
GPIO_Remap_SPI1	SPI1 复用功能映射
GPIO_Remap_I2C1	I2C1 复用功能映射
GPIO_Remap_USART1	USART1 复用功能映射
GPIO_PartialRemap_USART3	USART2 复用功能映射
GPIO_FullRemap_USART3	USART3 复用功能完全映射
GPIO_PartialRemap_TIM1	USART3 复用功能部分映射
GPIO_FullRemap_TIM1	TIM1 复用功能完全映射
GPIO_PartialRemap1_TIM2	TIM2 复用功能部分映射 1

续表

GPIO_Remap	描　　述
GPIO_PartialRemap2_TIM2	TIM2 复用功能部分映射 2
GPIO_FullRemap_TIM2	TIM2 复用功能完全映射
GPIO_PartialRemap_TIM3	TIM3 复用功能部分映射
GPIO_FullRemap_TIM3	TIM3 复用功能完全映射
GPIO_Remap_TIM4	TIM4 复用功能映射
GPIO_Remap1_CAN	CAN 复用功能映射 1
GPIO_Remap2_CAN	CAN 复用功能映射 2
GPIO_Remap_PD01	PD01 复用功能映射
GPIO_Remap_SWJ_NoJTRST	除 JTRST 外 SWJ 完全使能(JTAG＋SW-DP)
GPIO_Remap_SWJ_JTAGDisable	JTAG-DP 失能＋SW-DP 使能
GPIO_Remap_SWJ_Disable	SWJ 完全失能(JTAG＋SW-DP)

第 20 行代码,GPIO 口写函数,函数原型如表 3-17 所示。

表 3-17　函数 GPIO_Write

函数名	GPIO_Write
函数原型	void GPIO_Write(GPIO_TypeDef * GPIOx, u16 PortVal)
功能描述	向指定 GPIO 数据端口写入数据
输入参数 1	GPIOx: x 可以是 A,B,C,D 或者 E,来选择 GPIO 外设
输入参数 2	PortVal:待写入端口数据寄存器的值
输出参数	无
返回值	无
先决条件	无
被调用函数	无

3.8　简单按键输入

显示模块 I/O 端口都是作为显示模块控制,即输出使用,本节通过简单按键控制,配合 LED 小灯,了解 I/O 端的输入使用方法。按键被按下 LED 小灯熄灭,可以判断按键被按下。图 3-32 为按键电路图。

主程序:

```
1.  # include "stm32f10x.h"
2.  # include "led.h"
3.  # include "key.h"
4.  int main(void)
5.  {
6.      LED_GPIO_Config();
```

```
7.          LED5(ON);
8.          Key_GPIO_Config();
9.          while(1)
10.         {
11.             if( Key_Scan(GPIOA,GPIO_Pin_0) == KEY_ON )
12.             {
13.                 LED5(OFF);
14.             }
15.         }
16.     }
```

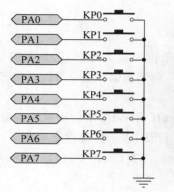

图 3-32 按键电路图

第 5 行代码配置 LED 和之前使用方法一致。

第 6 行代码初始化按键操作。

第 11 行代码按键识别程序,检测 PA0 是否被按下,如果被按下,LED5 小灯熄灭。

按键配置代码:

```
1.  void Key_GPIO_Config(void)
2.  {
3.      GPIO_InitTypeDef GPIO_InitStructure;
4.      RCC_APB2PeriphClockCmd(RCC_APB2Periph_GPIOA,ENABLE);
5.      GPIO_InitStructure.GPIO_Pin = GPIO_Pin_0;
6.      GPIO_InitStructure.GPIO_Speed = GPIO_Speed_10MHz;
7.      GPIO_InitStructure.GPIO_Mode = GPIO_Mode_IPU;
8.      GPIO_Init(GPIOA, &GPIO_InitStructure);
9.  }
```

按键初始化与 LED 初始化类似,其中第 7 行代码设置 PA 口为上拉输入模式。

按键识别代码:

```
1.  uint8_t Key_Scan(GPIO_TypeDef * GPIOx,u16 GPIO_Pin)
2.  {
3.          if(GPIO_ReadInputDataBit(GPIOx,GPIO_Pin) == KEY_ON )
```

```
4.        {
5.          Delay(10000);
6.          if(GPIO_ReadInputDataBit(GPIOx,GPIO_Pin) == KEY_ON )
7.          {
8.          while(GPIO_ReadInputDataBit(GPIOx,GPIO_Pin) == KEY_ON);
9.              return KEY_ON;
10.         }
11.         else
12.             return KEY_OFF;
13.     }
14.      else
15.          return KEY_OFF;
16.     }
```

第 3 行代码利用 GPIO_ReadInputDataBit() 函数读取输入数据,若从相应引脚读取的数据等于(KEY_ON),低电平,表明可能有按键按下,调用延时函数;否则返回 KEY_OFF,表示按键没有被按下。

第 6 行代码,延时之后再次利用 GPIO_ReadInputDataBit() 函数读取输入数据,若依然为低电平,表明确实有按键被按下;否则返回 KEY_OFF,表示按键没有被按下。

第 8 行代码,循环调用 GPIO_ReadInputDataBit() 函数(见表 3-18),一直检测按键的电平,直至按键被释放。释放后,返回表示按键被按下的标志 KEY_ON。

表 3-18　函数 GPIO_ReadInputDataBit

函数名	GPIO_ReadInputDataBit
函数原型	u8 GPIO_ReadInputDataBit(GPIO_TypeDef * GPIOx, u16 GPIO_Pin)
功能描述	读取指定端口引脚的输入
输入参数 1	GPIOx：x 可以是 A,B,C,D 或者 E,来选择 GPIO 外设
输入参数 2	GPIO_Pin：待读取的端口位
输出参数	无
返回值	输入端口引脚值
先决条件	无
被调用函数	无

习题

(1) 简述 MDK 工程配置的方法。

(2) 直接库函数操作和寄存器操作有哪些区别?

(3) 分析 STM32 的时钟结构。

(4) 通用 GPIO 的初始化过程是什么?

(5) STM32 的 IO 口都是 3.3V 输出的,但有时需要输出 5V 电压,如何处理?

第 4 章

中　断

ARM Cortex_M3 内核支持 256 个中断(16 个内核和 240 个外部)和可编程 256 级中断优先级的设置。然而,STM32 并没有全部使用 M3 内核东西,STM32 目前支持的中断为 84个,16 个内核加上 68 个外部及 16 级可编程中断优先级的设置。

由于 STM32 只能管理 16 级中断的优先级,所以只使用到中断优先级寄存器的高4 位。

4.1　STM32 中断和异常

表 4-1 给出了 STM32F10xxx 产品的向量表,从该表中可以看出,优先级－3～6 为系统异常中断,7～56 为外部中断,这些中断使用方便灵活,是开发 STM32 的重点。

表 4-1　STM32F10xxx 产品的向量表(小容量、中容量和大容量)

位置	优先级	优先级类型	名　称	说　明	地址
—	—	—	—	保留	0x0000_0000
	−3	固定	Reset	复位	0x0000_0004
	−2	固定	NMI	不可屏蔽中断,RCC 时钟安全系统(CSS)连接到 NMI 向量	0x0000_0008
	−1	固定	HardFault	所有类型的失效	0x0000_000C
	0	可设置	MemManage	存储器管理	0x0000_0010
	1	可设置	BusFault	预取指失败,存储器访问失败	0x0000_0014
	2	可设置	UsageFault	未定义的指令或非法状态	0x0000_0018
—				保留	0x0000_001C
	3	可设置	SVCall	通过 SWI 指令的系统服务调用	0x0000_002C
	4	可设置	DebugMonitor	调试监控器	0x0000_0030
—		—	—	保留	0x0000_0034
	5	可设置	PendSV	可挂起的系统服务	0x0000_0038
	6	可设置	SysTick	系统嘀嗒定时器	0x0000_003C

续表

位置	优先级	优先级 类型	名　称	说　明	地址
0	7	可设置	WWDG	窗口定时器中断	0x0000_0040
1	8	可设置	PVD	连到 EXTI 的电源电压检测(PVD)中断	0x0000_0044
2	9	可设置	TAMPER	侵入检测中断	0x0000_0048
3	10	可设置	RTC	实时时钟(RTC)全局中断	0x0000_004C
4	11	可设置	FLASH	闪存全局中断	0x0000_0050
5	12	可设置	RCC	复位和时钟控制(RCC)中断	0x0000_0054
6	13	可设置	EXTI0	EXTI 线 0 中断	0x0000_0058
7	14	可设置	EXTI1	EXTI 线 1 中断	0x0000_005C
8	15	可设置	EXTI2	EXTI 线 2 中断	0x0000_0060
9	16	可设置	EXTI3	EXTI 线 3 中断	0x0000_0064
10	17	可设置	EXTI4	EXTI 线 4 中断	0x0000_0068
11	18	可设置	DMA1 通道 1	DMA1 通道 1 全局中断	0x0000_006C
12	19	可设置	DMA1 通道 2	DMA1 通道 2 全局中断	0x0000_0070
13	20	可设置	DMA1 通道 3	DMA1 通道 3 全局中断	0x0000_0074
14	21	可设置	DMA1 通道 4	DMA1 通道 4 全局中断	0x0000_0078
15	22	可设置	DMA1 通道 5	DMA1 通道 5 全局中断	0x0000_007C
16	23	可设置	DMA1 通道 6	DMA1 通道 6 全局中断	0x0000_0080
17	24	可设置	DMA1 通道 7	DMA1 通道 7 全局中断	0x0000_0084
18	25	可设置	ADC1_2	ADC1 和 ADC2 的全局中断	0x0000_0088
19	26	可设置	USB_HP_CAN_TX	USB 高优先级或 CAN 发送中断	0x0000_008C
20	27	可设置	USB_LP_CAN_RX0	USB 低优先级或 CAN 接收 0 中断	0x0000_0090
21	28	可设置	CAN_RX1	CAN 接收 1 中断	0x0000_0094
22	29	可设置	CAN_SCE	CAN	SCE 中断
23	30	可设置	EXTI9_5	EXTI 线[9:5]中断	0x0000_009C
24	31	可设置	TIM1_BRK	TIM1 刹车中断	0x0000_00A0
25	32	可设置	TIM1_UP	TIM1 更新中断	0x0000_00A4
26	33	可设置	TIM1_TRG_COM	TIM1 触发和通信中断	0x0000_00A8
27	34	可设置	TIM1_CC	TIM1 捕获比较中断	0x0000_00AC
28	35	可设置	TIM2	TIM2 全局中断	0x0000_00B0
29	36	可设置	TIM3	TIM3 全局中断	0x0000_00B4
30	37	可设置	TIM4	TIM4 全局中断	0x0000_00B8
31	38	可设置	I2C1_EV	I2C1 事件中断	0x0000_00BC
32	39	可设置	I2C1_ER	I2C1 错误中断	0x0000_00C0
33	40	可设置	I2C2_EV	I2C2 事件中断	0x0000_00C4
34	41	可设置	I2C2_ER	I2C3 错误中断	0x0000_00C8
35	42	可设置	SPI1	SPI1 全局中断	0x0000_00CC
36	43	可设置	SPI2	SPI2 全局中断	0x0000_00D0

续表

位置	优先级	优先级类型	名　称	说　明	地址
37	44	可设置	USART1	USART1 全局中断	0x0000_00D4
38	45	可设置	USART2	USART2 全局中断	0x0000_00D8
39	46	可设置	USART3	USART3 全局中断	0x0000_00DC
40	47	可设置	EXTI15_10	EXTI 线[15:10]中断	0x0000_00E0
41	48	可设置	RTCAlarm	连到 EXTI 的 RTC 闹钟中断	0x0000_00E4
42	49	可设置	USB 唤醒	连到 EXTI 的从 USB 待机唤醒中断	0x0000_00E8
43	50	可设置	TIM8_BRK	TIM8 刹车中断	0x0000_00EC
44	51	可设置	TIM8_UP	TIM8 更新中断	0x0000_00F0
45	52	可设置	TIM8_TRG_COM	TIM8 触发和通信中断	0x0000_00F4
46	53	可设置	TIM8_CC	TIM8 捕获比较中断	0x0000_00F8
47	54	可设置	ADC3	ADC3 全局中断	0x0000_00FC
48	55	可设置	FSMC	FSMC 全局中断	0x0000_0100
49	56	可设置	SDIO	SDIO 全局中断	0x0000_0104
50	57	可设置	TIM5	TIM5 全局中断	0x0000_0108
51	58	可设置	SPI3	SPI3 全局中断	0x0000_010C
52	59	可设置	UART4	UART4 全局中断	0x0000_0110
53	60	可设置	UART5	UART5 全局中断	0x0000_0114
54	61	可设置	TIM6	TIM6 全局中断	0x0000_0118
55	62	可设置	TIM7	TIM7 全局中断	0x0000_011C
56	63	可设置	DMA2 通道 1	DMA2 通道 1 全局中断	0x0000_0120
57	64	可设置	DMA2 通道 2	DMA2 通道 2 全局中断	0x0000_0124
58	65	可设置	DMA2 通道 3	DMA2 通道 3 全局中断	0x0000_0128
59	66	可设置	DMA2 通道 4_5	DMA2 通道 4 和 DMA2 通道 5 全局中断	0x0000_012C

4.2　STM32 中断相关的基本概念

STM32 的中断系统很复杂且内容很多,微处理器中断的概念和使用方法很接近,本节主要介绍和中断关系最为密切的两个概念,为中断优先级和中断向量的优先级组。

4.2.1　优先级

STM32 中有两个优先级的概念,为抢占式优先级和响应优先级。

响应优先级也称作亚优先级或副优先级,每个中断源都需要指定这两种优先级。具有高抢占式优先级的中断可以在具有低抢占式优先级的中断处理过程中响应,即中断嵌套,或者说高抢占式优先级的中断可以嵌套低抢占式优先级的中断。

当两个中断源的抢占式优先级相同时,这两个中断将没有嵌套关系,当一个中断到来后,如果正在处理另一个中断,这个后到来的中断就要等到前一个中断处理完之后才能被处理。

如果两个中断同时到达,则中断控制器根据它们的响应优先级高低来决定先处理哪一个;如果抢占式优先级和响应优先级都相等,则根据它们在中断表中的排位顺序决定先处理哪一个。

(1) 抢占式优先级的库函数设置为:

```
NVIC_InitStructure.NVIC_IRQChannelPreemptionPriority = x
```

其中,x 为 0～15,具体要看优先级组别的选择。

(2) 响应优先级的库函数设置为:

```
NVIC_InitStructure.NVIC_IRQChannelSubPriority = x
```

其中,x 为 0～15,具体要看优先级组别的选择。

注意 (1) 优先级编号越小,其优先级别越高。
(2) 只有抢占优先级高才可以抢占当前中断,如果抢占优先级编号相同,则先到达的先执行,迟到达的即使响应优先级高也只能等着。只有同时到达,才是高响应优先级的中断先执行。

4.2.2 中断控制器 NVIC

STM32 的中断很多,通过中断控制器 NVIC 进行管理。当使用中断时,首先要进行NVIC 的初始化,定义一个 NVIC_InitTypeDef 结构体类型,NVIC_InitTypeDef 定义于文件"stm32f10x_nvic.h"中。

```
1. typedef struct
2. {
3. u8 NVIC_IRQChannel;
4. u8 NVIC_IRQChannelPreemptionPriority;
5. u8 NVIC_IRQChannelSubPriority;
6. FunctionalState NVIC_IRQChannelCmd;
7. }NVIC_InitTypeDef
```

NVIC_InitTypeDef 结构体有 4 个成员。
第 3 行代码,NVIC_IRQChannel 为需要配置的中断向量,可设置的值如表 4-2 所示。
第 4 行代码,NVIC_IRQChannelPreemptionPriority 为配置中断向量的抢占优先级。
第 5 行代码,NVIC_IRQChannelSubPriority 为配置中断向量的响应优先级。
第 6 行代码,NVIC_IRQChannelCmd 使能或者关闭响应中断向量的中断响应。

表 4-2　NVIC_IRQChannel 值

NVIC_IRQChannel	描　　述
WWDG_IRQChannel	窗口看门狗中断
PVD_IRQChannel	PVD 通过 EXTI 探测中断
TAMPER_IRQChannel	篡改中断
RTC_IRQChannel	RTC 全局中断
FlashItf_IRQChannel	FLASH 全局中断
RCC_IRQChannel	RCC 全局中断
EXTI0_IRQChannel	外部中断线 0 中断
EXTI1_IRQChannel	外部中断线 1 中断
EXTI2_IRQChannel	外部中断线 2 中断
EXTI3_IRQChannel	外部中断线 3 中断
EXTI4_IRQChannel	外部中断线 4 中断
DMAChannel1_IRQChannel	DMA 通道 1 中断
DMAChannel2_IRQChannel	DMA 通道 2 中断
DMAChannel3_IRQChannel	DMA 通道 3 中断
DMAChannel4_IRQChannel	DMA 通道 4 中断
DMAChannel5_IRQChannel	DMA 通道 5 中断
DMAChannel6_IRQChannel	DMA 通道 6 中断
DMAChannel7_IRQChannel	DMA 通道 7 中断
ADC_IRQChannel	ADC 全局中断
USB_HP_CANTX_IRQChannel	USB 高优先级或者 CAN 发送中断
USB_LP_CAN_RX0_IRQChannel	USB 低优先级或者 CAN 接收 0 中断
CAN_RX1_IRQChannel	CAN 接收 1 中断
CAN_SCE_IRQChannel	CAN SCE 中断
EXTI9_5_IRQChannel	外部中断线 9-5 中断
TIM1_BRK_IRQChannel	TIM1 暂停中断
TIM1_UP_IRQChannel	TIM1 刷新中断
TIM1_TRG_COM_IRQChannel	TIM1 触发和通信中断
TIM1_CC_IRQChannel	TIM1 捕获比较中断
TIM2_IRQChannel	TIM2 全局中断
TIM3_IRQChannel	TIM3 全局中断
TIM4_IRQChannel	TIM4 全局中断
I2C1_EV_IRQChannel	I2C1 事件中断
I2C1_ER_IRQChannel	I2C1 错误中断
I2C2_EV_IRQChannel	I2C2 事件中断
I2C2_ER_IRQChannel	I2C2 错误中断
SPI1_IRQChannel	SPI1 全局中断
SPI2_IRQChannel	SPI2 全局中断
USART1_IRQChannel	USART1 全局中断
USART2_IRQChannel	USART2 全局中断

续表

NVIC_IRQChannel	描　述
USART3_IRQChannel	USART3 全局中断
EXTI15_10_IRQChannel	外部中断线 15-10 中断
RTCAlarm_IRQChannel	RTC 闹钟通过 EXTI 线中断
USBWakeUp_IRQChannel	USB 通过 EXTI 线从悬挂唤醒中断

4.2.3　NVIC 的优先级组

配置优先级时,还要注意一个很重要的问题,中断种类的数量,表 4-3 为中断向量优先级分组。NVIC 只可以配置 16 种中断向量的优先级,也就是说,抢占优先级和响应优先级的数量由一个 4 位的数字来决定,把这个 4 位数字的位数分配成抢占优先级部分和响应优先级部分。

表 4-3　中断向量优先级分组

NVIC_PriorityGroup	中断向量 抢占优先级	中断向量 响应优先级	描　　述
NVIC_PriorityGroup_0	0	0-15	先占优先级 0 位,从优先级 4 位
NVIC_PriorityGroup_1	1-0	0-7	先占优先级 1 位,从优先级 3 位
NVIC_PriorityGroup_2	3-0	0-3	先占优先级 2 位,从优先级 2 位
NVIC_PriorityGroup_3	7-0	0-1	先占优先级 3 位,从优先级 1 位
NVIC_PriorityGroup_4	15	0	先占优先级 4 位,从优先级 0 位

若选中 NVIC_PriorityGroup_0,则参数 NVIC_IRQChannelPreemptionPriority 对中断通道的设置不产生影响。

若选中 NVIC_PriorityGroup_4,则参数 NVIC_IRQChannelSubPriority 对中断通道的设置不产生影响。

假如选择了第 3 组,那么抢占式优先级就从 000～111 这 8 个中选择,在程序中给不同的中断以不同的抢占式优先级,号码范围是 0～7;而响应优先级只有 1 位,所以即使要设置 3、4 个甚至最多的 16 个中断,在响应优先级这一项也只能赋予 0 或 1。

所以,抢占优先级 8 个×响应优先级 2 个＝16 种优先级,这与上文所述的 STM32 只能管理 16 级中断的优先级是相符的。

4.3　外部中断

对于互联型产品,外部中断/事件控制器由 20 个产生事件/中断请求的边沿检测器组成,对于其他产品,则有 19 个能产生事件/中断请求的边沿检测器。每个输入线可以独立配置输入类型(脉冲或挂起)和对应的触发事件(上升沿或下降沿或者双边沿都触发)。每个输入线都可以独立地屏蔽。挂起寄存器保持着状态线的中断请求。

4.3.1 外部中断基本情况

STM32 中,每一个 GPIO 都可以触发一个外部中断,GPIO 的中断是以组为单位的,同组间的外部中断同一时间只能使用一个。例如,PA0、PB0、PC0、PD0、PE0、PF0 和 PG0 为 1 组,如果使用 PA0 作为外部中断源,那么别的就不能够再使用,在此情况下,只能使用类似于 PB1、PC2 这种末端序号不同的外部中断源。外部中断通用 I/O 映像如图 4-1 所示。

在AFIO_EXTICR1寄存器的EXTI0[3：0]

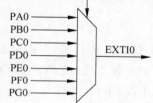

在AFIO_EXTICR1寄存器的EXTI1[3：0]

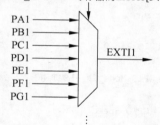

在AFIO_EXTICR1寄存器的EXTI15[3：0]

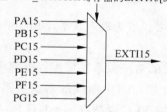

图 4-1 外部中断通用 I/O 映像

每一组使用一个中断标志 EXTIx。EXTI0～EXTI4 这 5 个外部中断有着各自单独的中断响应函数,EXTI5～9 共用一个中断响应函数,EXTI10～15 共用一个中断响应函数。

通过 AFIO_EXTICRx 配置 GPIO 线上的外部中断/事件,必须先使能 AFIO 时钟。另外 4 个 EXTI 线的连接方式如下:

(1) EXTI 线 16 连接到 PVD 输出;

(2) EXTI 线 17 连接到 RTC 闹钟事件;

（3）EXTI 线 18 连接到 USB 唤醒事件；

（4）EXTI 线 19 连接到以太网唤醒事件(只适用于互联型产品)。

4.3.2 使用外部中断的基本步骤

使用外部中断的基本步骤如下：

（1）初始化 I/O 端口为输入；

（2）开启 I/O 端口复用时钟，设置 I/O 端口与中断线的映射关系；

（3）开启与该 I/O 端口相对的线上中断/事件，设置触发条件；

（4）配置中断分组(NVIC)，并使能中断；

（5）中断服务函数编写。

1. I/O 端口初始化

设置要作为外部中断输入的 I/O 端口的状态，可以设置为上拉/下拉输入，也可以设置为浮空输入，但浮空的时候外部一定要带上拉，或者下拉电阻。否则可能导致中断不停地触发。在干扰较大的地方，就算使用上拉/下拉，也建议使用外部上拉/下拉电阻，这样可以一定程度防止外部干扰带来的影响。

```
GPIO_InitTypeDef GPIO_InitStructure;
//选择引脚 0
GPIO_InitStructure.GPIO_Pin = GPIO_Pin_0;
//选择输入模式为浮空输入
GPIO_InitStructure.GPIO_Mode = GPIO_Mode_IN_FLOATING;
//输出频率最大 50MHz
GPIO_InitStructure.GPIO_Speed = GPIO_Speed_50MHz;
//设置 PA.0
GPIO_Init(GPIOA,&GPIO_InitStructure);
```

其中，连接外部中断的引脚需要设置为输入状态，GPIO 中的函数在 stm32f10x_gpio.c 中。

2. 时钟设置

STM32 的 I/O 端口与中断线的对应关系需要配置外部中断配置寄存器 EXTICR，这样要先开启复用时钟，然后配置 I/O 端口与中断线的对应关系，才能把外部中断与中断线连接起来。设置相应的时钟所需要的 RCC 函数在 stm32f10x_rcc.c 中，所以要在工程中添加此文件。

详细代码如下：

```
RCC_APB2PeriphClockCmd(RCC_APB2Periph_GPIOA|RCC_APB2Periph_AFIO,ENABLE);
```

3. 开启与该 I/O 端口相对的线上中断/事件，设置触发条件

这一步配置中断产生的条件，STM32 可以配置成上升沿触发，下降沿触发，或者任意电平变化触发，但是不能配置成高电平触发和低电平触发。根据自己的实际情况配置，同时要开启中断线上的中断。注意，如果使用外部中断，并设置该中断的 EMR 位，会引起软件仿

真不能跳到中断,而硬件上是可以的。而不设置 EMR,软件仿真就可以进入中断服务函数,并且硬件上也是可以的。建议不要配置 EMR 位。由于 GPIO 并不是专用的中断引脚,因此在使用 GPIO 来触发外部中断的时候,需要设置将 GPIO 相应的引脚和中断线连接起来,该设置需要调用到的函数都在 stm32f10x_exti.c。具体代码如下:

```
EXTI_InitTypeDef EXTI_InitStructure;
//清空中断标志
EXTI_ClearITPendingBit(EXTI_Line0);

//选择中断引脚 PA.0
GPIO_EXTILineConfig(GPIO_PortSourceGPIOA,GPIO_PinSource0);
//选择中断线路 0
EXTI_InitStructure.EXTI_Line = EXTI_Line0;
//设置为中断请求,非事件请求
EXTI_InitStructure.EXTI_Mode = EXTI_Mode_Interrupt;
//设置中断触发方式为上下降沿触发
EXTI_InitStructure.EXTI_Trigger = EXTI_Trigger_Rising_Falling;
//外部中断使能
EXTI_InitStructure.EXTI_LineCmd = ENABLE;
EXTI_Init(&EXTI_InitStructure);
```

4. 配置中断分组(NVIC)

设置相应的中断实际上就是设置 NVIC,在 STM32 的固件库中有一个结构体 NVIC_InitTypeDef,里面有相应的标志位设置,然后再用 NVIC_Init()函数进行初始化。详细代码如下:

```
NVIC_InitTypeDef NVIC_InitStructure;
//选择中断分组 2
NVIC_PriorityGroupConfig(NVIC_PriorityGroup_2);
//选择中断通道 2
NVIC_InitStructure.NVIC_IRQChannel = EXTI0_IRQChannel;
//抢占式中断优先级设置为 0
NVIC_InitStructure.NVIC_IRQChannelPreemptionPriority = 0;
//响应式中断优先级设置为 0
NVIC_InitStructure.NVIC_IRQChannelSubPriority = 0;
//使能中断
NVIC_InitStructure.NVIC_IRQChannelCmd = ENABLE;
NVIC_Init(&NVIC_InitStructure);
```

5. 中断响应函数编写

STM32 不像 C51 单片机,可以用 interrupt 关键字来定义中断响应函数,STM32 的中断响应函数接口存在中断向量表中,是由启动代码给出的。默认的中断响应函数在 stm32f10x_it.c 中,因此需要把这个文件加入到工程中。

在这个文件中,很多函数都只有一个函数名,并没有函数体。EXTI0_IRQHandler()函数就是外部中断线 0 中断响应的函数。

```
void EXTI0_IRQHandler(void)
{
        //点亮 LED 灯之类的代码
        GPIO_SetBits(GPIOB,GPIO_Pin_6);
        //清空中断标志位,防止持续进入中断
        EXTI_ClearITPendingBit(EXTI_Line0);
}
```

6. 写主函数

中断程序经常用到的几个文件:

(1) stm32f10x_exti.c:文件包含了支持 exti 配置和操作的相关库函数;

(2) misc.c:文件包含了 NVIC 的配置函数;

(3) stm32f10x_it.c:编写中断服务函数。

中断程序的主函数基本结构为:

```
void RCC_cfg();
void IO_cfg();
void EXTI_cfg();
void NVIC_cfg();
int main()
{
        RCC_cfg();
        IO_cfg();
        NVIC_cfg();
        EXTI_cfg();
        while(1);
}
```

main 函数前是函数声明,main 函数体中调用初始化配置函数,然后进入死循环,等待中断响应。

下面是中断处理代码,结合第 3 章按键和 LED 电路,采用中断的方式,实现按键的基本功能。

主程序:

```
# include "stm32f10x.h"
# include "led.h"
# include "exti.h"
int main(void)
{
    LED_GPIO_Config();
    LED1_ON;
    EXTI_PA0_Config();
    while(1)
```

```
        {
        }
}
```

第 6 行代码，LED 初始化。

第 7 行代码，点亮一盏 LED 小灯。

第 8 行代码，采用外部中断来配置按键，也是本章的重点。

EXTI_PA0_Config()代码:

```
# include "exti.h"
static void NVIC_Configuration(void)
{
NVIC_InitTypeDef NVIC_InitStructure;
NVIC_PriorityGroupConfig(NVIC_PriorityGroup_1);
NVIC_InitStructure.NVIC_IRQChannel = EXTI0_IRQn;
NVIC_InitStructure.NVIC_IRQChannelPreemptionPriority = 0;
NVIC_InitStructure.NVIC_IRQChannelSubPriority = 0;
NVIC_InitStructure.NVIC_IRQChannelCmd = ENABLE;
NVIC_Init(&NVIC_InitStructure);
}
void EXTI_PA0_Config(void)
{
    GPIO_InitTypeDef GPIO_InitStructure;
    EXTI_InitTypeDef EXTI_InitStructure;
    RCC_APB2PeriphClockCmd(RCC_APB2Periph_GPIOA|RCC_APB2Periph_AFIO,ENABLE);
    NVIC_Configuration();
    GPIO_InitStructure.GPIO_Pin = GPIO_Pin_0;
    GPIO_InitStructure.GPIO_Mode = GPIO_Mode_IPU;
    GPIO_Init(GPIOA,&GPIO_InitStructure);
    GPIO_EXTILineConfig(GPIO_PortSourceGPIOA,GPIO_PinSource0);
    EXTI_InitStructure.EXTI_Line = EXTI_Line0;
    EXTI_InitStructure.EXTI_Mode = EXTI_Mode_Interrupt;
    EXTI_InitStructure.EXTI_Trigger = EXTI_Trigger_Falling;
    EXTI_InitStructure.EXTI_LineCmd = ENABLE;
    EXTI_Init(&EXTI_InitStructure);
}
```

中断服务程序，当产生中断，通过小灯状态的变化，来判断按键是否按下。

```
void EXTI0_IRQHandler(void)
{
    if(EXTI_GetITStatus(EXTI_Line0)!= RESET)
    {
        LED1_TOGGLE;
        EXTI_ClearITPendingBit(EXTI_Line0);
    }
}
```

习题

(1) 响应优先级和抢占优先级的区别是什么,中断向量优先级如何分组?

(2) 使用外部中断要注意哪些事项?

(3) 外部中断使用初始化的步骤是什么?

(4) STM32 中断向量表的作用是什么? 存放在什么位置?

## 第 5 章

串 口 通 信

　　串口通信在实际中有着广泛的应用,很多设备的数据传输通过串口和上位机通信。实际应用中,对于需要大量处理的数据,也可以通过上位机处理后,通过串口发送给下位机,本章从串行通信的基本概念开始,说明 STM32 的串口通信过程。

5.1　串口通信基础

　　串口是计算机上一种通用设备通信的协议。串口同时也是仪器仪表设备通用的通信协议;很多 GPIB 兼容的设备也带有 RS-232 口。同时,串口通信协议也可以用于获取远程采集设备的数据。

5.1.1　基本概念

1. 计算机通信方式

　　并行通信与串行通信是计算机常用的两种通信方式。并行通信指数据的各位同时进行传送(发送或接收)的通信方式。其优点是通信速度快,缺点是设备之间的数据线多,通信距离短。例如打印机与计算机之间的通信一般都采用并行通信方式。串行通信指数据是一位一位按顺序传送的通信方式。虽然通信速率低,但实现的方法及连线简单。

　　串行通信有同步和异步两种方式,同步通信时相互通信的设备之间需要时钟同步,必须有同步信号,实现复杂。异步通信时相互通信的设备之间不需要同步,只要求通信的接口方式及速率相同,以起始位和停止位为标志表示数据发送的开始和结束。监控系统中常采用串行异步通信方式实现智能设备或采集器与监控主机(前置机)之间的通信。

2. 通信协议

　　异步通信时数据一帧一帧地传送,帧的格式和通信速率一起称为通信协议。帧的格式由起始位、数据位、奇偶校验位和停止位组成,如图 5-1 所示。起始位都只有一位;数据位常为 4~8 位;校验位只有一位或没有,常用的校验方式为 3 种,偶校验记为 e,奇校验记为 o,无校验位记为 n;停止位为 1~2 位。一个数据帧的长度称为字长,字长=起始位+数据位+校验位+停止位。

起始位 (1b)	数据位 (4~8b)	校验位 (0~1b)	停止位 (1~2b)

图 5-1　一个数据帧

波特率用于描述串行通信的速率,一般单位为"位/秒",记为"bps"。常用的异步串行通信波特率有 1200bps、2400bps、4800bps、9600bps、19200bps 等。

监控系统中,为了指明两台设备之间的通信协议,需要对通信端口进行设置,端口设置的格式为"波特率,校验位,数据位位数,停止位位数"。例如,某一个串口的端口设置为"9600,n,8,1",表示该串口的通信速率为 9600bps,没有校验位,数据位的长度为 8,停止位为 1 位,字长为 10。又如"2400,e,7,1",由通信协议的定义易知,字长也为 10。

设置具体的通信协议时,常遇到"流控制"这一概念,设置了流控制,设备串口的通信速率可以自动调整,不致发生数据的溢出或丢失。流控制一般有两种可选的方式,"硬件流控制"指用串口的两个引脚之间的电压差做流控信号,需要硬件设备的支持,监控系统中遇到的采集器和智能设备一般不支持硬件流控制;"软件流控制"指用两个特殊的 ASCII 字符 Xon 和 Xoff 做流控信号,由于监控系统中涉及的设备之间传输时大多为二进制数据,里面很有可能刚好含有字符 Xon 和 Xoff,为了不至于引起设备的误解而导致传输错误,不能使用软件流控制。因此在设置通信串口时,一般不设置流控制,即选择"无流控制信号"。

5.1.2　常用的串行通信接口

串行通信有多种接口方式,监控系统中常用的有 RS232、RS422、RS485 三种接口方式,下面分别对它们进行简要的介绍。

1. RS232 串行通信接口

RS232 是 RS232-C 接口的简称,RS232-C 是一种广泛使用的串行通信标准接口,例如计算机上的串行接口(简称串口)COM1、COM2。

1) RS232 定义

RS232 的机械接口有 DB9、DB25 两种形式,均有公头(针)、母头(孔)之分,常用的 DB9 接口外形及针脚序号如图 5-2 所示。DB9 及 DB25 两种串行接口的引脚信号定义如表 5-1 所示。

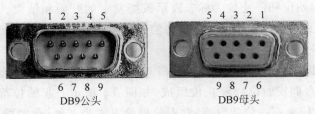

DB9公头　　　　　DB9母头

图 5-2　RS232 常用接口

表 5-1　RS232 接口中 DB9、DB25 引脚信号定义

9针	25针	信号名称	信号流向	简称	信号功能
3	2	发送数据	DTE→DCE	TxD	DTE 发送串行数据
2	3	接收数据	DTE←DCE	RxD	DTE 接收串行数据
7	4	请求发送	DTE→DCE	RTS	DTE 请求切换到发送方式
8	5	清除发送	DTE←DCE	CTS	DCE 已切换到准备接收
6	6	数据设备就绪	DTE←DCE	DSR	DCE 准备就绪可以接收
5	7	信号地		GND	公共信号地
1	8	载波检测	DTE←DCE	DCD	DCE 已接收到远程载波
4	20	数据终端就绪	DTE→DCE	DTR	DTE 准备就绪可以接收
9	22	振铃指示	DTE←DCE	RI	通知 DTE,通信线路已接通

设备分为两种,一种是数据终端设备,简称为 DTE,例如计算机、采集器、智能设备等。另一种是数据电路设备(通信设备),简称 DCE,例如调制解调器、数据端接设备(DTU)、数据服务单元/通道服务单元(DCU/DSU)等。对于大多数设备,通常只用到 TxD、RxD、GND 三个针脚。注意表 5-1 中的信号流向,对于 DTE,Txd 是 DTE 向对方发送数据;而对于 DCE,TxD 是对方向自己发送数据。RS232 电气标准中采用负逻辑,逻辑“1”电平为$-3\sim-15$V,逻辑“0”电平为$+3\sim+15$V,可以通过测量 DTE 的 TxD(或 DCE 的 RxD)和 GND 之间的电压了解串口的状态,空载状态下,它们之间应有-10V 左右($-5\sim-15$V)的电压,否则该串口可能已损坏或驱动能力弱。

按照 RS232 标准,传输速率一般不超过 20kbps,传输距离一般不超过 15m。实际使用时,通信速率最高可达 115200bps。

2) RS232 串行接口基本接线原则

设备之间的串行通信接线方法,取决于设备接口的定义。设备间采用 RS232 串行电缆连接时有两类连接方式。

(1) 直通线:相同信号(RxD 对 RxD、TxD 对 TxD)相连,用于 DTE(数据终端设备)与 DCE(数据通信设备)相连。例如计算机与 MODEM(或 DTU)相连。

(2) 交叉线:不同信号(RxD 对 TxD、TxD 对 RxD)相连,用于 DTE 与 DTE 相连。例如计算机与计算机、计算机与采集器之间相连。

以上两种连接方法可以认为同种设备相连采用交叉线连接,不同种设备相连采用直通线连接。少数情况下会出现两台具有 DCE 接口的设备需要串行通信的情况,此时也用交叉方式连接。当一台设备本身是 DTE,但它的串行接口按 DCE 接口定义时,应按 DCE 接线。例如艾默生网络能源有限公司生产的一体化采集器 IDA 采集模块上的调测接口是按 DCE 接口定义的,当计算机与 IDA 采集模块的调测口连接时,就要采用直通串行电缆。

一般,RS232 接口若为公头,则该接口按 DTE 接口定义;若为母头,则该接口按 DCE 接口定义。但也有反例,不能一概而论。一些 DTE 设备上的串行接口按 DCE 接口定义,采用 DB9 或 DB25 母接口,主要因为 DTE 接口一般都采用公头,当用手接触时易接触到针

脚；采用母头时因不易碰到针脚，可避免人体静电对设备的影响。

对于某些设备上的非标准 RS232 接口，需要根据设备的说明书确定针脚的定义。如果已知 TxD、RxD 和 GND 三个针脚，但不清楚哪一个针脚是 TxD，哪一个针脚是 RxD，可以通过万用表测量它们与 GND 之间的电压来判别，如果有一个电压为－10V 左右，则万用表红表笔所接的是 DTE 的 TxD 或 DCE 的 RxD。

3）RS232 的 3 种接线方式

（1）三线方式：即两端设备的串口只连接收、发、地三根线。一般情况，三线方式即可满足要求，例如监控主机与采集器及大部分智能设备之间相连。

（2）简易接口方式：两端设备的串口除了连接收、发、地三根线外，另外增加一对握手信号（一般是 DSR 和 DTR）。具体需要哪对握手信号，需查阅设备接口说明。

（3）完全口线方式：两端设备的串口 9 线全接，例如 Modem 电缆（计算机与外置 Modem 的连接电缆）。

此外，有些设备虽然需要握手信号，但并不需要真正的握手信号，可以采用自握手的方式，连接方法如图 5-3 所示。

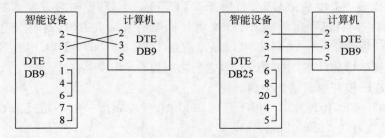

图 5-3　RS232 自握手的接线方式

2. RS422 串行通信接口

RS422 接口的定义很复杂，一般只使用 4 个端子，其针脚定义分别为 TX＋、TX－、RX＋、RX－，其中 TX＋和 TX－为一对数据发送端子，RX＋和 RX－为一对数据接收端子，如图 5-4 所示。RS422 采用了平衡差分电路，差分电路可在受干扰的线路上拾取有效信号，由于差分接收器可以分辨 0.2V 以上的电位差，因此可大大减弱地线干扰和电磁干扰的影响，有利于抑制共模干扰，传输距离可达 1200m。

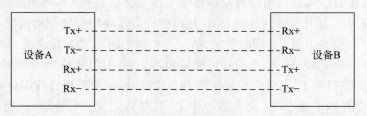

图 5-4　RS422 方式通信接口定义与接线

和 RS232 不同的是,在 RS422 总线上可以挂接多台设备组网,总线上连接的设备 RS422 串行接口同名端相接,与上位机则收发交叉,可以实现点到多点的通信,如图 5-5 所示。RS232 只能点到点通信,不能组成串行总线。

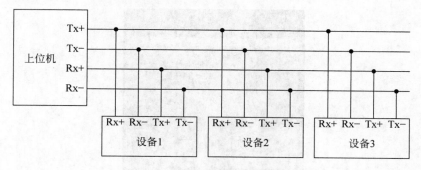

图 5-5 RS422 总线组网示意图

通过 RS422 总线与计算机某一串口通信时,要求各设备的通信协议相同。为了在总线上区分各设备,各设备需要设置不同的地址。上位机发送的数据,所有的设备都能接收到,但只有地址符合上位机要求的设备响应。

3. RS485 串行通信接口

RS485 是 RS422 的子集,只需要 DATA+(D+)、DATA−(D−)两根线。RS485 与 RS422 的不同之处在于 RS422 为全双工结构,可以在接收数据的同时发送数据;而 RS485 为半双工结构,在同一时刻只能接收或发送数据,如图 5-6 所示。

图 5-6 RS485 通信接口定义与接线

RS485 总线上也可以挂接多台设备,用于组网,实现点到多点及多点到多点的通信(多点到多点指总线上接的所有设备及上位机任意两台之间均能通信),如图 5-7 所示。

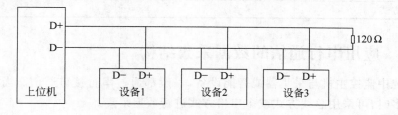

图 5-7 RS485 方式组网

连接在 RS485 总线上的设备也要求具有相同的通信协议,且地址不能相同。不通信时,所有的设备处于接收状态,当需要发送数据时,串口才翻转为发送状态,以避免冲突。为了抑制干扰,RS485 总线常在最后一台设备之后接入一个 120Ω 的电阻。

很多设备同时有 RS485 接口方式和 RS422 接口方式,常共用一个物理接口,如图 5-8 所示。图中,RS485 的 D+和 D-与 RS422 的 T+和 T-共用。

图 5-8 RS422/485 共用接口

4. 3 种串行通信接口方式比较

RS232、RS422、RS485 串行通信接口性能比较,如表 5-2 所示。

表 5-2 RS232、RS422、RS485 接口性能比较

接口性能		RS232	RS422	RS485
操作方式		电平	差分	差分
最大传输速率		20kb/s(15m)	10Mb/s(12m) 1Mb/s(120m) 100kb/s(1200m)	10Mb/s(12m) 1Mb/s(120m) 100kb/s(1200m)
驱动器输出电压	无负载	±5~±15V	±5V	±5V
	有负载时		±2V	±1.5V
驱动器负载阻抗		3~7kΩ	100Ω(min)	54Ω(min)
接收输入阻抗		3~7kΩ	4kΩ	12kΩ
接收器灵敏度		±3V	±200mV	±200mV
工作方式		全双工	全双工	半双工
连接方式		点到点	点到多点	多点到多点

5.1.3 应用串行通信的数据采集结构

监控系统中监控主机与采集器或智能设备,一般都通过串行接口通信。当一个被监控端的设备较多时,可采用总线方式或多串口方式进行数据采集。

1. 总线方式

一条 RS422/485 总线上可挂接多台设备,连接到上位机的某一个串口,实现上位机与各设备的通信,如图 5-9 所示。总线上的设备要求接口方式和通信协议相同,地址不同。接口方式不相同的设备如果与总线具有相同的通信协议,可通过接口转换器(例如艾默生网络

能源有限公司生产的 OCI-6 接口转换器)接入总线；如果某设备与总线上的其他设备通信协议不相同,仍可以通过协议转换器(例如艾默生网络能源有限公司生产的 OCE 智能协议处理器)将其协议转换成总线的通信协议后,接入总线。

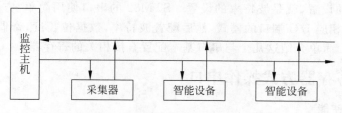

图 5-9 数据采集结构——总线方式

主机对同一条总线上并联的采集器或智能设备采用轮询方式采集数据,因此当连接在同一总线上的设备数量很多时,监控主机对总线上每一台设备采集一遍数据的用时将变长。

2. 多串口方式

设备分别与监控主机的各串口连接,监控主机为每个串口分配一个采集线程,各个串口可以同时采集数据,提高了采集速度。当监控主机的串口数不能满足设备的要求时,一般在监控主机上安装多串口卡增加监控主机的串口数量,如图 5-10 所示。

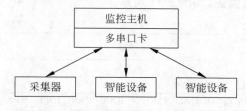

图 5-10 数据采集结构——多串口方式

监控主机通过多个串口分别与各采集器和智能设备通信,此时没有通信协议相同的要求,同样,也不要求设备的地址各不相同。

3. 多层次主从采集结构

多串口方式中,如果某些串口通过总线方式连接了多台设备,某些设备本身和监控主机一样具有一个或多个串行接口,可以连接多台设备,这种采集结构称为多层次主从采集结构。实际的监控系统数据采集方案中,采用了这种复杂的多层次主从采集结构,一台监控主机最多可以连接数百台采集器和智能设备。

5.2 STM32 串口操作

STM32 的串口资源相当丰富,功能也很强大。STM32Fxxx 一般可提供 5 路串口,有分数波特率发生器、支持同步单线通信和半双工单线通信、支持 LIN、支持调制解调器操作、智能卡协议和 IrDA SIR ENDEC 规范、具有 DMA 等。

下面从寄存器层面设置串口,以达到基本的通信功能。本节将实现利用串口1不停地打印信息到电脑上,同时接收从串口发过来的数据,把发送过来的数据直接送回给电脑。本实验使用的开发板有1个USB串口,通过USB串口和电脑通信。

串口最基本的设置,就是波特率的设置。STM32的串口使用简单、方便。只要开启了串口时钟,并设置相应I/O端口的模式,然后配置波特率,数据位长度,奇偶校验位等信息,就可以使用。下面简单介绍这几个与串口基本配置直接相关的寄存器。

5.2.1　寄存器方式操作串口

1．串口时钟使能

串口作为STM32的一个外设,其时钟由外设时钟使能寄存器控制,这里使用的串口1是在APB2ENR寄存器的第14位。除了串口1的时钟使能在APB2ENR寄存器,其他串口的时钟使能都在APB1ENR寄存器。

2．串口复位

当外设出现异常时,可以通过复位寄存器里面的对应位设置,实现该外设的复位,然后重新配置这个外设达到让其重新工作的目的。一般在系统刚开始配置外设的时候,都会先执行复位该外设的操作。串口1的复位通过配置APB2RSTR寄存器的第14位来实现。APB2RSTR寄存器的各位描述,如图5-11所示。

31	30	29	28	27	26	25	24	23	22	21	20	19	18	17	16
保留															

15	14	13	12	11	10	9	8	7	6	5	4	3	2	1	0
ADC3 RST	USART1 RST	TIM8 RST	SPI1 RST	TIM1 RST	ADC2 RST	ADC1 RST	IOPG RST	IOPF RST	IOPE RST	IOPD RST	IOPC RST	IOPB RST	IOPA RST	保留	AFIO RST
rw	rw	rw	rw	rw	rw	rw	rw	rw	rw	rw	rw	rw	rw	rw	rw

图 5-11　APB2RSTR 寄存器各位描述

从图5-11可知串口1的复位设置位在APB2RSTR的第14位。通过向该位写1复位串口1,写0结束复位。其他串口的复位在APB1RSTR里面。

3．串口波特率设置

每个串口都有一个独立的波特率寄存器USART_BRR,通过设置该寄存器可以达到配置不同波特率的目的。其各位描述如图5-12和表5-3所示。

31	30	29	28	27	26	25	24	23	22	21	20	19	18	17	16
保留															

15	14	13	12	11	10	9	8	7	6	5	4	3	2	1	0
DIV_Mantissa[11:0]												DIV_Fraction[3:0]			
rw	rw	rw	rw	rw	rw	rw	rw	rw	rw	rw	rw	rw	rw	rw	rw

图 5-12　寄存器 USART_BRR 结构

表 5-3 寄存器 USART_BRR 各位描述

位 31:16	保留位,硬件强制为 0
位 15:4 DIV_Mantissa[11:0]	USARTDIV 的整数部分,这 12 位定义了 USART 分频器除法因子(USARTDIV)的整数部分
位 3:0 DIV_Fraction[3:0]	USARTDIV 的小数部分,这 4 位定义了 USART 分频器除法因子(USARTDIV)的小数部分

前面提到 STM32 的分数波特率概念,其实就在这个寄存器(USART_BRR)里面体现。USART_BRR 的最低 4 位(位[3:0])用来存放小数部分 DIV_Fraction,紧接着的 12 位(位[15:4])用来存放整数部分 DIV_Mantissa,最高 16 位未使用。STM32 的串口波特率计算公式如下:

$$Tx/Rx \text{ 波特率} = \frac{f_{PCLKx}}{16 \times USARTDIV}$$

上式中,f_{PCLKx} 是给串口的时钟(PCLK1 用于 USART2、3、4、5,PCLK2 用于 USART1);USARTDIV 是一个无符号定点数。只要得到 USARTDIV 的值,就可以得到串口波特率寄存器 USART1→BRR 的值;反之,得到 USART1→BRR 的值,也可以推导出 USARTDIV 的值。但我们更关心的是如何从 USARTDIV 的值得到 USART_BRR 的值,因为一般知道的是波特率和 PCLKx 的时钟,要求的是 USART_BRR 的值。

下面介绍如何通过 USARTDIV 得到串口 USART_BRR 寄存器的值。假设串口 1 要设置为 9600 的波特率,而 PCLK2 的时钟为 72MHz。这样,根据公式有

USARTDIV=72000000/(9600×16)=468.75

得到

DIV_Fraction=16×0.75=12=0X0C

DIV_Mantissa=468=0X1D4

这样,就得到了 USART1→BRR 的值为 0X1D4C。只要设置串口 1 的 BRR 寄存器值为 0X1D4C,就可以得到 9600 的波特率。当然,并不是任何条件下都可以随便设置串口波特率,在某些波特率和 PCLK2 频率下,还是会存在误差,设置波特率时的误差计算如表 5-4 所示。

表 5-4 设置波特率时的误差计算

波特率		$f_{PCLK}=36MHz$			$f_{PCLK}=72MHz$		
序号	kbps	实际	置于波特率寄存器中的值	误差%	实际	置于波特率寄存器中的值	误差%
1	2.4	2.400	937.5	0	2.4	1875	0
2	9.6	9.600	234.375	0	9.6	468.75	0
3	19.2	19.2	117.1875	0	19.2	234.375	0
4	57.6	57.6	39.0625	0	57.6	78.125	0

续表

波特率		$f_{PCLK}=36MHz$			$f_{PCLK}=72MHz$		
序号	kbps	实际	置于波特率寄存器中的值	误差%	实际	置于波特率寄存器中的值	误差%
5	115.2	115.384	19.5	0.15	115.2	39.0625	0
6	230.4	230.769	9.75	0.16	230.769	19.5	0.16
7	460.8	461.538	4.875	0.16	461.538	9.75	0.16
8	921.6	923.076	2.4375	0.16	923.076	4.875	0.16
9	2250	2250	1	0	2250	2	0
10	4500	不可能	不可能	不可能	4500	1	0

4. 串口控制

STM32 的每个串口都有 3 个控制寄存器 USART_CR1～3,串口的很多配置都是通过这 3 个寄存器来设置。这里只要用到 USART_CR1 就可以实现功能了,该寄存器的各位描述如图 5-13 和表 5-5 所示。

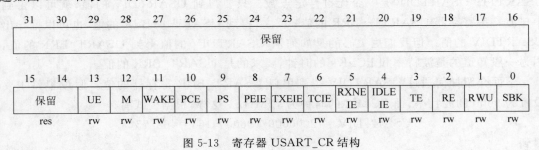

图 5-13 寄存器 USART_CR 结构

表 5-5 USART_CR 寄存器各位描述

位 31:14	保留位,硬件强制为 0
位 13 UE	USART 使能,当该位被清零,在当前字节传输完成后,USART 的分频器和输出停止工作,以减少功耗。该位由软件设置和清零 0: USART 分频器和输出被禁止 1: USART 模块使能
位 12 M	字长,该位定义了数据字的长度,由软件对其设置和清零 0: 1 个起始位,8 个数据位,n 个停止位 1: 1 个起始位,9 个数据位,n 个停止位 注意: 在数据传输过程中(发送或者接收时),不能修改这个位
位 11 WAKE	唤醒的方法,该位决定了把 USART 唤醒,由软件对该位设置和清零 0: 被空闲总线唤醒 1: 被地址标记唤醒

位 10 PCE	检验控制使能,用该位选择是否进行硬件校验控制(对于发送就是校验位的产生;对于接收就是校验位的检测)。当使能了该位,在发送数据的最高位(如果 M＝1,最高位就是第 9 位;如果 M＝0,最高位就是第 8 位)插入校验位;对接收到的数据检查其校验位。软件对它置"1"或清"0"。一旦设置了该位,当前字节传输完成后,校验控制才生效 0:禁止校验控制 1:使能校验控制
位 9 PS	校验选择,当校验控制使能后,该位用来选择是采用偶校验还是奇校验。软件对它置"1"或清"0"。当前字节传输完成后,该选择生效 0:偶校验 1:奇校验
位 8 PEIE	PE 中断使能,该位由软件设置或清除 0:禁止产生中断 1:当 USART_SR 中的 PE 为"1"时,产生 USART 中断
位 7 TXEIE	发送缓冲区空中断使能,该位由软件设置或清除 0:禁止产生中断 1:当 USART_SR 中的 TXE 为"1"时,产生 USART 中断
位 6 TCIE	发送完成中断使能,该位由软件设置或清除 0:禁止产生中断 1:当 USART_SR 中的 TC 为"1"时,产生 USART 中断
位 5 RXNEIE	接收缓冲区非空中断使能,该位由软件设置或清除 0:禁止产生中断 1:当 USART_SR 中的 ORE 或者 RXNE 为"1"时,产生 USART 中断
位 4 IDLEIE	IDLE 中断使能,该位由软件设置或清除 0:禁止产生中断 1:当 USART_SR 中的 IDLE 为"1"时,产生 USART 中断
位 3 TE	发送使能,该位使能发送器。该位由软件设置或清除 0:禁止发送 1:使能发送 注意: (1) 数据传输过程中,除了在智能卡模式下,如果 TE 位上有个 0 脉冲(即设置为"0"之后再设置为"1"),会在当前数据字传输完成后,发送一个"前导符"(空闲总线) (2) 当 TE 设置后,在真正发送开始之前,有一个比特时间的延迟
位 2 RE	接收使能,该位由软件设置或清除 0:禁止接收 1:使能接收,并开始搜寻 RX 引脚上的起始位

续表

位 1 RWU	接收唤醒,该位用来决定是否把 USART 置于静默模式。该位由软件设置或清除。当唤醒序列到来时,硬件也会将其清零 0:接收器处于正常工作模式 1:接收器处于静默模式 注意: (1) 把 USART 置于静默模式(设置 RWU 位)之前,USART 要已经先接收了一个数据字节;否则在静默模式下,不能被空闲总线检测唤醒 (2) 当配置成地址标记检测唤醒(WAKE 位＝1),RXNE 位被置位时,不能用软件修改 RWU 位
位 0 SBK	发送断开帧,使用该位来发送断开字符。该位可以由软件设置或清除。操作过程应该是软件设置位,然后在断开帧的停止位时,由硬件将该位复位 0:没有发送断开字符 1:将要发送断开字符

5. 数据发送与接收

STM32 的发送与接收通过数据寄存器 USART_DR 来实现,这是一个双寄存器,包含了 TDR 和 RDR。当向该寄存器写数据时,串口就会自动发送,当收到收据时,也存在该寄存器内。该寄存器的各位描述,如图 5-14 所示。

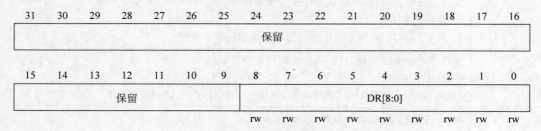

图 5-14   USART_DR 寄存器各位描述

可以看出,虽然是一个 32 位寄存器,但是只用了低 9 位(DR[8：0]),其他都保留。

DR[8：0]为串口数据,包含了发送或接收的数据。由于它是由两个寄存器组成的,一个给发送用(TDR),一个给接收用(RDR),该寄存器兼具读和写的功能。TDR 寄存器提供了内部总线和输出移位寄存器之间的并行接口。RDR 寄存器提供了输入移位寄存器和内部总线之间的并行接口。

当使能校验位(USART_CR1 种 PCE 位被置位)进行发送时,写到 MSB 的值(根据数据的长度不同,MSB 是第 7 位或者第 8 位)会被后来的校验位取代。当使能校验位进行接收时,读到的 MSB 位是接收到的校验位。

6. 串口状态

串口的状态可以通过状态寄存器 USART_SR 读取。USART_SR 的各位描述,如图 5-15 所示。

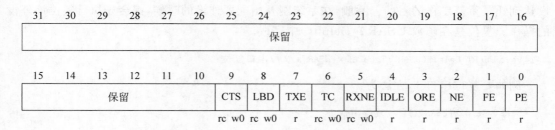

图 5-15　USART_SR 寄存器各位描述

这里关注两个位,第 5、6 位 RXNE 和 TC。

RXNE(读数据寄存器非空):当该位被置 1 的时候,就是提示已经有数据被接收到,并且可以读出来了。这时候要尽快去读取 USART_DR,通过读 USART_DR 可以将该位清零,也可以向该位写 0,直接清除。

TC(发送完成):当该位被置位的时候,表示 USART_DR 内的数据已经被发送完成。如果设置了这个位的中断,则会产生中断。该位也有两种清零方式:①读 USART_SR,写 USART_DR;②直接向该位写 0。

通过以上一些寄存器的操作外加 I/O 端口的配置,就可以达到串口最基本的配置。

5.2.2　库函数方式操作串口

串口设置可以总结为如下几个步骤:

(1)串口时钟使能,GPIO 时钟使能;

(2)串口复位;

(3)GPIO 端口模式设置;

(4)串口参数初始化;

(5)开启中断并且初始化 NVIC(如果需要开启中断,才需要这个步骤);

(6)使能串口;

(7)编写中断处理函数。

下面,简单介绍这几个与串口基本配置直接相关的几个固件库函数。这些函数和定义主要分布在 stm32f10x_usart.h 和 stm32f10x_usart.c 文件中。

1. 串口时钟使能

串口是挂载在 APB2 下面的外设,所以使能函数为:

```
RCC_APB2PeriphClockCmd(RCC_APB2Periph_USART1);
```

2. 串口复位

当外设出现异常的时候,可以通过复位设置,实现该外设的复位,然后重新配置这个外设达到让其重新工作的目的。一般,在系统刚开始配置外设的时候,都会先执行复位该外设的操作。复位是在函数 USART_DeInit()中完成。

```
void USART_DeInit(USART_TypeDef * USARTx); //串口复位
```

例如要复位串口 1,方法为:

```
USART_DeInit(USART1); //复位串口 1
```

3. 串口参数初始化

串口初始化通过 USART_Init()函数实现。

```
void USART_Init(USART_TypeDef * USARTx,USART_InitTypeDef * USART_InitStruct);
```

这个函数的第一个入口参数是指定初始化的串口标号,这里选择 USART1。第二个入口参数是一个 USART_InitTypeDef 类型的结构体指针,这个结构体指针的成员变量用来设置串口的一些参数。一般的实现格式为:

```
//一般设置为 9600
USART_InitStructure.USART_BaudRate = bound;
//字长为 8 位数据格式
USART_InitStructure.USART_WordLength = USART_WordLength_8b;
//一个停止位
USART_InitStructure.USART_StopBits = USART_StopBits_1;
//无奇偶校验位
USART_InitStructure.USART_Parity = USART_Parity_No;
//无硬件数据流控制
USART_InitStructure.USART_HardwareFlowControl = USART_HardwareFlowControl_None;
//收发模式
USART_InitStructure.USART_Mode = USART_Mode_Rx|USART_Mode_Tx;
//初始化串口
USART_Init(USART1,&USART_InitStructure);
```

从上面的初始化格式可以看出初始化需要设置的参数为波特率、字长、停止位、奇偶校验位、硬件数据流控制、模式(收、发)。可以根据需要设置这些参数。

4. 数据发送与接收

STM32 的发送与接收通过数据寄存器 USART_DR 来实现,这是一个双寄存器,包含了 TDR 和 RDR。当向该寄存器写数据的时候,串口就会自动发送,当收到收据的时候,也存在该寄存器内。

STM32 库函数操作 USART_DR 寄存器发送数据的函数是:

```
void USART_SendData(USART_TypeDef * USARTx,uint16_t Data);
```

通过该函数向串口寄存器 USART_DR 写入一个数据。

STM32 库函数操作 USART_DR 寄存器读取串口接收到的数据的函数是：

```
uint16_t USART_ReceiveData(USART_TypeDef * USARTx);
```

通过该函数可以读取串口接收到的数据。

5. 串口状态

串口的状态可以通过状态寄存器 USART_SR 读取。USART_SR 的各位描述如图 5-12 所示，5.2.1 节已有介绍。

固件库函数里面，读取串口状态的函数是：

```
FlagStatus USART_GetFlagStatus(USART_TypeDef * USARTx,uint16_t USART_FLAG);
```

这个函数的第 2 个入口参数非常关键，它标示要查看串口的哪种状态，如上面讲解的 RXNE(读数据寄存器非空)及 TC(发送完成)。例如要判断读寄存器是否非空(RXNE)，操作库函数的方法是：

```
USART_GetFlagStatus(USART1,USART_FLAG_RXNE);
```

判断发送是否完成(TC)，操作库函数的方法是：

```
USART_GetFlagStatus(USART1,USART_FLAG_TC);
```

这些标识号在 MDK 里面是通过宏定义的。

```
#define USART_IT_PE                      ((uint16_t)0x0028)
#define USART_IT_TXE                     ((uint16_t)0x0727)
#define USART_IT_TC                      ((uint16_t)0x0626)
#define USART_IT_RXNE                    ((uint16_t)0x0525)
#define USART_IT_IDLE                    ((uint16_t)0x0424)
#define USART_IT_LBD                     ((uint16_t)0x0846)
#define USART_IT_CTS                     ((uint16_t)0x096A)
#define USART_IT_ERR                     ((uint16_t)0x0060)
#define USART_IT_ORE                     ((uint16_t)0x0360)
#define USART_IT_NE                      ((uint16_t)0x0260)
#define USART_IT_FE                      ((uint16_t)0x0160)
```

6. 串口使能

串口使能是通过函数 USART_Cmd()来实现的，这个很容易理解，使用方法是：

```
USART_Cmd(USART1,ENABLE); //使能串口
```

7. 开启串口响应中断

使能串口中断的函数是：

```
void USART_ITConfig(USART_TypeDef * USARTx,uint16_t USART_IT,FunctionalState NewState)
```

这个函数的第 2 个入口参数是标示使能串口的类型，也就是使能哪种中断，因为串口的

中断类型有很多种。例如在接收到数据时(RXNE 读数据寄存器非空),要产生中断,开启中断的方法是:

```
//开启中断,接收到数据中断
USART_ITConfig(USART1,USART_IT_RXNE,ENABLE);
```

在发送数据结束时(TC,发送完成)要产生中断,方法是:

```
USART_ITConfig(USART1,USART_IT_TC,ENABLE);
```

8. 获取相应中断状态

当使能了某个中断时,该中断发生了,就会设置状态寄存器中的某个标志位。中断处理函数中,要判断该中断是哪种中断,使用的函数是:

```
ITStatus USART_GetITStatus(USART_TypeDef * USARTx, uint16_t USART_IT)
```

例如使能了串口发送完成中断,那么当中断发生了,便可以在中断处理函数中调用这个函数,来判断是否是串口发送完成中断,方法是:

```
USART_GetITStatus(USART1,USART_IT_TC)
```

返回值是 SET,说明是串口发送完成中断发生。

下面两段代码,简单地完成了串口通信功能,主程序完成串口的初始化,然后打印两条信息,代码为:

```
1.   # include "stm32f10x.h"
2.   # include "usart1.h"
3.   int main(void)
4.   {
5.       / * USART1 config 115200 8 - N - 1 * /
6.       USART1_Config();
7.       printf("\r\n this is a usart printf test \r\n");
8.       printf("\r\n 欢迎您来到哈尔滨! \r\n");
9.       for(; ; )
10.      {
11.      }
12.  }
```

串口初始化代码为:

```
1.   # include "usart1.h"
2.   void USART1_Config(void)
3.   {
4.       GPIO_InitTypeDef GPIO_InitStructure;
5.       USART_InitTypeDef USART_InitStructure;
6.       RCC_APB2PeriphClockCmd(RCC_APB2Periph_USART1| RCC_APB2Periph_GPIOA,ENABLE);
```

```
7.      GPIO_InitStructure.GPIO_Pin = GPIO_Pin_9;
8.      GPIO_InitStructure.GPIO_Mode = GPIO_Mode_AF_PP;
9.      GPIO_InitStructure.GPIO_Speed = GPIO_Speed_50MHz;
10.     GPIO_Init(GPIOA,&GPIO_InitStructure);
11.     GPIO_InitStructure.GPIO_Pin = GPIO_Pin_10;
12.     GPIO_InitStructure.GPIO_Mode = GPIO_Mode_IN_FLOATING;
13.     GPIO_Init(GPIOA,&GPIO_InitStructure);
14.     USART_InitStructure.USART_BaudRate = 115200;
15.     USART_InitStructure.USART_WordLength = USART_WordLength_8b;
16.     USART_InitStructure.USART_StopBits = USART_StopBits_1;
17.     USART_InitStructure.USART_Parity = USART_Parity_No;
18.     USART_InitStructure.USART_HardwareFlowControl = USART_HardwareFlowControl_None;
19.     USART_InitStructure.USART_Mode = USART_Mode_Rx| USART_Mode_Tx;
20.     USART_Init(USART1,&USART_InitStructure);
21.     USART_Cmd(USART1,ENABLE);
22.     }
23.     ///重定向 c 库函数 printf 到 USART1
24.     int fputc(int ch, FILE * f)
25.     {
26.         /*发送一个字节数据到 USART1 */
27.         USART_SendData(USART1,(uint8_t) ch);
28.         /*等待发送完毕*/
29.         while (USART_GetFlagStatus(USART1,USART_FLAG_TC) == RESET);
30.         return(ch);
31.     }
32.     ///重定向 c 库函数 scanf 到 USART1
33.     int fgetc(FILE * f)
34.     {
35.         /*等待串口 1 输入数据*/
36.         while (USART_GetFlagStatus(USART1,USART_FLAG_RXNE) == RESET);
37.         return (int)USART_ReceiveData(USART1);
38.     }
```

第 6 行代码,配置 USART1 时钟。

第 7～10 行代码,配置 USART1 USART1 Tx（PA.09）为复用推挽输出,速度为 50MHz。

第 11～13 行代码,配置 USART1 Rx（PA.10）为浮空输入。

第 14～21 行代码,USART1 模式配置。

实验现象如图 5-16 所示。

图 5-16　串口代码实验现象

习题

（1）RS232 有哪些接线方式？

（2）串口波特率的计算方法是什么？

（3）简述 STM32 采用库函数方式操作串口的步骤。

（4）如何把串口接收到的数据发送到数组中,并根据接收到的不同数据做不同工作。

第6章

直接寄存器访问

直接存储器访问即 DMA。DMA 传输方式无须 CPU 直接控制传输，也没有中断处理方式那样保留现场和恢复现场的过程，通过硬件为 RAM 与 I/O 设备开辟一条直接传送数据的通路，能使 CPU 的效率大为提高。

6.1 DMA 基础知识

STM32 最多有两个 DMA 控制器（DMA2 仅存在大容量产品中），DMA1 有 7 个通道。DMA2 有 5 个通道。每个通道专门用来管理来自一个或多个外设对存储器访问的请求。还有一个仲裁器协调各个 DMA 请求的优先权。图 6-1 为 DMA 的功能结构框图。

STM32 的 DMA 有以下一些特性：

（1）每个通道都直接连接专用的硬件 DMA 请求，每个通道都同样支持软件触发。这些功能通过软件来配置。

（2）在 7 个请求间的优先权可以通过软件编程设置（共有 4 级：很高、高、中等和低），假如在优先权相等时，由硬件决定（请求 0 优先于请求 1，以此类推）。

（3）独立的源和目标数据区的传输宽度（字节、半字、全字），模拟打包和拆包的过程。源和目标地址必须按数据传输宽度对齐。

（4）支持循环的缓冲器管理。

（5）每个通道都有 3 个事件标志（DMA 半传输，DMA 传输完成和 DMA 传输出错），这 3 个事件标志逻辑或成为一个单独的中断请求。

（6）存储器和存储器间的传输。

（7）外设和存储器，存储器和外设的传输。

（8）闪存、SRAM、外设的 SRAM、APB1、APB2 和 AHB 外设均可作为访问的源和目标。

（9）可编程的数据传输数目，最大为 65536。

STM32F103RC 有两个 DMA 控制器，DMA1 和 DMA2，本章主要介绍 DMA1。

从外设（TIMx、ADC、SPIx、I2Cx 和 USARTx）产生的 DMA 请求，通过逻辑或输入到

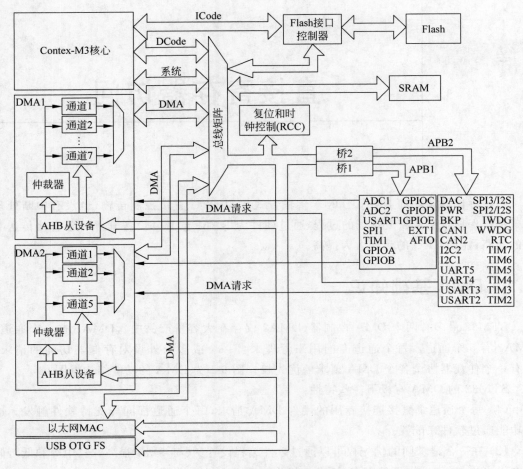

图 6-1　DMA 内部结构框图

DMA 控制器,意味着同时只能有一个请求有效。外设的 DMA 请求,可以通过设置相应的外设寄存器中的控制位,独立地开启或关闭。表 6-1 是 DMA1 各通道一览表。

表 6-1　各个通道的 DMA1 请求

外设	通道 1	通道 2	通道 3	通道 4	通道 5	通道 6	通道 7
ADC1	ADC1						
SPI/I² S		SPI1_RX	SPI1_TX	SPI/I2S2_RX	SPI/I2S2_TX		
USART		USART3_TX	USART3_RX	USART1_TX	USART1_RX	USART2_RX	USART2_TX
I²C				I2C2_TX	I2C2_RX	I2C1_TX	I2C1_RX

续表

外设	通道 1	通道 2	通道 3	通道 4	通道 5	通道 6	通道 7
TIM1		TIM1_CH1	TIM1_CH2	TIM1_TX4 TIM1_TRIG TIM1_COM	TIM1_UP	TIM1_CH3	
TIM2	TIM2_CH3	TIM2_UP			TIM2_CH1		TIM2_CH2 TIM2_CH4
TIM3		TIM3_CH3	TIM3_CH4 TIM3_UP			TIM3_CH1 TIM3_TRIG	
TIM4	TIM4_CH1			TIM4_CH2	TIM4_CH3		TIM4_UP

解释一下逻辑或,例如通道 1 的几个 DMA1 请求(ADC1、TIM2_CH3、TIM4_CH1),是通过逻辑或到通道 1 的,这样在同一时间,就只能使用其中的一个。其他通道也类似。

6.2　STM32 的 DMA 操作

DMA 使用方便,提高了 CPU 的使用效率,下面从寄存器和库函数两方面说明 DMA 的操作方法。

6.2.1　寄存器方式操作 DMA

本章主要使用的是串口 1 的 DMA 传送,要用到通道 4。接下来,重点介绍 DMA 设置相关的几个寄存器。第 1 个是 DMA 中断状态寄存器(DMA_ISR),该寄存器的各位描述,如图 6-2 和表 6-2 所示。

31	30	29	28	27	26	25	24	23	22	21	20	19	18	17	16
	保留			TEIF 7	HTIF 7	TCIF 7	GIF 7	TEIF 6	HTIF 6	TCIF 6	GIF 6	TEIF 5	HTIF 5	TCIF 5	GIF 5
				r	r	r	r	r	r	r	r	r	r	r	r

15	14	13	12	11	10	9	8	7	6	5	4	3	2	1	0
TEIF 4	HTIF 4	TCIF 4	GIF 4	TEIF 3	HTIF 3	TCIF 3	GIF 3	TEIF 2	HTIF 2	TCIF 2	GIF 2	TEIF 1	HTIF 1	TCIF 1	GIF 1
r	r	r	r	r	r	r	r	r	r	r	r	r	r	r	r

图 6-2　DMA_ISR 寄存器

表 6-2　DMA_ISR 寄存器各位详细描述

位 31:28	保留,始终读为 0
位 27,23,19,15,11, 7,3 TEIFx	通道 x 的传输错误标志(x=1…7),硬件设置这些位。在 DMA_IFCR 寄存器的相应位写入"1"可以清除这里对应的标志位 0:在通道 x 没有传输错误(TE) 1:在通道 x 发生了传输错误(TE)

续表

位 26,22,18,14,10, 6,2 HTIFx	通道 x 的半传输标志(x=1…7),硬件设置这些位。在 DMA_IFCR 寄存器的相应位写入"1"可以清除这里对应的标志位 0:在通道 x 没有半传输事件(HT) 1:在通道 x 产生了半传输事件(HT)
位 25,21,17,13,9, 5,1 TCIFx	通道 x 的传输完成标志(x=1…7),硬件设置这些位。在 DMA_IFCR 寄存器的相应位写入"1"可以清除这里对应的标志位 0:在通道 x 没有传输完成事件(TC) 1:在通道 x 产生了传输完成事件(TC)
位 24,20,16,12,8, 4,0 GIFx	通道 x 的全局中断标志(x=1…7),硬件设置这些位。在 DMA_IFCR 寄存器的相应位写入"1"可以清除这里对应的标志位 0:在通道 x 没有 TE、HT 或 TC 事件 1:在通道 x 产生了 TE、HT 或 TC 事件

如果开启了 DMA_ISR 中这些中断,达到条件后就会跳到中断服务函数里面,即使没开启,也可以通过查询这些位来获得当前 DMA 传输的状态。常用的是 TCIFx,即通道 DMA 传输完成与否的标志。此寄存器为只读寄存器,所以这些位被置位之后,只能通过其他的操作来清除。

第 2 个是 DMA 中断标志清除寄存器(DMA_IFCR)。该寄存器的各位描述,如图 6-3 和表 6-3 所示。

31	30	29	28	27	26	25	24	23	22	21	20	19	18	17	16
	保留			CTEIF7	CHTIF7	CTCIF7	CGIF7	CTEIF6	CHTIF6	CTCIF6	CGIF6	CTEIF5	CHTIF5	CTCIF5	CGIF5
				rw	rw	rw	rw	rw	rw	rw	rw	rw	rw	rw	rw

15	14	13	12	11	10	9	8	7	6	5	4	3	2	1	0
CTEIF4	CHTIF4	CTCIF4	CGIF4	CTEIF3	CHTIF3	CTCIF3	CGIF3	CTEIF2	CHTIF2	CTCIF2	CGIF2	CTEIF1	CHTIF1	CTCIF1	CGIF1
rw	rw	rw	rw	rw	rw	rw	rw	rw	rw	rw	rw	rw	rw	rw	rw

图 6-3　DMA_IFCR 寄存器

表 6-3　DMA_IFCR 寄存器各位详细描述

位 31:28	保留,始终读为 0
位 27,23,19,15,11, 7,3 CTEIFx	除通道 x 的传输错误标志(x=1…7),这些位由软件设置和清除 0:不起作用 1:清除 DMA_ISR 寄存器中的对应 TEIF 标志
位 26,22,18,14,10, 6,2 CHTIFx	清除通道 x 的半传输标志(x=1…7),这些位由软件设置和清除 0:不起作用 1:清除 DMA_ISR 寄存器中的对应 HTIF 标志

续表

位 25,21,17,13,9, 5,1 CTCIFx	清除通道 x 的传输完成标志(x=1…7),这些位由软件设置和清除 0：不起作用 1：清除 DMA_ISR 寄存器中的对应 TCIF 标志
位 24,20,16,12,8, 4,0 CGIFx	清除通道 x 的全局中断标志(x=1…7),这些位由软件设置和清除 0：不起作用 1：清除 DMA_ISR 寄存器中的对应的 GIF、TEIF、HTIF 和 TCIF 标志

DMA_IFCR 的各位是用来清除 DMA_ISR 的对应位的,通过写 0 清除。在 DMA_ISR 置位后,必须通过向该位寄存器对应的位写入 0 来清除。

第 3 个是 DMA 通道 x 配置寄存器(DMA_CCRx)(x=1~7,下同)。该寄存器控制着 DMA 的很多相关信息,包括数据宽度、外设及存储器的宽度、通道优先级、增量模式、传输方向、中断允许、使能等,都是通过该寄存器设置。所以 DMA_CCRx 是 DMA 传输的核心控制寄存器。该寄存器的各位描述,如图 6-4 和表 6-4 所示。

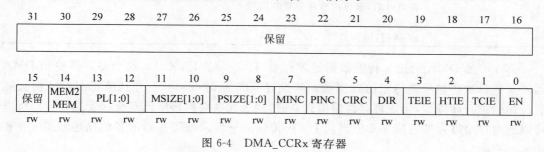

图 6-4　DMA_CCRx 寄存器

表 6-4　DMA_CCRx 寄存器各位详细描述

位 31:15	保留,始终读为 0
位 14 MEM2MEM	存储器到存储器模式,该位由软件设置和清除 0：非存储器到存储器模式 1：启动存储器到存储器模式
位 13:12 PL[1:0]	通道优先级,这些位由软件设置和清除 00：低　　　01：中　　　10：高　　　11：最高
位 11:10 MSIZE[1:0]	存储器数据宽度,这些位由软件设置和清除 00：8 位　　01：16 位　　10：32 位　　11：保留
位 9:8 PSIZE[1:0]	外设数据宽度,这些位由软件设置和清除 00：8 位　　01：16 位　　10：32 位　　11：保留
位 7 MINC	存储器地址增量模式,该位由软件设置和清除 0：不执行存储器地址增量操作 1：执行存储器地址增量操作
位 6 PINC	外设地址增量模式,该位由软件设置和清除 0：不执行外设地址增量操作 1：执行外设地址增量操作

位 5 CIRC	循环模式,该位由软件设置和清除 0：不执行循环操作 1：执行循环操作
位 4 DIR	数据传输方向,该位由软件设置和清除 0：从外设读 1：从存储器读
位 3 TEIE	允许传输错误中断,该位由软件设置和清除 0：禁止 TE 中断 1：允许 TE 中断
位 2 HTIE	允许半传输中断,该位由软件设置和清除 0：禁止 HT 中断 1：允许 HT 中断
位 1 TCIE	允许传输完成中断,该位由软件设置和清除 0：禁止 TC 中断 1：允许 TC 中断
位 0 EN	通道开启,该位由软件设置和清除。 0：通道不工作 1：通道开启

第 4 个是 DMA 通道 x 传输数据量寄存器(DMA_CNDTRx)。这个寄存器控制 DMA
通道 x 的每次传输所要传输的数据量。其设置范围为 0～65535。并且该寄存器的值会随
着传输的进行而减少,当该寄存器的值为 0 时,代表此次数据传输已经全部发送完成。所以
可以通过这个寄存器的值来知道当前 DMA 传输的进度。该寄存器的各位描述如图 6-5 和
表 6-5 所示。

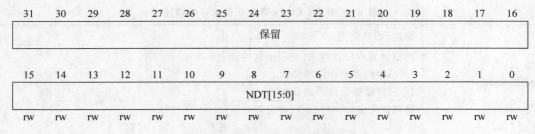

图 6-5　DMA_CNDTRx 寄存器

表 6-5　DMA_CNDTRx 寄存器各位详细描述

位 31:16	保留,始终读为 0
位 15:0 NDT[15:0]	数据传输数量,数据传输数量为 0～65535。这个寄存器只能在通道不工作 (DMA_CCRx 的 EN=0)时写入。通道开启后,该寄存器变为只读,指示剩余的 待传输字节数目。寄存器内容在每次 DMA 传输后递减。数据传输结束后,寄 存器的内容或者变为 0；或者当该通道配置为自动重加载模式时,寄存器的内容 将自动重新加载为之前配置时的数值。当寄存器的内容为 0 时,无论通道是否 开启,都不会发生任何数据传输

第 5 个是 DMA 通道 x 的外设地址寄存器（DMA_CPARx）。该寄存器用来存储 STM32 外设的地址，例如使用串口 1，那么该寄存器必须写入 0x40013804（其实就是 &USART1_DR）。如果使用其他外设，修改成相应外设的地址就行了。该寄存器的各位描述，如图 6-6 和表 6-6 所示。

31	30	29	28	27	26	25	24	23	22	21	20	19	18	17	16	15	14	13	12	11	10	9	8	7	6	5	4	3	2	1	0
														PA[31:0]																	
rw	rw	rw	rw	rw	rw	rw	rw	rw	rw	rw	rw	rw	rw	rw	rw	rw	rw	rw	rw	rw	rw	rw	rw	rw	rw	rw	rw	rw	rw	rw	rw

图 6-6　DMA_CPARx 寄存器

表 6-6　DMA_CPARx 寄存器各位详细描述

位 31:0	PA[31:0]：外设地址（Peripheraladdress） 外设数据寄存器的基地址，作为数据传输的源或目标 当 PSIZE＝"01"（16 位），不使用 PA[0]位。操作自动地与半字地址对齐 当 PSIZE＝"10"（32 位），不使用 PA[1:0]位。操作自动地与字地址对齐

最后一个是 DMA 通道 x 的存储器地址寄存器（DMA_CMARx），该寄存器和 DMA_CPARx 类似，但是是用来放存储器的地址。例如使用 SendBuf[5200]数组来做存储器，那么在 DMA_CMARx 中写入 &SendBuff 就可以了。该寄存器的各位描述，如图 6-7 和表 6-7 所示。

31	30	29	28	27	26	25	24	23	22	21	20	19	18	17	16	15	14	13	12	11	10	9	8	7	6	5	4	3	2	1	0
														MA[31:0]																	
rw	rw	rw	rw	rw	rw	rw	rw	rw	rw	rw	rw	rw	rw	rw	rw	rw	rw	rw	rw	rw	rw	rw	rw	rw	rw	rw	rw	rw	rw	rw	rw

图 6-7　DMA_CMARx 寄存器

表 6-7　DMA_CMARx 寄存器各位详细描述

位 31:0 MA[31:0]	存储器地址，存储器地址作为数据传输的源或目标 当 MSIZE＝"01"（16 位），不使用 MA[0]位。操作自动地与半字地址对齐 当 MSIZE＝"10"（32 位），不使用 MA[1:0]位。操作自动地与字地址对齐

DMA 相关寄存器就介绍到这里，此节用到串口 1 的发送，属于 DMA1 的通道 4，接下来介绍库函数下 DMA1 通道 4 的配置步骤。

（1）设置外设地址。

外设地址通过 DMA1_CPAR4 设置，只要在这个寄存器里面写入 &USART1_DR 的值就可以。该地址将作为 DMA 传输的目标地址。

（2）设置存储器地址。

设置存储器地址，通过 DMA1_CMAR4 来设置，假设要把数组 SendBuf 作为存储器，那么在该寄存器写入 &SendBuf 就可以。该地址将作为 DMA 传输的源地址。

(3) 设置传输数据量。

通过 DMA1_CNDTR4 来设置 DMA1 通道 4 的数据传输量,这里面写入此次要传输的数据量就可以,也就是 SendBuf 的大小。该寄存器的数值将在 DMA 启动后自减,每次新的 DMA 传输,都重新向该寄存器写入要传输的数据量。

(4) 设置通道 4 的配置信息。

配置信息通过 DMA1_CCR4 来设置。这里设置存储器和外设的数据位宽均为 8,且模式是存储器到外设的存储器增量模式。优先级可以随便设置,因为只有一个通道开启。

假设有多个通道开启(最多 7 个),就要设置优先级,DMA 仲裁器将根据这些优先级的设置来决定先执行哪个通道的 DMA。优先级越高,越早执行,当优先级相同的时候,根据硬件上的编号来决定哪个先执行(编号越小越优先)。

(5) 使能 DMA1 通道 4,启动传输。

以上配置都完成之后,就使能 DMA1_CCR4 的最低位开启 DMA 传输,注意要设置 USART1 的使能 DMA 传输位,通过 USART1→CR3 的第 7 位设置。

通过以上 5 步设置,就可以启动一次 USART1 的 DMA 传输。

6.2.2 库函数方式操作 DMA

接下来介绍库函数下 DMA1 通道 4 的配置步骤。

(1) 使能 DMA 时钟。

```
RCC_AHBPeriphClockCmd(RCC_AHBPeriph_DMA1,ENABLE); //使能 DMA 时钟
```

(2) 初始化 DMA 通道 4 参数。

DMA 通道配置参数种类比较繁多,包括内存地址、外设地址、传输数据长度、数据宽度、通道优先级等。这些参数的配置在库函数中都是在函数 DMA_Init 中完成,下面看看函数定义。

```
void DMA_Init (DMA_Channel_TypeDef * DMAy_Channelx, DMA_InitTypeDef * DMA_InitStruct)
```

函数的第 1 个参数 DMA_Channel_TypeDef * DMAy_Channelx 指定初始化的 DMA 通道号,例如 DMA1_Channel4;

函数第 2 个参数 DMA_InitTypeDef * DMA_InitStruct 通过初始化结构体成员变量值来达到初始化的目的,下面看看 DMA_InitTypeDef 结构体的定义。

```
typedef struct
{
    uint32_t DMA_PeripheralBaseAddr;
    uint32_t DMA_MemoryBaseAddr;
    uint32_t DMA_DIR;
    uint32_t DMA_BufferSize;
    uint32_t DMA_PeripheralInc;
    uint32_t DMA_MemoryInc;
```

```
    uint32_t DMA_PeripheralDataSize;
    uint32_t DMA_MemoryDataSize;
    uint32_t DMA_Mode;
    uint32_t DMA_Priority;
    uint32_t DMA_M2M;
}DMA_InitTypeDef;
```

其中：

① DMA_PeripheralBaseAddr：设置 DMA 传输的外设基地址，例如要进行串口 DMA 传输，那么外设基地址为串口接收发送数据存储器 USART1→DR 的地址，表示方法为 &USART1→DR。

② DMA_MemoryBaseAddr：为内存基地址，存放 DMA 传输数据的内存地址。

③ DMA_DIR：设置数据传输方向，决定是从外设读取数据到内存或从内存读取数据发送到外设，也就是外设是源地还是目的地，这里设置为从内存读取数据发送到串口，即外设作为目的地，选择值为 DMA_DIR_PeripheralDST。

④ DMA_BufferSize：设置一次传输数据量的大小。

⑤ DMA_PeripheralInc：设置当传输数据时，外设地址是不变还是递增。如果设置为递增，那么下一次传输的时候地址加 1，这里使用的是一直往固定外设地址 &USART1→DR 发送数据，所以地址不递增，值为 DMA_PeripheralInc_Disable。

⑥ DMA_MemoryInc：设置传输数据时，内存地址是否递增。这个参数和 DMA_PeripheralInc 接近，但针对的是内存。这里的场景是将内存中连续存储单元的数据发送到串口，内存地址是需要递增的，所以值为 DMA_MemoryInc_Enable。

⑦ DMA_PeripheralDataSize：设置外设的数据长度为字节传输（8b）、半字传输（16b）还是字传输（32b），这里是 8 位字节传输，所以值设置为 DMA_PeripheralDataSize_Byte。

⑧ DMA_MemoryDataSize：设置内存的数据长度，设置为字节传输 DMA_MemoryDataSize_Byte。

⑨ DMA_Mode：设置 DMA 模式是否循环采集，例如要从内存中采集 64 个字节发送到串口，如果设置为重复采集，它会在 64 个字节采集完成之后，继续从内存的第 1 个地址采集，如此循环。这里设置为一次连续采集完成之后，不循环。所以设置值为 DMA_Mode_Normal。下面的实验，如果设置此参数为循环采集，那么会看到串口不停地打印数据，不会中断，大家在实验中可以修改这个参数测试一下。

⑩ DMA_Priority：设置 DMA 通道的优先级，有低，中，高，超高 4 种模式，如设置优先级别为中级，则值为 DMA_Priority_Medium。如果要开启多个通道，这个值就非常有意义。

⑪ DMA_M2M：设置是否是存储器到存储器模式传输，例如选择 DMA_M2M_Disable。

通过上面的设置，给出具体的代码为：

```
DMA_InitTypeDef DMA_InitStructure;
//DMA 外设 ADC 基地址
```

```
DMA_InitStructure.DMA_PeripheralBaseAddr = &USART1 -> DR;
//DMA 内存基地址
DMA_InitStructure.DMA_MemoryBaseAddr = cmar;
//从内存读取发送到外设
DMA_InitStructure.DMA_DIR = DMA_DIR_PeripheralDST;
//DMA 通道的 DMA 缓存的大小
DMA_InitStructure.DMA_BufferSize = 64;
//外设地址不变
DMA_InitStructure.DMA_PeripheralInc = DMA_PeripheralInc_Disable

//内存地址递增
DMA_InitStructure.DMA_MemoryInc = DMA_MemoryInc_Enable;
//8 位
DMA_InitStructure.DMA_PeripheralDataSize = DMA_PeripheralDataSize_Byte;
//8 位
DMA_InitStructure.DMA_MemoryDataSize = DMA_MemoryDataSize_Byte;
//工作在正常缓存模式
DMA_InitStructure.DMA_Mode = DMA_Mode_Normal;
//DMA 通道 x 拥有中优先级
DMA_InitStructure.DMA_Priority = DMA_Priority_Medium;
//非内存到内存传输
DMA_InitStructure.DMA_M2M = DMA_M2M_Disable;
//根据指定的参数初始化
DMA_Init(DMA_CHx,&DMA_InitStructure);
```

(3) 使能串口 DMA 发送。

进行 DMA 配置之后,就要开启串口的 DMA 发送功能,使用的函数是:

```
USART_DMACmd(USART1,USART_DMAReq_Tx,ENABLE);
```

如果要使能串口 DMA 接收,第 2 个参数修改为 USART_DMAReq_Rx 即可。

(4) 使能 DMA1 通道 4,启动传输。

使能串口 DMA 发送之后,接着就要使能 DMA 传输通道。

```
DMA_Cmd(DMA_CHx,ENABLE);
```

通过以上 4 步设置,就可以启动一次 USART1 的 DMA 传输。

(5) 查询 DMA 传输状态。

DMA 传输过程中,用户要查询 DMA 传输通道的状态,使用的函数是:

```
FlagStatus DMA_GetFlagStatus(uint32_t DMAy_FLAG)
```

例如查询 DMA 通道 4 传输是否完成,方法是:

```
DMA_GetFlagStatus(DMA2_FLAG_TC4);
```

这里还有一个比较重要的函数,就是获取当前剩余数据量大小的函数。

```
uint16_t DMA_GetCurrDataCounter(DMA_Channel_TypeDef * DMAy_Channelx)
```

例如要获取 DMA 通道 4，还有多少个数据没有传输，方法是：

```
DMA_GetCurrDataCounter(DMA1_Channel4);
```

6.2.3　DMA 操作实例

本节通过库函数的方法，实现一个简单的 DMA 传输的例子。

在主函数中，首先调用用户函数 USART1_Config()、DMA_Config() 及 LED_GPIO_Config()分别配置好串口、DMA 及 LED 外设。该例子是利用 DMA 把数据（数组）从内存转移到外设（串口）。外设工作的时候，除了转移数据，实质是不需要内核干预的，而数据转移的工作现在交给了 DMA，所以在串口发送数据的时候，内核同时还可以进行其他操作，例如点亮 LED 灯。

```
1.   # include "stm32f10x.h"
2.   # include "usart1.h"
3.   # include "led.h"
4.   extern uint8_t SendBuff[SENDBUFF_SIZE];
5.   static void Delay(__IO u32 nCount);
6.   int main(void)
7.   {
8.     USART1_Config();
9.     USART1_DMA_Config();
10.    LED_GPIO_Config();
11.    printf("\r\n usart1 DMA TX Test \r\n");
12.    {
13.        uint16_t i;
14.        /* 填充将要发送的数据 */
15.        for(i = 0; i < SENDBUFF_SIZE; i++)
16.        {
17.            SendBuff[i] = 'A';
18.        }
19.    }
20.    /* USART1 向 DMA 发出 TX 请求 */
21.    USART_DMACmd(USART1, USART_DMAReq_Tx, ENABLE);
22.    /* 此时 CPU 是空闲的,可以干其他的事情 */
23.    //例如同时控制 LED
24.    for(; ; )
25.    {
26.        LED1(ON);
27.        Delay(0xFFFFF);
28.        LED1(OFF);
29.        Delay(0xFFFFF);
30.    }
```

```
31.    }
32.    static void Delay(__IO uint32_t nCount) //简单的延时函数
33.    {
34.        for(; nCount != 0; nCount -- );
35.    }
```

DMA 控制传输代码如下。

```
1.    #include "usart1.h"
2.    uint8_t SendBuff[SENDBUFF_SIZE];
3.    void USART1_Config(void)
4.    {
5.        GPIO_InitTypeDef GPIO_InitStructure;
6.        USART_InitTypeDef USART_InitStructure;
7.        /* 配置 USART1 时钟 */
8.        RCC_APB2PeriphClockCmd(RCC_APB2Periph_USART1 | RCC_APB2Periph_GPIOA, ENABLE);
9.        /* 配置 USART1PA.9(Tx)脚为复用推挽输出 */
10.       GPIO_InitStructure.GPIO_Pin = GPIO_Pin_9;
11.       GPIO_InitStructure.GPIO_Mode = GPIO_Mode_AF_PP;
12.       GPIO_InitStructure.GPIO_Speed = GPIO_Speed_50MHz;
13.       GPIO_Init(GPIOA, &GPIO_InitStructure);
14.       /* 配置 USART1 的 PA.10(Rx)脚位浮空输入 */
15.       GPIO_InitStructure.GPIO_Pin = GPIO_Pin_10;
16.       GPIO_InitStructure.GPIO_Mode = GPIO_Mode_IN_FLOATING;
17.       GPIO_Init(GPIOA, &GPIO_InitStructure);
18.       /* USART1 模式配置 */
19.       USART_InitStructure.USART_BaudRate = 115200;
20.       USART_InitStructure.USART_WordLength = USART_WordLength_8b;
21.       USART_InitStructure.USART_StopBits = USART_StopBits_1;
22.       USART_InitStructure.USART_Parity = USART_Parity_No ;
23.       USART_InitStructure.USART_HardwareFlowControl = USART_HardwareFlowControl_None;
24.       USART_InitStructure.USART_Mode = USART_Mode_Rx | USART_Mode_Tx;
25.       USART_Init(USART1, &USART_InitStructure);
26.       USART_Cmd(USART1, ENABLE);
27.   }
28.   void USART1_DMA_Config(void)
29.   {
30.       DMA_InitTypeDef DMA_InitStructure;
31.       /* 开启 DMA 时钟 */
32.       RCC_AHBPeriphClockCmd(RCC_AHBPeriph_DMA1, ENABLE);
33.       /* 设置 DMA 源：串口数据寄存器地址 */
34.       DMA_InitStructure.DMA_PeripheralBaseAddr = USART1_DR_Base;
35.       /* 内存地址(要传输的变量的指针) */
36.       DMA_InitStructure.DMA_MemoryBaseAddr = (u32)SendBuff;
37.       /* 方向：从内存到外设 */
```

```
38.    DMA_InitStructure.DMA_DIR = DMA_DIR_PeripheralDST;
39.    /* 传输大小 DMA_BufferSize = SENDBUFF_SIZE */
40.    DMA_InitStructure.DMA_BufferSize = SENDBUFF_SIZE;
41.    /* 外设地址不增 */
42.    DMA_InitStructure.DMA_PeripheralInc = DMA_PeripheralInc_Disable;
43.    /* 内存地址自增 */
44.    DMA_InitStructure.DMA_MemoryInc = DMA_MemoryInc_Enable;
45.    /* 外设数据单位 */
46.    DMA_InitStructure.DMA_PeripheralDataSize = DMA_PeripheralDataSize_Byte;
47.    /* 内存数据单位 8b */
48.    DMA_InitStructure.DMA_MemoryDataSize = DMA_MemoryDataSize_Byte;
49.    /* DMA 模式：不断循环 */
50.    //DMA_InitStructure.DMA_Mode = DMA_Mode_Normal ;
51.    DMA_InitStructure.DMA_Mode = DMA_Mode_Circular;
52.    /* 优先级：中 */
53.    DMA_InitStructure.DMA_Priority = DMA_Priority_Medium;
54.    /* 禁止内存到内存的传输 */
55.    DMA_InitStructure.DMA_M2M = DMA_M2M_Disable;
56.    /* 配置 DMA1 的 4 通道 */
57.    DMA_Init(DMA1_Channel4, &DMA_InitStructure);
58.    /* 使能 DMA */
59.    DMA_Cmd (DMA1_Channel4,ENABLE);
60.    //DMA_ITConfig(DMA1_Channel4,DMA_IT_TC,ENABLE);    //配置 DMA 发送完成后产生中断
61.    }
62.    // 重定向 c 库函数 printf 到 USART1
63.    int fputc(int ch, FILE * f)
64.    {
65.        /* 发送一个字节数据到 USART1 */
66.        USART_SendData(USART1, (uint8_t) ch);
67.
68.        /* 等待发送完毕 */
69.        while (USART_GetFlagStatus(USART1, USART_FLAG_TC) == RESET);
70.        return (ch);
71.    }
72.    // 重定向 c 库函数 scanf 到 USART1
73.    int fgetc(FILE * f)
74.    {
75.        /* 等待串口 1 输入数据 */
76.        while (USART_GetFlagStatus(USART1, USART_FLAG_RXNE) == RESET);
77.
78.        return (int)USART_ReceiveData(USART1);
79.    }
```

实验结果如图 6-8 所示。

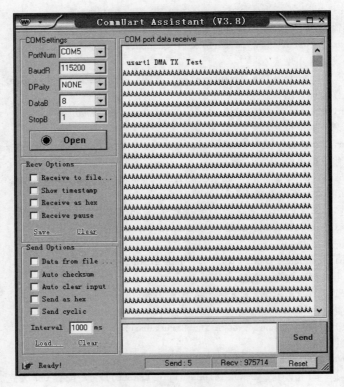

图 6-8 DMA 实验结果

习题

(1) DMA 传输的本质是什么?

(2) 采用库函数法操作 DMA 初始化的步骤是什么?

第 7 章

模拟/数字转换器

STM32 拥有 1～3 个模拟/数字转换器（ADC）（STM32F101/102 系列只有 1 个 ADC），这些 ADC 可以独立使用，也可以使用双重模式（提高采样率）。

7.1 ADC 基础知识

STM32 的 ADC 是 12 位逐次逼近型的模拟数字转换器。它有 18 个通道，可测量 16 个外部和 2 个内部信号源。各通道的 A/D 转换可以单次、连续、扫描或间断模式执行。

7.1.1 ADC 主要特性

（1）12 位分辨率。

（2）转换结束、注入转换结束和发生模拟看门狗事件时产生中断。

（3）单次和连续转换模式。

（4）从通道 0 到通道 n 的自动扫描模式。

（5）自校准。

（6）带内嵌数据一致性的数据对齐。

（7）采样间隔可以按通道分别编程。

（8）规则转换和注入转换均有外部触发选项。

（9）间断模式。

（10）双重模式（带两个或以上 ADC 的器件）。

（11）ADC 转换时间为：

① STM32F103xx 增强型产品，时钟为 56MHz 时为 1μs；时钟为 72MHz 为 1.17μs。

② STM32F101xx 基本型产品，时钟为 28MHz 时为 1μs；时钟为 36MHz 1.55μs。

③ STM32F102xxUSB 型产品，时钟为 48MHz 时为 1.2μs。

④ STM32F105xx 和 STM32F107xx 产品，时钟为 56MHz 时为 1μs；时钟为 72MHz 为 1.17μs。

（12）ADC 供电要求为 2.4～3.6V。

（13）ADC 输入范围为 $V_{REF-} \leqslant V_{IN} \leqslant V_{REF+}$。

（14）规则通道转换期间有 DMA 请求产生。

7.1.2 ADC 框图及引脚分布

图 7-1 为一个 ADC 模块的框图,表 7-1 为 ADC 引脚的说明。

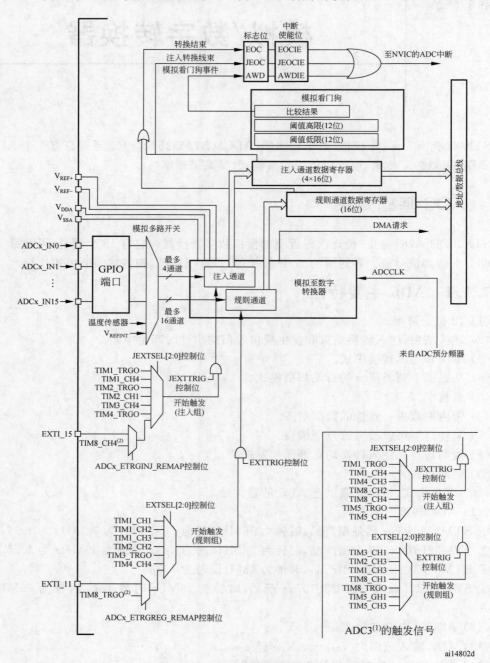

图 7-1　ADC 模块的框图

表 7-1　ADC 引脚说明

名称	信号类型	注　解
V_{REF+}	输入，模拟参考正极	ADC 使用的高端/正极参考电压，$2.4V \leqslant V_{REF+} \leqslant V_{DDA}$
V_{DDA}	输入，模拟电源	等效于 V_{DD} 的模拟电源且 $2.4V \leqslant V_{DDA} \leqslant V_{DD}(3.6V)$
V_{REF-}	输入，模拟参考负极	ADC 使用的低端/负极参考电压，$V_{REF-} = V_{SSA}$
V_{SSA}	输入，模拟电源地	等效于 V_{SS} 的模拟电源地
$ADC_x\_IN[15:0]$	模拟输入信号	16 个模拟输入通道

STM32F103 系列最少都拥有两个 ADC，选择的 STM32F103ZET 包含有 3 个 ADC。

STM32 的 ADC 最大的转换速率为 1MHz，也就是转换时间为 $1\mu s$（在 ADCCLK＝14M，采样周期为 1.5 个 ADC 时钟下得到），不要让 ADC 的时钟超过 14M，否则将导致结果准确度下降。

7.1.3　通道选择

STM32 有 16 个多路通道。可以把转换组织成两组，分别为规则通道组和注入通道组。在任意多个通道上以任意顺序进行的一系列转换，构成成组转换。规则通道相当于正常运行的程序，而注入通道相当于中断。程序正常执行的时候，中断是可以打断执行的。类似，注入通道的转换可以打断规则通道的转换，注入通道被转换完成之后，规则通道才得以继续转换。

例如，可以按如下顺序完成转换：通道 3、通道 8、通道 2、通道 2、通道 0、通道 2、通道 2、通道 15。

（1）规则组由多达 16 个转换组成。规则通道和它们的转换顺序在 ADC_SQRx 寄存器中选择。规则组中转换的总数应写入 ADC_SQR1 寄存器的 L[3:0] 位。

（2）注入组由多达 4 个转换组成。注入通道和它们的转换顺序在 ADC_JSQR 寄存器中选择。注入组里的转换总数目应写入 ADC_JSQR 寄存器的 L[1:0] 位。

如果 ADC_SQRx 或 ADC_JSQR 寄存器在转换期间更改，当前的转换清除，一个新的启动脉冲将发送到 ADC 以转换新选择的组。

7.1.4　ADC 的转换模式

1. 单次转换模式

单次转换模式，ADC 只执行一次转换。该模式既可通过设置 ADC_CR2 寄存器的 ADON 位（只适用于规则通道）启动，也可通过外部触发启动（适用于规则通道或注入通道），这时 CONT 位为 0。

一旦选择通道的转换完成：

1）如果一个规则通道被转换

（1）转换数据储存在 16 位 ADC_DR 寄存器中；

（2）EOC（转换结束）标志被设置；

(3) 如果设置了 EOCIE,则产生中断。

2) 如果一个注入通道被转换

(1) 转换数据储存在 16 位的 ADC_DRJ1 寄存器中;

(2) JEOC(注入转换结束)标志被设置;

(3) 如果设置了 JEOCIE 位,则产生中断。

2. 连续转换模式

连续转换模式,当前面 ADC 转换结束,马上就启动另一次转换。此模式可通过外部触发启动或通过设置 ADC_CR2 寄存器上的 ADON 位启动,此时 CONT 位是 1。

每个转换后:

1) 如果一个规则通道被转换

(1) 转换数据储存在 16 位的 ADC_DR 寄存器中;

(2) EOC(转换结束)标志被设置;

(3) 如果设置了 EOCIE,则产生中断。

2) 如果一个注入通道被转换

(1) 转换数据储存在 16 位的 ADC_DRJ1 寄存器中;

(2) JEOC(注入转换结束)标志被设置;

(3) 如果设置了 JEOCIE 位,则产生中断。

7.1.5　ADC 寄存器和固件库函数列表

ADC 常用寄存器和固件库函数,如表 7-2 和表 7-3 所示。

表 7-2　ADC 寄存器

寄存器	描　述
SR	ADC 状态寄存器
CR1	ADC 控制寄存器 1
CR2	ADC 控制寄存器 2
SMPR1	ADC 采样时间寄存器 1
SMPR2	ADC 采样时间寄存器 2
JOFR1	ADC 注入通道偏移寄存器 1
JOFR2	ADC 注入通道偏移寄存器 2
JOFR3	ADC 注入通道偏移寄存器 3
JOFR4	ADC 注入通道偏移寄存器 4
HTR	ADC 看门狗高阈值寄存器
LTR	ADC 看门狗低阈值寄存器
SQR1	ADC 规则序列寄存器 1
SQR2	ADC 规则序列寄存器 2
SQR3	ADC 规则序列寄存器 3
JSQR1	ADC 注入序列寄存器

续表

寄存器	描　述
DR1	ADC 规则数据寄存器 1
DR2	ADC 规则数据寄存器 2
DR3	ADC 规则数据寄存器 3
DR4	ADC 规则数据寄存器 4

表 7-3　ADC 固件库函数列表

函　数　名	描　述
ADC_DeInit	将外设 ADCx 的全部寄存器重设为默认值
ADC_Init	根据 ADC_InitStruct 中指定的参数初始化外设 ADCx 的寄存器
ADC_StructInit	把 ADC_InitStruct 中每一个参数按默认值填入
ADC_Cmd	使能或者失能指定的 ADC
ADC_DMACmd	使能或者失能指定的 ADC 的 DMA 请求
ADC_ITConfig	使能或者失能指定的 ADC 的中断
ADC_ResetCalibration	重置指定的 ADC 的校准寄存器
ADC_GetResetCalibrationStatus	获取 ADC 重置校准寄存器的状态
ADC_StartCalibration	开始指定 ADC 的校准程序
ADC_GetCalibrationStatus	获取指定 ADC 的校准状态
ADC_SoftwareStartConvCmd	使能或者失能指定的 ADC 的软件转换启动功能
ADC_GetSoftwareStartConvStatus	获取 ADC 软件转换启动状态
ADC_DiscModeChannelCountConfig	对 ADC 规则组通道配置间断模式
ADC_DiscModeCmd	使能或者失能指定的 ADC 规则组通道的间断模式
ADC_RegularChannelConfig	设置指定 ADC 的规则组通道,设置它们的转化顺序和采样时间
ADC_ExternalTrigConvConfig	使能或者失能 ADCx 的经外部触发启动转换功能
ADC_GetConversionValue	返回最近一次 ADCx 规则组的转换结果
ADC_GetDuelModeConversionValue	返回最近一次双 ADC 模式下的转换结果
ADC_AutoInjectedConvCmd	使能或者失能指定 ADC 在规则组转化后自动开始注入组转换
ADC_InjectedDiscModeCmd	使能或者失能指定 ADC 的注入组间断模式
ADC_ExternalTrigInjectedConvConfig	配置 ADCx 的外部触发启动注入组转换功能
ADC_ExternalTrigInjectedConvCmd	使能或者失能 ADCx 的经外部触发启动注入组转换功能
ADC_SoftwareStartinjectedConvCmd	使能或者失能 ADCx 软件启动注入组转换功能
ADC_GetsoftwareStartinjectedConvStatus	获取指定 ADC 的软件启动注入组转换状态
ADC_InjectedChannleConfig	设置指定 ADC 的注入组通道,设置它们的转化顺序和采样时间
ADC_InjectedSequencerLengthConfig	设置注入组通道的转换序列长度
ADC_SetinjectedOffset	设置注入组通道的转换偏移值

函　数　名	描　　述
ADC_GetInjectedConversionValue	返回 ADC 指定注入通道的转换结果
ADC_AnalogWatchdogCmd	使能或者失能指定单个/全体,规则/注入组通道上的模拟看门狗
ADC_AnalogWatchdongThresholdsConfig	设置模拟看门狗的高/低阈值
ADC_AnalogWatchdongSingleChannelConfig	对单个 ADC 通道设置模拟看门狗
ADC_TampSensorVrefintCmd	使能或者失能温度传感器和内部参考电压通道
ADC_GetFlagStatus	检查制定 ADC 标志位置 1 与否
ADC_ClearFlag	清除 ADCx 的待处理标志位
ADC_GetITStatus	检查指定的 ADC 中断是否发生
ADC_ClearITPendingBit	清除 ADCx 的中断待处理位

7.2　STM32ADC 操作

和其他功能的实现类似,ADC 操作分为两种方式,分别为寄存器操作和库函数方式操作。在理解寄存器的基础上,掌握用库函数操作 ADC。

7.2.1　寄存器方式操作 ADC

以规则通道为例,一旦选择的通道转换完成,转换结果将存在 ADC_DR 寄存器中,EOC(转换结束)标志将被置位。如果设置了 EOCIE,则会产生中断。然后 ADC 将停止,直到下次启动。

1. ADC 控制寄存器

接下来,介绍执行规则通道的单次转换,需要用到 ADC 寄存器。第一个要介绍的是 ADC 控制寄存器(ADC_CR1 和 ADC_CR2)。

ADC_CR1 的各位描述,如图 7-2 所示。

31	30	29	28	27	26	25	24	23	22	21	20	19	18	17	16
保留								AWDEN	AWDENJ	保留		DUALMOD[3:0]			
								rw	rw			rw	rw	rw	rw

15	14	13	12	11	10	9	8	7	6	5	4	3	2	1	0
DISCNUM[2:0]			DJSCENJ	DISCEN	JAUTO	AWDSGL	SCAN	JEOCIE	AWDIE	EOCIE	AWDCH[4:0]				
rw	rw	rw	rw	rw	rw	rw	rw	rw	rw	rw	rw	rw	rw	rw	rw

图 7-2　ADC_CR1 寄存器各位描述

ADC_CR1 的 SCAN 位,该位用于设置扫描模式,由软件设置和清除,如果设置为 1,则使用扫描模式;如果为 0,则关闭扫描模式。扫描模式下,由 ADC_SQRx 或 ADC_JSQRx

寄存器选中的通道被转换。如果设置了 EOCIE 或 JEOCIE,只在最后一个通道转换完毕后,才会产生 EOC 或 JEOC 中断。ADC_CR1 详细对应关系,如表 7-4 所示。

表 7-4 ADC_CR1 寄存器对应关系

位 31:24	保留,必须保持为 0
位 23 AWDEN	在规则通道上开启模拟看门狗,该位由软件设置和清除 0:在规则通道上禁用模拟看门狗 1:在规则通道上使用模拟看门狗
位 22 JAWDEN	在注入通道上开启模拟看门狗,该位由软件设置和清除 0:在注入通道上禁用模拟看门狗 1:在注入通道上使用模拟看门狗
位 21:20	保留,必须保持为 0
位 19:16 DUALMOD[3:0]	双模式选择,软件使用这些位选择操作模式 0000:独立模式 0001:混合的同步规则＋注入同步模式 0010:混合的同步规则＋交替触发模式 0011:混合同步注入＋快速交叉模式 0100:混合同步注入＋慢速交叉模式 0101:注入同步模式 0110:规则同步模式 0111:快速交叉模式 1000:慢速交叉模式 1001:交替触发模式 注:在 ADC2 和 ADC3 中这些位为保留位,在双模式中,改变通道的配置会产生一个重新开始的条件,这将导致同步丢失。建议在进行任何配置改变前关闭双模式
位 15:13 DISCNUM[2:0]	间断模式通道计数,软件通过这些位定义在间断模式下,收到外部触发后转换规则通道的数目 000:1 个通道 001:2 个通道 … 111:8 个通道
位 12 JDISCEN	在注入通道上的间断模式,该位由软件设置和清除,用于开启或关闭注入通道组上的间断模式 0:注入通道组上禁用间断模式 1:注入通道组上使用间断模式
位 11 DISCEN	在规则通道上的间断模式,该位由软件设置和清除,用于开启或关闭规则通道组上的间断模式 0:规则通道组上禁用间断模式 1:规则通道组上使用间断模式

位 10 JAUTO	自动注入通道组转换,该位由软件设置和清除,用于开启或关闭规则通道组转换结束后,自动注入通道组转换 0:关闭自动注入通道组转换 1:开启自动注入通道组转换
位 9 AWDSGL	扫描模式时在一个单一通道上使用看门狗,该位由软件设置和清除,用于开启或关闭由 AWDCH[4:0]位指定通道上的模拟看门狗功能 0:在所有的通道上使用模拟看门狗 1:在单一通道上使用模拟看门狗
位 8 SCAN	扫描模式,该位由软件设置和清除,用于开启或关闭扫描模式。扫描模式,转换由 ADC_SQRx 或 ADC_JSQRx 寄存器选中的通道 0:关闭扫描模式 1:使用扫描模式 注:如果分别设置了 EOCIE 或 JEOCIE 位,只在最后一个通道转换完毕后才会产生 EOC 或 JEOC 中断
位 7 JEOCIE	允许产生注入通道转换结束中断,该位由软件设置和清除,用于禁止或允许所有注入通道转换结束后产生中断 0:禁止 JEOC 中断 1:允许 JEOC 中断。当硬件设置 JEOC 位时产生中断
位 6 AWDIE	允许产生模拟看门狗中断,该位由软件设置和清除,用于禁止或允许模拟看门狗产生中断。扫描模式,如果看门狗检测到超范围的数值时,只有在设置了该位时扫描才会中止 0:禁止模拟看门狗中断 1:允许模拟看门狗中断
位 5 EOCIE	允许产生 EOC 中断,该位由软件设置和清除,用于禁止或允许转换结束后产生中断 0:禁止 EOC 中断 1:允许 EOC 中断。当硬件设置 EOC 位时产生中断
位 4:0 AWDCH[4:0]	模拟看门狗通道选择位,这些位由软件设置和清除,用于选择模拟看门狗保护的输入通道 00000:ADC 模拟输入通道 0 00001:ADC 模拟输入通道 1 … 01111:ADC 模拟输入通道 15 10000:ADC 模拟输入通道 16 10001:ADC 模拟输入通道 17 保留所有其他数值 注:ADC1 的模拟输入通道 16 和通道 17,在芯片内部分别连到温度传感器和 VREFINT ADC2 的模拟输入通道 16 和通道 17,在芯片内部连到 V_{ss} ADC3 模拟输入通道 9、14、15、16、17 与 V_{ss} 相连

本节要使用的是独立模式,所以设置这几位为 0。接着介绍 ADC_CR2,该寄存器的各位描述,如图 7-3 所示。

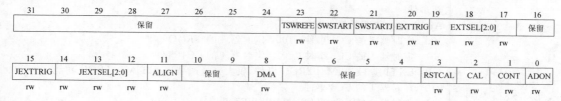

图 7-3 ADC_CR2 寄存器操作模式

ADON 位用于开关 AD 转换器。CONT 位用于设置是否进行连续转换,使用单次转换,所以 CONT 位必须为 0。CAL 和 RSTCAL 用于 AD 校准。ALIGN 用于设置数据对齐,使用右对齐,该位设置为 0。EXTSEL[2:0]用于选择启动规则转换组转换的外部事件,详细的设置关系如表 7-5 所示。

表 7-5 ADC_CR2 寄存器对应关系

位 31:24	保留。必须保持为 0
位 23 TSVREFE	温度传感器和 V_{REFINT} 使能,该位由软件设置和清除,用于开启或禁止温度传感器和 VREFINT 通道。在多于 1 个 ADC 的器件中,该位仅出现在 ADC1 中 0:禁止温度传感器和 V_{REFINT} 1:启用温度传感器和 V_{REFINT}
位 22 SWSTART	开始转换规则通道,由软件设置该位以启动转换,转换开始后硬件马上清除此位。如果在 EXTSEL[2:0]位中选择了 SWSTART 为触发事件,该位用于启动一组规则通道的转换 0:复位状态 1:开始转换规则通道
位 21 JSWSTART	开始转换注入通道,由软件设置该位以启动转换,软件可清除此位或在转换开始后硬件马上清除此位。如果在 JEXTSEL[2:0]位中选择了 JSWSTART 为触发事件,该位用于启动一组注入通道的转换 0:复位状态 1:开始转换注入通道
位 20 EXTTRIG	规则通道的外部触发转换模式,该位由软件设置和清除,用于开启或禁止可以启动规则通道组转换的外部触发事件 0:不用外部事件启动转换 1:使用外部事件启动转换

位 19:17 EXTSEL[2:0]	选择启动规则通道组转换的外部事件,这些位选择用于启动规则通道组转换的外部事件 ADC1 和 ADC2 的触发配置如下 000:定时器 1 的 CC1 事件;100:定时器 3 的 TRGO 事件 001:定时器 1 的 CC2 事件;101:定时器 4 的 CC4 事件 110:EXTI 线 11/TIM8_TRGO 事件,仅大容量产品具有 TIM8_TRGO 功能 010:定时器 1 的 CC3 事件 011:定时器 2 的 CC2 事件;111:SWSTART ADC3 的触发配置如下 000:定时器 3 的 CC1 事件;100:定时器 8 的 TRGO 事件 001:定时器 2 的 CC3 事件;101:定时器 5 的 CC1 事件 010:定时器 1 的 CC3 事件;110:定时器 5 的 CC3 事件 011:定时器 8 的 CC1 事件;111:SWSTART
位 16	保留。必须保持为 0
位 14:12 JEXTSEL[2:0]	选择启动注入通道组转换的外部事件,这些位选择用于启动注入通道组转换的外部事件 ADC1 和 ADC2 的触发配置如下 000:定时器 1 的 TRGO 事件;100:定时器 3 的 CC4 事件 001:定时器 1 的 CC4 事件;101:定时器 4 的 TRGO 事件 110:EXTI 线 15/TIM8_CC4 事件,仅大容量产品具有 TIM8_CC4 010:定时器 2 的 TRGO 事件 011:定时器 2 的 CC1 事件;111:JSWSTART ADC3 的触发配置如下 000:定时器 1 的 TRGO 事件;100:定时器 8 的 CC4 事件 001:定时器 1 的 CC4 事件;101:定时器 5 的 TRGO 事件 010:定时器 4 的 CC3 事件;110:定时器 5 的 CC4 事件 011:定时器 8 的 CC2 事件;111:JSWSTART
位 11 ALIGN	数据对齐,该位由软件设置和清除 0:右对齐 1:左对齐
位 10:9	保留。必须保持为 0
位 8 DMA	直接存储器访问模式,该位由软件设置和清除 0:不使用 DMA 模式 1:使用 DMA 模式 注:只有 ADC1 和 ADC3 能产生 DMA 请求
位 7:4	保留。必须保持为 0
位 3 RSTCAL	复位校准,该位由软件设置并由硬件清除。在校准寄存器被初始化后该位将被清除 0:校准寄存器已初始化 1:初始化校准寄存器 注:如果正在进行转换时设置 RSTCAL,清除校准寄存器需要额外的周期

续表

位2 CAL	A/D校准,该位由软件设置以开始校准,并在校准结束时由硬件清除 0:校准完成 1:开始校准
位1 CONT	连续转换,该位由软件设置和清除。如果设置了此位,则转换将连续进行直到该位被清除 0:单次转换模式 1:连续转换模式
位0 ADON	开/关A/D转换器,该位由软件设置和清除。当该位为"0"时,写入"1"将把ADC从断电模式下唤醒。当该位为"1"时,写入"1"将启动转换。应用程序需注意,在转换器上电至转换开始有一个延迟 t_{STAB} 0:关闭ADC转换/校准,并进入断电模式 1:开启ADC并启动转换 注:如果在这个寄存器中与ADON一起还有其他位改变,则转换不触发。这是为了防止触发错误的转换

这里使用的是软件触发(SWSTART),所以设置这3个位为111。ADC_CR2的SWSTART位用于开始规则通道的转换,每次转换(单次转换模式下)都需要向该位写1。

2. ADC采样事件寄存器

ADC采样事件寄存器ADC_SMPR1和ADC_SMPR2,两个寄存器用于设置通道0~17的采样时间,每个通道占用3个位。ADC_SMPR1的各位描述如图7-4所示,表7-6给出了ADC_SMPR1寄存器对应关系。

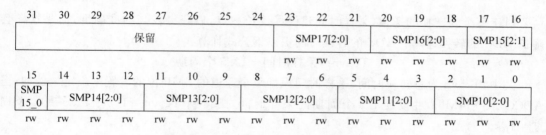

图7-4 ADC_SMPR1寄存器各位描述

表7-6 ADC_SMPR1寄存器对应关系

位31:24	保留。必须保持为0
位23:0 SMPx[2:0]	选择通道x的采样时间,这些位用于独立地选择每个通道的采样时间。在采样周期中通道选择位必须保持不变 000:1.5周期; 100:41.5周期 001:7.5周期; 101:55.5周期 010:13.5周期; 110:71.5周期 011:28.5周期; 111:239.5周期 注:ADC1的模拟输入通道16和通道17在芯片内部分别连到了温度传感器和 V_{REFINT} ADC2的模拟输入通道16和通道17在芯片内部连到了Vss ADC3模拟输入通道14、15、16、17与Vss相连

ADC_SMPR2 的各位描述如图 7-5 所示,表 7-7 给出了 ADC_SMPR2 寄存器对应关系。

31	30	29	28	27	26	25	24	23	22	21	20	19	18	17	16
保留		SMP9[2:0]			SMP8[2:0]			SMP7[2:0]			SMP6[2:0]			SMP5[2:1]	
		rw	rw	rw	rw	rw	rw	rw	rw	rw	rw	rw	rw	rw	rw

15	14	13	12	11	10	9	8	7	6	5	4	3	2	1	0
SMP 5_0	SMP4[2:0]			SMP3[2:0]			SMP2[2:0]			SMP1[2:0]			SMP0[2:0]		
rw	rw	rw	rw	rw	rw	rw	rw	rw	rw	rw	rw	rw	rw	rw	rw

图 7-5　ADC_SMPR2 寄存器各位描述

表 7-7　ADC_SMPR2 寄存器对应关系

位 31:30	保留。必须保持为 0
位 29:0 SMPx[2:0]	选择通道 x 的采样时间,这些位用于独立地选择每个通道的采样时间。在采样周期中通道选择位必须保持不变 000:1.5 周期;100:41.5 周期 001:7.5 周期;101:55.5 周期 010:13.5 周期;110:71.5 周期 011:28.5 周期;111:239.5 周期 注:ADC3 模拟输入通道 9 与 Vss 相连

对于每个要转换的通道,采样时间建议尽量长一点,以获得较高的准确度,但是这样会降低 ADC 的转换速率。ADC 的转换时间由以下公式计算:

$$T_{covn} = 采样时间 + 12.5 个周期$$

其中,T_{covn} 为总转换时间,采样时间根据每个通道的 SMP 位的设置来决定。例如,当 ADCCLK=14Mhz,并设置 1.5 个周期的采样时间,则得到 $T_{covn} = 1.5 + 12.5 = 14$ 个周期 $= 1\mu s$。

3. ADC 规则序列寄存器

ADC 规则序列寄存器(ADC_SQR1~3),该寄存器总共有 3 个,这几个寄存器的功能都差不多,这里仅介绍 ADC_SQR1。该寄存器的各位描述如图 7-6 所示,表 7-8 是 ADC_SQR1 寄存器的对应关系。

31	30	29	28	27	26	25	24	23	22	21	20	19	18	17	16
保留								L[3:0]				SQ16[4:1]			
								rw	rw	rw	rw	rw	rw	rw	rw

15	14	13	12	11	10	9	8	7	6	5	4	3	2	1	0
SQ 16_0	SMP15[4:0]					SQ14[4:0]					SQ14[4:0]				
rw	rw	rw	rw	rw	rw	rw	rw	rw	rw	rw	rw	rw	rw	rw	rw

图 7-6　ADC_SQR1 寄存器各位描述

表 7-8 ADC_ SQR1 寄存器对应关系

位 31:24	保留。必须保持为 0
位 23:20 L[3:0]	规则通道序列长度,这些位由软件定义在规则通道转换序列中的通道数目 0000:1 个转换 0001:2 个转换 ... 1111:16 个转换
位 19:15 SQ16[4:0]	规则序列中的第 16 个转换,这些位由软件定义转换序列中的第 16 个转换通道的编号 (0～17)
位 14:10 SQ15[4:0]	规则序列中的第 15 个转换
位 9:5 SQ14[4:0]	规则序列中的第 14 个转换
位 4:0 SQ13[4:0]	规则序列中的第 13 个转换

L[3:0]用于存储规则序列的长度,这里只用了 1 个,所以设置这几个位的值为 0。其他的 SQ13～16 则存储了规则序列中第 13～16 个通道的编号(0～17)。另外两个规则序列寄存器同 ADC_SQR1 大同小异,这里就不再介绍。要说明一点的是,选择的是单次转换,所以只有一个通道在规则序列里面,这个序列就是 SQ1,通过 ADC_SQR3 的最低 5 位(也就是 SQ1)设置。

4. ADC 规则数据寄存器

规则序列中的 AD 转化结果都将存在这个寄存器里面,而注入通道的转换结果保存在 ADC_JDRx 里面。ADC_DR 的各位描述如图 7-7 所示,表 7-9 给出了 ADC_DR 寄存器的对应关系。

31	30	29	28	27	26	25	24	23	22	21	20	19	18	17	16
						ADC2DATA[15:0]									
r	r	r	r	r	r	r	r	r	r	r	r	rw	r	r	r

15	14	13	12	11	10	9	8	7	6	5	4	3	2	1	0
						DATA[15:0]									
r	r	r	r	r	r	r	r	r	r	r	r	rw	r	r	r

图 7-7 ADC_JDRx 寄存器各位描述

表 7-9 ADC_JDRx 寄存器对应关系

位 31:16 ADC2DATA[15:0]	ADC2 转换的数据在 ADC1 中:双模式下,这些位包含了 ADC2 转换的规则通道数据 在 ADC2 和 ADC3 中:不使用这些位
位 15:0 DATA[15:0]	规则转换的数据,这些位为只读,包含了规则通道的转换结果。数据是左对齐或右对齐

该寄存器的数据可以通过 ADC_CR2 的 ALIGN 位设置左对齐还是右对齐,在读取数据的时候要注意。

5. ADC 状态寄存器

ADC 状态寄存器保存了 ADC 转换时的各种状态。该寄存器的各位描述如图 7-8 所示,表 7-10 给出了 ADC_SR 寄存器的对应关系。

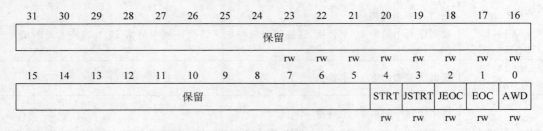

图 7-8　ADC_SR 寄存器各位描述

表 7-10　ADC_SR 寄存器对应关系

位 31:5	保留。必须保持为 0
位 4 STRT	规则通道开始位,该位由硬件在规则通道转换开始时设置,由软件清除 0:规则通道转换未开始 1:规则通道转换已开始
位 3 JSTRT	注入通道开始位,该位由硬件在注入通道组转换开始时设置,由软件清除 0:注入通道组转换未开始 1:注入通道组转换已开始
位 2 JEOC	注入通道转换结束位,该位由硬件在所有注入通道组转换结束时设置,由软件清除 0:转换未完成 1:转换完成
位 1 EOC	转换结束位,该位由硬件在(规则或注入)通道组转换结束时设置,由软件清除或由读取 ADC_DR 时清除 0:转换未完成 1:转换完成
位 0 AWD	模拟看门狗标志位,该位由硬件在转换的电压值超出了 ADC_LTR 和 ADC_HTR 寄存器定义的范围时设置,由软件清除 0:没有发生模拟看门狗事件 1:发生模拟看门狗事件

这里要用到的是 EOC 位,通过判断该位来决定是否此次规则通道的 AD 转换已经完成,如果完成就从 ADC_DR 中读取转换结果,否则等待转换完成。

通过以上介绍,了解了 STM32 的单次转换模式下的相关设置,本章使用 ADC1 的通道 1 进行 AD 转换,其详细设置步骤如下:

(1) 开启 PA 口时钟,设置 PA1 为模拟输入。

STM32F103RC 的 ADC 通道 1 在 PA1 上,所以先要使能 PORTA 的时钟,然后设置

PA1 为模拟输入。

（2）使能 ADC1 时钟，并设置分频因子。

使用 ADC1 首先要使能 ADC1 的时钟，使能时钟之后，进行一次 ADC1 的复位。接着就可以通过 RCC_CFGR 设置 ADC1 的分频因子。分频因子要确保 ADC1 的时钟（ADCCLK）不超过 14MHz。

（3）设置 ADC1 的工作模式。

分频因子设置完后，开始 ADC1 的模式配置。设置单次转换模式、触发方式选择、数据对齐方式等都在这一步实现。

（4）设置 ADC1 规则序列的相关信息。

接下来设置规则序列的相关信息，这里只有一个通道，并且是单次转换，所以设置规则序列中通道数为 1，然后设置通道 1 的采样周期。

（5）开启 AD 转换器，并校准。

以上信息设置完后，开启 AD 转换器，执行复位校准和 AD 校准，注意这两步是必需的！不校准将导致结果很不准确。

（6）读取 ADC 值。

上面的校准完成之后，ADC 就算准备好了。接下来要做的是设置规则序列 1 里面的通道，然后启动 ADC 转换。转换结束后，读取 ADC1_DR 里面的值。

说明一下 ADC 的参考电压，本 STM32 开发板使用的是 STM32F103RC，该芯片有外部参考电压：Vref－和 Vref＋。其中，Vref－必须和 VSSA 连接在一起，而 Vref＋的输入范围为：2.4～VDDA。本 STM32 开发板通过 P7 端口，设置 Vref－和 Vref＋设置参考电压，默认通过跳线帽将 Vref－接到 GND，Vref＋接到 VDDA，参考电压就是 3.3V。如果大家想自己设置其他参考电压，将参考电压接在 Vref－和 Vref＋上就可以了。本章的参考电压设置的是 3.3V。

通过以上几个步骤的设置，就能正常使用 STM32 的 ADC1 来执行 AD 转换操作。

7.2.2 库函数方式操作 ADC

通过以上寄存器的介绍，了解了 STM32 的单次转换模式下的相关设置，下面介绍使用库函数来设定使用 ADC1 的通道 1 进行 AD 转换。使用到的库函数分布在 stm32f10x_adc.c 文件和 stm32f10x_adc.h 文件中。下面讲解其详细设置步骤。

（1）开启 PA 口时钟和 ADC1 时钟，设置 PA1 为模拟输入。

STM32F103RC 的 ADC 通道 1 在 PA1 上，所以，先要使能 PORTA 的时钟和 ADC1 时钟，然后设置 PA1 为模拟输入。使能 GPIOA 和 ADC 时钟用 RCC_APB2PeriphClockCmd 函数，设置 PA1 的输入方式，使用 GPIO_Init 函数即可。表 7-11 列出 STM32 的 ADC 通道与 GPIO 对应表。

表 7-11 ADC 通道与 GPIO 对应表

	ADC1	ADC2	ADC3
通道 0	PA0	PA0	PA0
通道 1	PA1	PA1	PA1
通道 2	PA2	PA2	PA2
通道 3	PA3	PA3	PA3
通道 4	PA4	PA4	PF6
通道 5	PA5	PA5	PF7
通道 6	PA6	PA6	PF8
通道 7	PA7	PA7	PF9
通道 8	PB0	PB0	PF10
通道 9	PB1	PB1	
通道 10	PC0	PC0	PC0
通道 11	PC1	PC1	PC1
通道 12	PC2	PC2	PC2
通道 13	PC3	PC3	PC3
通道 14	PC4	PC4	
通道 15	PC5	PC5	
通道 16	温度传感器		
通道 17	内部参照电压		

(2) 复位 ADC1,同时设置 ADC1 分频因子。

开启 ADC1 时钟之后,要复位 ADC1,将 ADC1 的全部寄存器重设为默认值之后,可以通过 RCC_CFGR 设置 ADC1 的分频因子。分频因子要确保 ADC1 的时钟(ADCCLK)不要超过 14MHz。这个设置分频因子为 6,时钟为 72/6＝12MHz,库函数的实现方法是:

```
RCC_ADCCLKConfig(RCC_PCLK2_Div6);
```

ADC 时钟复位的方法是:

```
ADC_DeInit(ADC1);
```

这个函数非常容易理解,就是复位指定的 ADC。

(3) 初始化 ADC1 参数,设置 ADC1 的工作模式及规则序列的相关信息。

分频因子设置完后可以开始 ADC1 的模式配置。设置单次转换模式、触发方式选择、数据对齐方式等都在这一步实现。同时,还要设置 ADC1 规则序列的相关信息,这里只有一个通道,并且是单次转换,所以设置规则序列中通道数为 1。这些在库函数中通过函数 ADC_Init 实现,下面看其定义:

```
void ADC_Init(ADC_TypeDef * ADCx, ADC_InitTypeDef * ADC_InitStruct);
```

从函数定义可以看出,第 1 个参数是指定 ADC 号。第 2 个参数,跟其他外设初始化一样,同样是通过设置结构体成员变量的值来设定参数。

```
typedef struct
{
    uint32_t ADC_Mode;
    FunctionalState ADC_ScanConvMode;
    FunctionalState ADC_ContinuousConvMode;
    uint32_t ADC_ExternalTrigConv;
    uint32_t ADC_DataAlign;
    uint8_t ADC_NbrOfChannel;
}ADC_InitTypeDef;
```

参数 ADC_Mode 是用来设置 ADC 的模式。ADC 的模式非常多,包括独立模式、注入同步模式等,这里选择独立模式,所以参数为 ADC_Mode_Independent。

参数 ADC_ScanConvMode 用来设置是否开启扫描模式,因为是单次转换,这里选择不开启值 DISABLE。

参数 ADC_ContinuousConvMode 用来设置是否开启连续转换模式,因为是单次转换模式,所以选择不开启连续转换模式,DISABLE 即可。

参数 ADC_ExternalTrigConv 是用来设置启动规则转换组转换的外部事件,这里选择软件触发,选择值为 ADC_ExternalTrigConv_None。

参数 DataAlign 用来设置 ADC 数据对齐方式是左对齐还是右对齐,这里选择右对齐方式 ADC_DataAlign_Right。

参数 ADC_NbrOfChannel 用来设置规则序列的长度,这里是单次转换,所以值为 1。

通过上面对每个参数的讲解,下面来看看初始化范例。

```
ADC_InitTypeDef ADC_InitStructure;
//ADC 工作模式:独立模式
ADC_InitStructure.ADC_Mode = ADC_Mode_Independent;
//AD 单通道模式
ADC_InitStructure.ADC_ScanConvMode = DISABLE;
//AD 单次转换模式
ADC_InitStructure.ADC_ContinuousConvMode = DISABLE;
//转换由软件而不是外部触发启动
ADC_InitStructure.ADC_ExternalTrigConv = ADC_ExternalTrigConv_None;
//ADC 数据右对齐
ADC_InitStructure.ADC_DataAlign = ADC_DataAlign_Right;
//顺序进行规则转换的 ADC 通道的数目 1
ADC_InitStructure.ADC_NbrOfChannel = 1;
//根据指定的参数初始化外设 ADCx
ADC_Init(ADC1,&ADC_InitStructure);
```

（4）开启 ADC 并校准。

以上信息设置完后,开启 AD 转换器,执行复位校准和 AD 校准,注意这两步是必需的!不校准将导致结果很不准确。

使能指定的 ADC 的方法是：

```
ADC_Cmd(ADC1,ENABLE);                              //使能指定的 ADC1
```

执行复位校准的方法是：

```
ADC_ResetCalibration(ADC1);
```

执行 ADC 校准的方法是：

```
ADC_StartCalibration(ADC1);                        //开始指定 ADC1 的校准状态
```

记住，每次进行校准之后要等待校准结束。这里是通过获取校准状态来判断校准是否结束。

下面列出复位校准和 AD 校准的等待结束方法。

```
while(ADC_GetResetCalibrationStatus(ADC1));   //等待复位校准结束
while(ADC_GetCalibrationStatus(ADC1));        //等待校 AD 准结束
```

（5）读取 ADC 值。

上面的校准完成之后，ADC 就算准备好了。接下来要做的是设置规则序列 1 里面的通道，采样顺序，以及通道的采样周期，然后启动 ADC 转换。在转换结束后，读取 ADC 转换结果值。这里设置规则序列通道及采样周期的函数是：

```
void ADC_RegularChannelConfig(ADC_TypeDef * ADCx, uint8_t ADC_Channel,
                              uint8_t Rank, uint8_t ADC_SampleTime);
```

这里是规则序列中的第 1 个转换，同时采样周期为 239.5，所以设置为：

```
ADC_RegularChannelConfig(ADC1,ch,1,ADC_SampleTime_239Cycles5);
```

软件开启 ADC 转换的方法是：

```
ADC_SoftwareStartConvCmd(ADC1,ENABLE);
```

使能指定的 ADC1 的软件转换启动功能开启转换之后，就可以获取转换 ADC 转换结果数据，方法是：

```
ADC_GetConversionValue(ADC1);
```

同时在 AD 转换中，还要根据状态寄存器的标志位来获取 AD 转换的各个状态信息。库函数获取 AD 转换的状态信息的函数是：

```
FlagStatus ADC_GetFlagStatus(ADC_TypeDef * ADCx,uint8_t ADC_FLAG)
```

例如要判断 ADC1d 的转换是否结束，方法是：

```
while(!ADC_GetFlagStatus(ADC1,ADC_FLAG_EOC));      //等待转换结束
```

说明一下 ADC 的参考电压，本 STM32 开发板使用的是 STM32F103RC，该芯片有外

部参考电压：Vref－和 Vref＋。其中，Vref－必须和 VSSA 连接在一起，而 Vref＋的输入范围为 2.4～VDDA。

读者可以结合开发板设置 Vref－和 Vref＋设置参考电压，如果大家想自己设置其他参考电压，将参考电压接在 Vref－和 Vref＋上即可。本章的参考电压设置的是 3.3V。

通过以上几个步骤的设置，就能正常使用 STM32 的 ADC1 来执行 AD 转换操作。

7.2.3 ADC 操作实例

基于 7.2.2 节的学习，本节通过一段完整的代码，简单地实现了 ADC 的过程。主程序完成了串口、ADC 的初始化和对采集到的模拟量的转换，代码如下：

```
1.   # include "stm32f10x.h"
2.   # include "usart1.h"
3.   # include "adc.h"
4.   //ADC1 转换的电压值通过 MDA 方式传到 SRAM
5.   extern __IO uint16_t ADC_ConvertedValue;
6.   // 局部变量,用于保存转换计算后的电压值
7.   float ADC_ConvertedValueLocal;
8.   // 软件延时
9.   void Delay(__IO uint32_t nCount)
10.  {
11.     for(; nCount != 0; nCount -- );
12.  }
13.  int main(void)
14.  {
15.     USART1_Config();
16.     ADC1_Init();
17.     printf("\r\n -- -- 这是一个 ADC 实验 -- -- \r\n");
18.     while (1)
19.     {
20.  ADC_ConvertedValueLocal = (float) ADC_ConvertedValue/4096 * 3.3; // 读取转换的 AD 值
21.    printf("\r\n The current AD value = 0x% 04X \r\n", ADC_ConvertedValue);
22.    printf("\r\n The current AD value =  % f V \r\n",ADC_ConvertedValueLocal);
23.    Delay(0xffffee);
24.     }
25.  }
```

Adc 转换程序：

```
1.   # include "adc.h"
2.   # define ADC1_DR_Address ((u32)0x40012400 + 0x4c)
3.   __IO uint16_t ADC_ConvertedValue;
```

```
4.    static void ADC1_GPIO_Config(void)
5.    {
6.        GPIO_InitTypeDef GPIO_InitStructure;
7.        /* Enable DMA clock */
8.        RCC_AHBPeriphClockCmd(RCC_AHBPeriph_DMA1, ENABLE);
9.        /* Enable ADC1 and GPIOC clock */
10.       RCC_APB2PeriphClockCmd(RCC_APB2Periph_ADC1 | RCC_APB2Periph_GPIOC, ENABLE);
11.       /* Configure PC.01 as analog input */
12.       GPIO_InitStructure.GPIO_Pin = GPIO_Pin_1;
13.       GPIO_InitStructure.GPIO_Mode = GPIO_Mode_AIN;
14.       GPIO_Init(GPIOC, &GPIO_InitStructure);
          //PC1,输入时不用设置速率
15.   }
16.   static void ADC1_Mode_Config(void)
17.   {
18.       DMA_InitTypeDef DMA_InitStructure;
19.       ADC_InitTypeDef ADC_InitStructure;
20.       /* DMA channel1 configuration */
21.       DMA_DeInit(DMA1_Channel1);
22.       //ADC 地址
          DMA_InitStructure.DMA_PeripheralBaseAddr = ADC1_DR_Address;
23.       //内存地址
          DMA_InitStructure.DMA_MemoryBaseAddr = (u32)&ADC_ConvertedValue;
24.       DMA_InitStructure.DMA_DIR = DMA_DIR_PeripheralSRC;
25.       DMA_InitStructure.DMA_BufferSize = 1;
26.       //外设地址固定
          DMA_InitStructure.DMA_PeripheralInc = DMA_PeripheralInc_Disable;
27.       DMA_InitStructure.DMA_MemoryInc = DMA_MemoryInc_Disable;   //内存地址固定
28.       DMA_InitStructure.DMA_PeripheralDataSize =
                            DMA_PeripheralDataSize_HalfWord;          //半字
29.       DMA_InitStructure.DMA_MemoryDataSize = DMA_MemoryDataSize_HalfWord;
30.       DMA_InitStructure.DMA_Mode = DMA_Mode_Circular;              //循环传输
31.       DMA_InitStructure.DMA_Priority = DMA_Priority_High;
32.       DMA_InitStructure.DMA_M2M = DMA_M2M_Disable;
33.       DMA_Init(DMA1_Channel1, &DMA_InitStructure);
34.       /* Enable DMA channel1 */
35.       DMA_Cmd(DMA1_Channel1, ENABLE);
36.       /* ADC1 configuration */
```

```
37.    //独立 ADC 模式
       ADC_InitStructure.ADC_Mode = ADC_Mode_Independent;
38.    //禁止扫描模式,扫描模式用于多通道采集
       ADC_InitStructure.ADC_ScanConvMode = DISABLE ;
39.    //开启连续转换模式,即不停地进行 ADC 转换
       ADC_InitStructure.ADC_ContinuousConvMode = ENABLE;
40.    //不使用外部触发转换
       ADC_InitStructure.ADC_ExternalTrigConv = ADC_ExternalTrigConv_None;
41.    //采集数据右对齐
       ADC_InitStructure.ADC_DataAlign = ADC_DataAlign_Right;
42.    //要转换的通道数目 1
       ADC_InitStructure.ADC_NbrOfChannel = 1;
43.    ADC_Init(ADC1, &ADC_InitStructure);
44.    /* 配置 ADC 时钟,为 PCLK2 的 8 分频,即 9MHz */
45.    RCC_ADCCLKConfig(RCC_PCLK2_Div8);
46.    /* 配置 ADC1 的通道 11 为 55.5 个采样周期,序列为 1 */
47.    ADC_RegularChannelConfig(ADC1, ADC_Channel_11, 1,
       ADC_SampleTime_55Cycles5);
48.    /* 使能 ADC1 DMA */
49.    ADC_DMACmd(ADC1, ENABLE);
50.    /* 使能 ADC1 */
51.    ADC_Cmd(ADC1, ENABLE);
52.    /* 复位校准寄存器 */
53.    ADC_ResetCalibration(ADC1);
54.    /* 等待校准寄存器复位完成 */
55.    while(ADC_GetResetCalibrationStatus(ADC1));
56.    /* ADC 校准 */
57.    ADC_StartCalibration(ADC1);
58.    /* 等待校准完成 */
59.    while(ADC_GetCalibrationStatus(ADC1));
60.    /* 由于没有采用外部触发,所以使用软件触发 ADC 转换 */
61.    ADC_SoftwareStartConvCmd(ADC1, ENABLE);
62.  }
63.  void ADC1_Init(void)
64.  {
65.    ADC1_GPIO_Config();
66.    ADC1_Mode_Config();
67.  }
```

实验结果如图 7-9 所示。

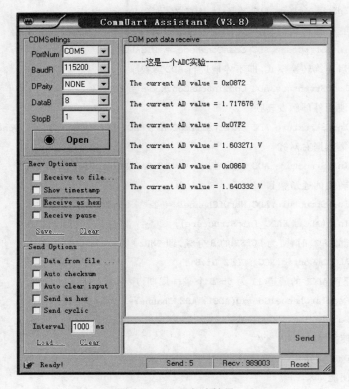

图 7-9　ADC 实验结果

习题

(1) STM32 的 ADC 有哪些转换模式？

(2) ADC 的寄存器数据如何实现右对齐？

(3) ADC 采用寄存器操作的步骤和方法是什么？

(4) STM32 的 ADC 支持规则通道和注入通道，区别是什么？

第 8 章

定 时 器

STM32 的定时器功能十分强大,有 TIME1 和 TIME8 等高级定时器,也有 TIME2～TIME5 等通用定时器,还有 TIME6 和 TIME7 等基本定时器。本章主要介绍通用定时器的使用方法。

8.1 定时器基础知识

STM32 的定时器分很多类,各类功能作用都不大相同。主要有高级定时器、通用定时器、基本定时器、看门狗定时器、SysTick 定时器等。

8.1.1 高级定时器

高级控制定时器(TIM1 和 TIM8)由一个 16 位的自动装载计数器组成,它由一个可编程的预分频器驱动。

它适合多种用途,包含测量输入信号的脉冲宽度(输入捕获),或者产生输出波形(输出比较、PWM、嵌入死区时间的互补 PWM 等)。

使用定时器预分频器和 RCC 时钟控制预分频器,可以实现脉冲宽度和波形周期从几个微秒到几个毫秒的调节。

高级控制定时器(TIM1 和 TIM8)和通用定时器(TIMx)是完全独立的,它们不共享任何资源,也可以同步操作。

TIM1 和 TIM8 定时器的功能包括:

(1) 16 位向上、向下、向上/下自动装载计数器。

(2) 16 位可编程(可以实时修改)预分频器,计数器时钟频率的分频系数为 1～65535 之间的任意数值。

(3) 多达 4 个独立通道,如下:

① 输入捕获;

② 输出比较;

③ PWM 生成(边缘或中间对齐模式);

④ 单脉冲模式输出。

（4）死区时间可编程的互补输出。

（5）使用外部信号控制定时器和定时器互联的同步电路。

（6）允许在指定数目的计数器周期之后,更新定时器寄存器的重复计数器。

（7）刹车输入信号可以将定时器输出信号置于复位状态或者一个已知状态。

（8）如下事件发生时产生中断/DMA：

① 更新:计数器向上溢出/向下溢出,计数器初始化（通过软件或者内部/外部触发）;

② 触发事件（计数器启动、停止、初始化或者由内部/外部触发计数）；

③ 输入捕获；

④ 输出比较；

⑤ 刹车信号输入。

（9）支持针对定位的增量（正交）编码器和霍尔传感器电路。

（10）触发输入作为外部时钟或者按周期的电流管理。

8.1.2　基本定时器

基本定时器 TIM6 和 TIM7 各包含一个 16 位自动装载计数器,由各自的可编程预分频器驱动。

TIM6 和 TIM7 可以作为通用定时器提供时间基准,特别地可以为数模转换器（DAC）提供时钟。实际上,它们在芯片内部直接连接到 DAC 并通过触发输出直接驱动 DAC。

这两个定时器互相独立,不共享任何资源。

TIM6 和 TIM7 定时器的主要功能包括：

（1）16 位自动重装载累加计数器。

（2）16 位可编程（可实时修改）预分频器,用于对输入的时钟按系数为 1～65536 之间的任意数值分频。

（3）触发 DAC 的同步电路。

（4）在更新事件（计数器溢出）时产生中断/DMA 请求。

8.1.3　通用定时器

通用定时器是由一个可编程预分频器驱动的 16 位自动装载计数器构成。

它适用于多种场合,包括测量输入信号的脉冲长度（输入捕获）或者产生输出波形（输出比较和 PWM）。

使用定时器预分频器和 RCC 时钟控制器预分频器,脉冲长度和波形周期可以在几个微秒至几个毫秒间调整。

每个定时器都是完全独立的,没有互相共享任何资源。也可以一起同步操作。

通用 TIMx（TIM2、TIM3、TIM4 和 TIM5）定时器功能包括：

（1）16 位向上、向下、向上/向下自动装载计数器。

（2）16 位可编程（可实时修改）预分频器,计数器时钟频率的分频系数为 1～65536 之间的任意数值。

（3）4 个独立通道，如下：

① 输入捕获；

② 输出比较；

③ PWM 生成（边缘或中间对齐模式）；

④ 单脉冲模式输出。

（4）使用外部信号控制定时器和定时器互连的同步电路。

（5）如下事件发生时产生中断/DMA：

① 更新：计数器向上溢出/向下溢出，计数器初始化（通过软件或者内部/外部触发）；

② 触发事件（计数器启动、停止、初始化或者由内部/外部触发计数）；

③ 输入捕获；

④ 输出比较。

（6）支持针对定位的增量（正交）编码器和霍尔传感器电路。

（7）触发输入作为外部时钟或者按周期的电流管理。

8.2 STM32 定时器操作

下面介绍以下几个常用的定时器的寄存器。

8.2.1 寄存器方式操作定时器

1. 控制寄存器 1（TIMx_CR1）

TIMx_CR1 的最低位使用频率较高，也就是计数器使能位，该位必须置 1，才能让定时器开始计数。图 8-1 和表 8-1 为该寄存器各位描述。

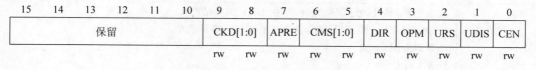

15	14	13	12	11	10	9	8	7	6	5	4	3	2	1	0
保留						CKD[1:0]		APRE	CMS[1:0]		DIR	OPM	URS	UDIS	CEN
						rw	rw	rw	rw	rw	rw	rw	rw	rw	rw

图 8-1 TIMx_CR1 寄存器

表 8-1 TIMx_CR1 寄存器各位描述

位 15:10	保留，始终读为 0
位 9:8 CKD[1:0]	时钟分频因子，定义在定时器时钟（CK_INT）频率与数字滤波器（ETR，TIx）使用的采样频率之间的分频比例 00：$t_{DTS} = t_{CK\_INT}$ 01：$_{DTS} = 2 \times t_{CK\_INT}$ 10：$t_{DTS} = 4 \times t_{CK\_INT}$ 11：保留

位 7 ARPE	自动重装载预装载允许位 0: TIMx_ARR 寄存器没有缓冲 1: TIMx_ARR 寄存器被装入缓冲器
位 6:5 CMS[1:0]	选择中央对齐模式 00: 边沿对齐模式。计数器依据方向位(DIR)向上或向下计数 01: 中央对齐模式 1。计数器交替地向上和向下计数。配置为输出的通道(TIMx_ CCMRx 寄存器中 CCxS=00)的输出比较中断标志位,只在计数器向下计数时设置 10: 中央对齐模式 2。计数器交替地向上和向下计数。配置为输出的通道(TIMx_ CCMRx 寄存器中 CCxS=00)的输出比较中断标志位,只在计数器向上计数时设置 11: 中央对齐模式 3。计数器交替地向上和向下计数。配置为输出的通道(TIMx_ CCMRx 寄存器中 CCxS=00)的输出比较中断标志位,在计数器向上和向下计数时均设置 注: 计数器开启时(CEN=1),不允许从边沿对齐模式转换到中央对齐模式
位 4 DIR	方向 0: 计数器向上计数 1: 计数器向下计数 注: 当计数器配置为中央对齐模式或编码器模式时,该位为只读
位 3 OPM	单脉冲模式 0: 发生更新事件时,计数器不停止 1: 发生下一次更新事件(清除 CEN 位)时,计数器停止
位 2 URS	更新请求源,软件通过该位选择 UEV 事件的源 0: 如果使能了更新中断或 DMA 请求,则下述任一事件产生更新中断或 DMA 请求 计数器溢出/下溢 设置 UG 位 从模式控制器产生的更新 1: 如果使能了更新中断或 DMA 请求,则只有计数器溢出/下溢才产生更新中断或 DMA 请求
位 1 UDIS	禁止更新,软件通过该位允许/禁止 UEV 事件的产生 0: 允许 UEV。更新(UEV)事件由下述任一事件产生 计数器溢出/下溢 设置 UG 位 从模式控制器产生的更新 具有缓存的寄存器被装入它们的预装载值。(译注: 更新影子寄存器) 1: 禁止 UEV。不产生更新事件,影子寄存器(ARR、PSC、CCRx)保持它们的值。如果 设置了 UG 位或从模式控制器发出了一个硬件复位,则计数器和预分频器被重新初 始化
位 0 CEN	使能计数器 0: 禁止计数器 1: 使能计数器 注: 在软件设置了 CEN 位后,外部时钟、门控模式和编码器模式才能工作。触发模式可 以自动地通过硬件设置 CEN 位。单脉冲模式下,当发生更新事件时,CEN 被自动清除

2. 中断使能寄存器(TIMx_DIER)

该寄存器是一个16位的寄存器,图8-2和表8-2为其各位描述。

15	14	13	12	11	10	9	8	7	6	5	4	3	2	1	0
保留	TDE	保留	CC4DE	CC3DE	CC2DE	CC1DE	UDE	保留	TIE	保留	CC4IE	CC3IE	CC2IE	CC1IE	UIE
	rw		rw	rw	rw	rw	rw		rw		rw	rw	rw	rw	rw

图 8-2 TIMx_DIER 寄存器

表 8-2 TIMx_DIER 寄存器各位描述

位 15	保留,始终读为 0
位 14 TDE	允许触发 DMA 请求 0:禁止触发 DMA 请求 1:允许触发 DMA 请求
位 13	保留,始终读为 0
位 12 CC4DE	允许捕获/比较 4 的 DMA 请求 0:禁止捕获/比较 4 的 DMA 请求 1:允许捕获/比较 4 的 DMA 请求
位 11 CC3DE	允许捕获/比较 3 的 DMA 请求 0:禁止捕获/比较 3 的 DMA 请求 1:允许捕获/比较 3 的 DMA 请求
位 10 CC2DE	允许捕获/比较 2 的 DMA 请求 0:禁止捕获/比较 2 的 DMA 请求 1:允许捕获/比较 2 的 DMA 请求
位 9 CC1DE	允许捕获/比较 1 的 DMA 请求 0:禁止捕获/比较 1 的 DMA 请求 1:允许捕获/比较 1 的 DMA 请求
位 8 UDE	允许更新的 DMA 请求 0:禁止更新的 DMA 请求 1:允许更新的 DMA 请求
位 7	保留,始终读为 0
位 6 TIE	触发中断使能 0:禁止触发中断 1:使能触发中断
位 5	保留,始终读为 0
位 4 CC4IE	允许捕获/比较 4 中断 0:禁止捕获/比较 4 中断 1:允许捕获/比较 4 中断
位 3 CC3IE	允许捕获/比较 3 中断 0:禁止捕获/比较 3 中断 1:允许捕获/比较 3 中断

续表

位 2 CC2IE	允许捕获/比较 2 中断 0：禁止捕获/比较 2 中断 1：允许捕获/比较 2 中断
位 1 CC1IE	允许捕获/比较 1 中断 0：禁止捕获/比较 1 中断 1：允许捕获/比较 1 中断
位 0 UIE	允许更新中断 0：禁止更新中断 1：允许更新中断

这个寄存器比较常用的是第 0 位，该位是更新中断允许位，本章用到的就是定时器的更新中断，所以该位要设置为 1，允许由于更新事件所产生的中断。

3. 预分频寄存器（TIMx_PSC）

该寄存器用设置对时钟进行分频，然后提供给计数器，作为计数器的时钟。该寄存器的各位描述如图 8-3 和表 8-3 所示。

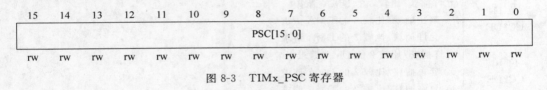

图 8-3　TIMx_PSC 寄存器

表 8-3　TIMx_PSC 寄存器各位描述

位 15:0 PSC[15:0]	预分频器的值，计数器的时钟频率 CK_CNT 等于 $f_{CK\_PSC}/(PSC[15:0]+1)$ PSC 包含了当更新事件产生时装入当前预分频器寄存器的值

这里，定时器的时钟来源有 4 个。

（1）内部时钟（CK_INT）；

（2）外部时钟模式 1：外部输入脚（TIx）；

（3）外部时钟模式 2：外部触发输入（ETR）；

（4）内部触发输入（ITRx）：使用 A 定时器作为 B 定时器的预分频器（A 为 B 提供时钟）。

这些时钟具体选择哪个，可以通过 TIMx_SMCR 寄存器的相关位来设置。这里的 CK_INT 时钟是从 APB1 倍频得来的，除非 APB1 的时钟分频数设置为 1，否则通用定时器 TIMx 的时钟是 APB1 时钟的 2 倍，当 APB1 的时钟不分频的时候，通用定时器 TIMx 的时钟就等于 APB1 的时钟。还要注意的是高级定时器的时钟不是来自 APB1，而是来自 APB2。

4．计数器寄存器（TIMx_CNT）

该寄存器是定时器的计数器，存储了当前定时器的计数值。该寄存器的各位描述如图 8-4 和表 8-4 所示。

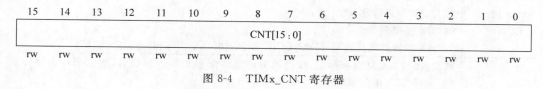

图 8-4 TIMx_CNT 寄存器

表 8-4 TIMx_CNT 寄存器各位描述

位 15：0 CNT[15：0]	计数器的值

5．自动重装载寄存器（TIMx_ARR）

该寄存器在物理上实际对应着两个寄存器。一个是程序员可以直接操作的，另外一个是程序员看不到的，这个看不到的寄存器在《STM32 参考手册》里叫作影子寄存器。事实上，真正起作用的是影子寄存器。根据 TIMx_CR1 寄存器中 APRE 位的设置：

APRE＝0 时，预装载寄存器的内容可以随时传送到影子寄存器，此时两者是连通的；

APRE＝1 时，每一次更新事件（UEV）时，才把预装在寄存器的内容传送到影子寄存器。

自动重装载寄存器的各位描述如图 8-5 和表 8-5 所示。

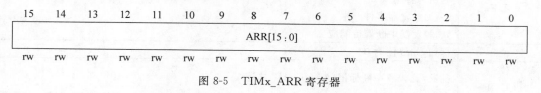

图 8-5 TIMx_ARR 寄存器

表 8-5 TIMx_ARR 寄存器各位描述

位 15：0 ARR[15：0]	自动重装载的值，ARR 包含了将要传送至实际自动重装载寄存器的数值 当自动重装载的值为空时，计数器不工作

6．状态寄存器（TIMx_SR）

该寄存器用来标记当前与定时器相关的各种事件/中断是否发生。该寄存器的各位描述如图 8-6 和表 8-6 所示。

图 8-6 TIMx_SR 寄存器

表 8-6   TIMx_SR 寄存器各位描述

位 5:13	保留,始终读为 0
位 12 CC4OF	捕获/比较 4 重复捕获标记,仅当相应的通道配置为输入捕获时,该标记可由硬件置"1"。写"0"可清除该位 0:无重复捕获产生 1:当计数器的值捕获到 TIMx_CCR1 寄存器时,CC4IF 的状态已经为"1"
位 11 CC3OF	捕获/比较 3 重复捕获标记,仅当相应的通道配置为输入捕获时,该标记可由硬件置"1"。写"0"可清除该位 0:无重复捕获产生 1:当计数器的值捕获到 TIMx_CCR1 寄存器时,CC3IF 的状态已经为"1"
位 10 CC2OF	捕获/比较 2 重复捕获标记,仅当相应的通道配置为输入捕获时,该标记可由硬件置"1"。写"0"可清除该位 0:无重复捕获产生 1:当计数器的值捕获到 TIMx_CCR1 寄存器时,CC2IF 的状态已经为"1"
位 9 CC1OF	捕获/比较 1 重复捕获标记,仅当相应的通道配置为输入捕获时,该标记可由硬件置"1"。写"0"可清除该位 0:无重复捕获产生 1:当计数器的值捕获到 TIMx_CCR1 寄存器时,CC1IF 的状态已经为"1"
位 8:7	保留,始终读为 0
位 6 TIF	触发器中断标记,当发生触发事件(当从模式控制器处于除门控模式外的其他模式时,在 TRGI 输入端检测到有效边沿,或门控模式下的任一边沿)时由硬件对该位置"1"。它由软件清"0" 0:无触发器事件产生 1:触发器中断等待响应
位 5	保留,始终读为 0
位 4 CC4IF	捕获/比较 4 中断标记,参考 CC1IF 描述
位 3 CC3IF	捕获/比较 3 中断标记,参考 CC1IF 描述
位 2 CC2IF	捕获/比较 2 中断标记,参考 CC1IF 描述
位 1 CC1IF	捕获/比较 1 中断标记 如果通道 CC1 配置为输出模式 当计数器值与比较值匹配时该位由硬件置"1",但在中心对称模式下除外(参考 TIMx_CR1 寄存器的 CMS 位)。它由软件清"0" 0:无匹配发生 1:TIMx_CNT 的值与 TIMx_CCR1 的值匹配 如果通道 CC1 配置为输入模式 当捕获事件发生时该位由硬件置"1",它由软件清"0"或通过读 TIMx_CCR1 清"0" 0:无输入捕获产生 1:计数器值已捕获(复制)至 TIMx_CCR1(在 IC1 上检测到与所选极性相同的边沿)

续表

位 0 UIF	更新中断标记,当产生更新事件时该位由硬件置"1"。它由软件清"0" 0:无更新事件产生 1:更新中断等待响应。当寄存器更新时该位由硬件置"1" 若 TIMx_CR1 寄存器的 UDIS=0、URS=0,当 TIMx_EGR 寄存器的 UG=1 时,产生更新事件(软件对计数器 CNT 重新初始化) 若 TIMx_CR1 寄存器的 UDIS=0、URS=0,当计数器 CNT 被触发事件重初始化时,产生更新事件(参考同步控制寄存器的说明)

只要对以上几个寄存器进行简单的设置,就可以使用通用定时器,并且可以产生中断。本章将使用定时器产生中断,然后在中断服务函数里翻转 DS1 上的电平,来指示定时器中断的产生。接下来以通用定时器 TIM3 为实例,说明要经过哪些步骤,才能达到这个要求并产生中断。

1)TIM3 时钟使能

通过 APB1ENR 的第 1 位来设置 TIM3 的时钟,因为 Stm32_Clock_Init 函数里把 APB1 的分频设置为 2,所以 TIM3 时钟就是 APB1 时钟的 2 倍,等于系统时钟(72M)。

2)设置 TIM3_ARR 和 TIM3_PSC 的值

通过这两个寄存器来设置自动重装的值,以及分频系数。这两个参数加上时钟频率就决定了定时器的溢出时间。

3)设置 TIM3_DIER 允许更新中断

因为使用 TIM3 的更新中断,所以设置 DIER 的 UIE 位为 1,使能更新中断。

4)允许 TIM3 工作

配置好定时器还不行,没有开启定时器,照样不能使用。配置完后要开启定时器,通过 TIM3_CR1 的 CEN 位来设置。

5)TIM3 中断分组设置

定时器配置完了之后,因为要产生中断,必不可少地要设置 NVIC 相关寄存器,以使能 TIM3 中断。

6)编写中断服务函数

最后,编写定时器中断服务函数,通过该函数处理定时器产生的相关中断。中断产生后,通过状态寄存器的值判断此次产生的中断属于什么类型。然后执行相关的操作,这里使用的是更新(溢出)中断,所以在状态寄存器 SR 的最低位。处理完中断之后,应该向 TIM3_SR 的最低位写 0,来清除该中断标志。

通过以上几个步骤,就可以达到目的,使用通用定时器的更新中断来控制 LED 的亮灭。

8.2.2　库函数方式操作定时器

定时器相关的库函数,主要集中在固件库 stm32f10x_tim.h 和 stm32f10x_tim.c 文件中。

（1）TIM3 时钟使能。

TIM3 挂载在 APB1 之下，所以通过 APB1 总线下的使能函数来使能 TIM3。调用的函数是：

```
RCC_APB1PeriphClockCmd(RCC_APB1Periph_TIM3,ENABLE); //时钟使能
```

（2）初始化定时器参数，设置自动重装值，分频系数，计数方式等。

库函数中，定时器的初始化参数通过初始化函数 TIM_TimeBaseInit 实现。

```
voidTIM_TimeBaseInit(TIM_TypeDef * TIMx,TIM_TimeBaseInitTypeDef * TIM_TimeBaseInitStruct);
```

第 1 个参数确定是哪个定时器，这个比较容易理解。第 2 个参数是定时器初始化参数结构体指针，结构体类型为 TIM_TimeBaseInitTypeDef，下面看看这个结构体的定义：

```
typedef struct
{
uint16_t TIM_Prescaler;
uint16_t TIM_CounterMode;
uint16_t TIM_Period;
uint16_t TIM_ClockDivision;
uint8_t TIM_RepetitionCounter;
} TIM_TimeBaseInitTypeDef;
```

这个结构体一共有 5 个成员变量，要说明的是，对于通用定时器只有前面 4 个参数有用，最后一个参数 TIM_RepetitionCounter 是高级定时器才有用，这里不多解释。

第 1 个参数 TIM_Prescaler 用来设置分频系数，刚才上面有讲解。

第 2 个参数 TIM_CounterMode 用来设置计数方式，上面讲解过，可以设置为向上计数，向下计数方式还有中央对齐计数方式，比较常用的是向上计数模式 TIM_CounterMode_Up 和向下计数模式 TIM_CounterMode_Down。

第 3 个参数设置自动重载计数周期值，前面也已经讲解过。

第 4 个参数用来设置时钟分频因子。

针对 TIM3 初始化范例代码格式为：

```
TIM_TimeBaseInitTypeDef TIM_TimeBaseStructure;
TIM_TimeBaseStructure.TIM_Period = 5000;
TIM_TimeBaseStructure.TIM_Prescaler = 7199;
TIM_TimeBaseStructure.TIM_ClockDivision = TIM_CKD_DIV1;
TIM_TimeBaseStructure.TIM_CounterMode = TIM_CounterMode_Up;
TIM_TimeBaseInit(TIM3,&TIM_TimeBaseStructure);
```

（3）设置 TIM3_DIER 允许更新中断。

因为要使用 TIM3 的更新中断，寄存器的相应位便可使能更新中断。库函数里定时器中断使能是通过 TIM_ITConfig 函数来实现的。

```
void TIM_ITConfig(TIM_TypeDef * TIMx,uint16_t TIM_IT,FunctionalState NewState);
```

第 1 个参数选择定时器号,这个容易理解,取值为 TIM1~TIM17。

第 2 个参数非常关键,用来指明使能的定时器中断的类型,定时器中断的类型有很多种,包括更新中断 TIM_IT_Update、触发中断 TIM_IT_Trigger 以及输入捕获中断等。

第 3 个参数很简单,就是失能还是使能。

例如,要使能 TIM3 的更新中断,格式为:

```
TIM_ITConfig(TIM3,TIM_IT_Update,ENABLE);
```

(4) TIM3 中断优先级设置。

定时器中断使能之后,因为要产生中断,必不可少地要设置 NVIC 相关寄存器,设置中断优先级。之前多次讲解到用 NVIC_Init 函数实现中断优先级的设置,这里不再重复讲解。

(5) 允许 TIM3 工作能,也就是使能 TIM3。

配置好定时器还不行,没有开启定时器,照样不能使用。在配置完后要开启定时器,通过 TIM3_CR1 的 CEN 位来设置。在固件库里使能定时器的函数是通过 TIM_Cmd 函数来实现的。

```
voidTIM_Cmd(TIM_TypeDef * TIMx,FunctionalState NewState)
```

这个函数非常简单,例如要使能定时器 3,方法为:

```
TIM_Cmd(TIM3,ENABLE); //使能 TIMx 外设
```

(6) 编写中断服务函数。

最后,编写定时器中断服务函数,通过该函数处理定时器产生的相关中断。中断产生后,通过状态寄存器的值判断此次产生的中断属于什么类型。然后执行相关的操作,这里使用的是更新(溢出)中断,所以在状态寄存器 SR 的最低位。处理完中断之后,应该向 TIM3_SR 的最低位写 0,来清除该中断标志。

固件库函数里用来读取中断状态寄存器的值,判断中断类型的函数是:

```
ITStatus TIM_GetITStatus(TIM_TypeDef * TIMx,uint16_t)
```

该函数的作用是判断定时器 TIMx 的中断类型 TIM_IT 是否发生中断。例如,判断定时器 3 是否发生更新(溢出)中断,方法为:

```
if (TIM_GetITStatus(TIM3,TIM_IT_Update) != RESET){}
```

固件库中清除中断标志位的函数是:

```
void TIM_ClearITPendingBit(TIM_TypeDef * TIMx,uint16_t TIM_IT)
```

该函数的作用是清除定时器 TIMx 的中断 TIM_IT 标志位。使用起来非常简单,例如在 TIM3 的溢出中断发生后,要清除中断标志位,方法是:

```
TIM_ClearITPendingBit(TIM3,TIM_IT_Update);
```

需要说明的是,固件库还提供了两个函数用来判断定时器状态及清除定时器状态标志位的函数 TIM_GetFlagStatus 和 TIM_ClearFlag,它们的作用和前面两个函数的作用类似。只是在 TIM_GetITStatus 函数中会先判断这种中断是否使能,使能了才去判断中断标志位,而 TIM_GetFlagStatus 直接用来判断状态标志位。

通过以上几个步骤,就可以达到目的。

8.2.3　定时器操作实例

定时器相关的固件库函数文件 stm32f10x_tim.c 和头文件 stm32f10x_tim.h。函数主程序如下:

```
1.    # include "stm32f10x.h"
2.    # include "led.h"
3.    # include "TiMbase.h"
4.    volatile u32 time = 0; // ms 计时变量
5.    int main(void)
6.    {
7.         /* led 端口配置 */
8.         LED_GPIO_Config();
9.          * TIM2 定时配置 */
10.    TIM2_Configuration();
11.        /* 配置定时器的中断优先级 */
12.        TIM2_NVIC_Configuration();
13.        /* TIM2 重新开时钟,开始计时 */
14.        RCC_APB1PeriphClockCmd(RCC_APB1Periph_TIM2 , ENABLE);
15.    while(1)
16.        {
17.        if ( time == 1000 ) /* 1000 * 1 ms = 1s 时间到 */
18.        {
19.           time = 0;
20.              /* LED1 取反 */
21.              LED1_TOGGLE;
22.        }
23.    }
24.  }
```

定时器代码如下:

```
1.    # include "TiMbase.h"
2.    // TIM2 中断优先级配置
3.    void TIM2_NVIC_Configuration(void)
4.    {
5.    NVIC_InitTypeDef NVIC_InitStructure;
6.    NVIC_PriorityGroupConfig(NVIC_PriorityGroup_0);
7.    NVIC_InitStructure.NVIC_IRQChannel = TIM2_IRQn;
8.    NVIC_InitStructure.NVIC_IRQChannelPreemptionPriority = 0;
9.    NVIC_InitStructure.NVIC_IRQChannelSubPriority = 3;
```

```
10.    NVIC_InitStructure.NVIC_IRQChannelCmd = ENABLE;
11.    NVIC_Init(&NVIC_InitStructure);
12.    }
13.    void TIM2_Configuration(void)
14.    {
15.       TIM_TimeBaseInitTypeDef TIM_TimeBaseStructure;
16.    /* 设置 TIM2CLK 为 72MHz */
17.       RCC_APB1PeriphClockCmd(RCC_APB1Periph_TIM2 , ENABLE);
18.       //TIM_DeInit(TIM2);
19.
20.         /* 自动重装载寄存器周期的值(计数值) */
21.       TIM_TimeBaseStructure.TIM_Period = 1000;
22.
23.         /* 累计 TIM_Period 个频率后,产生一个更新或者中断 */
24.         /* 时钟预分频数为 72 */
25.       TIM_TimeBaseStructure.TIM_Prescaler = 71;
26.         /* 对外部时钟进行采样的时钟分频,这里没有用到 */
27.    TIM_TimeBaseStructure.TIM_ClockDivision = TIM_CKD_DIV1;
28.       TIM_TimeBaseStructure.TIM_CounterMode = TIM_CounterMode_Up;
29.       TIM_TimeBaseInit(TIM2, &TIM_TimeBaseStructure);
30.       TIM_ClearFlag(TIM2, TIM_FLAG_Update);
31.       TIM_ITConfig(TIM2,TIM_IT_Update,ENABLE);
32.       TIM_Cmd(TIM2, ENABLE);
33.       RCC_APB1PeriphClockCmd(RCC_APB1Periph_TIM2 , DISABLE);        /* 先关闭等待使用 */
34.    }
```

习题

（1）Stm32 定时器的种类有哪些？主要应用区别是什么？

（2）定时器采用寄存器方法操作初始化的步骤是什么？

（3）高级定时器如何实现 PWM 互补输出带死区控制？

## 第 9 章

CAN 总线设计

CAN 总线通信协议主要规定通信节点之间如何传递信息,通过怎样的规则传递消息。当前的汽车产业中,出于对安全性、舒适性、低成本的要求,各种各样的电子控制系统运用这一项技术来使自己的产品更具竞争力。生产实践中 CAN 总线传输速度可达 1Mb/s,发动机控制单元模块、传感器和防刹车模块挂接在 CAN 网络的高低两个电平总线上。控制器局域网(CAN)采取的是分布式实时控制,能够满足比较高安全等级的分布式控制需求。CAN 总线技术的高低端兼容性使得其既可以使用在高速的网络中,又可以在低价的多路接线情况下应用。

9.1 CAN 总线基本工作原理

与典型的 OSI 七层协议的层结构模型对应,CAN 总线各个层结构之间,每个设备上相邻的两层之间发生 CAN 总线的通信,不同设备之间的通信也是同层的。设备之间的连接介质是模型物理层的物理介质。CAN 总线的层结构简要分成 CAN 对象层、CAN 传输层和物理层。

物理层在协议中给出的是实际信号的传输方法,物理层根据电气属性等因素规定了不同通信单元之间位信息的实际传输方式。物理层的选择相对比较自由。当然,要求处在同一网络内的所有的通信节点的物理层一定要相同。传输层因为其所实现功能可以看做是 CAN 协议的核心层结构,传输层的任务主要起到报文传送的功能,给对象层提供接收到的信息,以及接收来自对象层的信息。为了能够准确有效地传递消息,传输层要有标准的传送规则,包括控制帧结构、仲裁和应答、如何检测错误和界定故障等。由此可知,CAN 总线上新报文的接收和发送都在传输层中确定。因此,相对于物理层,传输层的修改受到限制。对象层的功能是报文滤波及处理状态和报文,除了查找要发送的报文,确定传输层接收正确报文外,还为应用层的硬件提供接口。对应 ISO/OSI 模型的数据链路层功能,CAN 总线协议的对象层和传输层共同实现这种功能。

CAN 节点的层结构及各层的功能如表 9-1 所示。

表 9-1　CAN 节点的层结构

应用层	功　　能
对象层	报文滤波 报文和状态的处理
传输层	故障界定 错误检测和标定 报文校验 应答 仲裁 报文分帧 传输速率和定时
物理层	信号电平和位表示 传输媒体

　　CAN 能够使用多种物理介质作为通信媒介,最常用的是双绞线,还可以使用光纤等材料。CAN 总线信号通过两条差分电压信号线 CAN_H 和 CAN_L 传输,当 CAN_H 和CAN_L 信号线上的电压值处于 2.5V 左右时,表明总线处于所谓的逻辑电平"1"的状态,也可以称作隐性状态;当 CAN_H 比 CAN_L 上电压值高时,表示逻辑"0",通常该状态下两条信号线上的电压值为 CAN_H＝3.5V 和 CAN_L＝1.5V,此时是显性状态。图 9-1 是双绞线 CAN 总线电平标称值,图中显示了逻辑高电平和逻辑低电平对应的大致总线电压值。

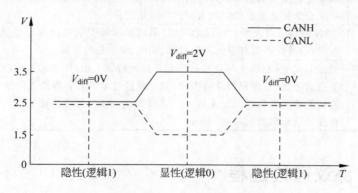

图 9-1　双绞线 CAN 总线电平标称值

9.2　CAN 协议的特点

　　表 9-2 详细表述了 CAN 协议的特点。

表 9-2 CAN 协议的特点

特 点	内 容
多主控制	总线空闲时,所有节点发送报文的机会是平等的。能够获得优先发送权的节点是第一个访问总线的节点。当总线上同一时刻有多个节点要发送报文时,ID 优先级高的报文的节点可优先发送。CAN 总线上对节点信息分别设置了不同的优先级的机制,保证了系统传递信息的实时性
系统的灵活性	不同于其他系统改变总线结构的时候需要跟着改变软硬件结构,CAN 总线上增加节点时不需要改变节点的形式,这是因为 CAN 总线上的节点没有类似报头的结构,所以系统增减节点灵活方便
通信速度	根据整个网络的规模设定合适的通信速度,同一网络中的所有单元必须设定为统一的通信速度,但是不同网络波特率不同,通信速度不同
消息优先级判断	CAN 总线协议中对于信息发送的基本原则是所有消息都以固定的格式发送,不同的功能有不同的格式。消息传递过程中只要总线上没有消息在传送,网络中的每个消息单元都具有发送新消息的权利,当总线上发生消息发送冲突的情况,就是说出现两个以上的消息单元都想在某一时刻发送消息的时候,CAN 总线协议规定此时需由标识符(Identifier,ID)来判定哪个消息单元具有优先发送的机会。虽然 ID 容易让人误解为目的地址,但是这里的 ID 是用来判断优先级的。通过对竞争关系的节点报文 ID 逐个位比较仲裁出获胜节点继续发送报文,仲裁失败的节点则进入接收报文状态
远程数据请求	通过发送"遥控帧"请求其他节点发送数据
错误检测	所有的单元都可以检测错误
错误通知	检测出错误的单元会立即向其他所有单元发出消息
错误恢复	如果正在发送消息的单元检测出错误,则会强制结束当前的发送,强制结束发送的单元会重复地发送此消息直到成功发送为止
故障封闭	CAN 协议可以判断出错误的类型,隔离持续错误引起的故障单元(暂时错误有外部噪声,持续错误有单元内部故障、断线、驱动器的故障)
连接和传输距离	理论上 CAN 总线上可连接的单元总数没特殊上限,当然也不可能无限增加总线上节点的个数,考虑到负载的因素,节点数目过多势必会降低通信效率。通信速度和连接的单元数目成反比关系,为了提高通信速度,可使连接的单元数减少,CAN 的直接通信距离最远可达 10km

9.3 CAN 协议通信过程

CAN 总线节点传输过程如图 9-2 所示。

CAN 总线数据的通信过程中,信息通过不同的报文格式来传送,例如数据帧、远程帧等。类似于邮件中可以包含不同的东西,例如文件,衣物和书籍等。CAN 总线数据的通信花费时间和总线传输距离及通信波特率有关。通信距离越远,波特率就越低,传输数据耗费的时间也就越长。另外,通信介质的选取(包括光纤、双绞线等)、通信线缆的固有特性(例如导线截面积、电阻等)、振荡器容差等也是影响 CAN 总线数据通信花费时间的因素。当然,

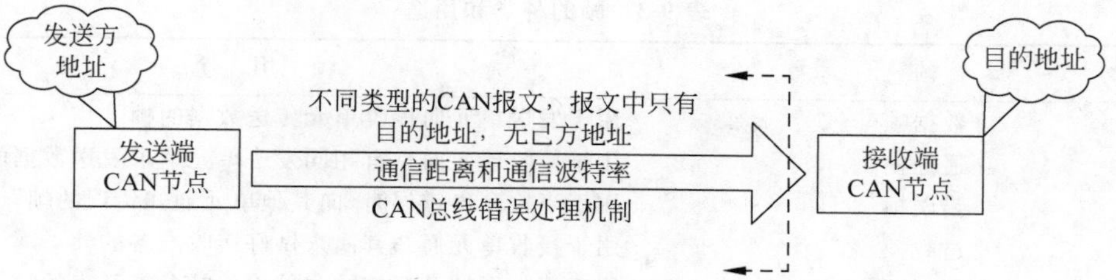

图 9-2　CAN 总线节点传输过程

CAN 总线传输也有其传输错误处理机制,之前有介绍过,以确保总线的正常工作。当然,如果 CAN 总线上传输的信息量过多,也会产生数据堆积和过载现象。

任何系统的设计者都希望尽可能在一定的时间内传输更多的消息,然而事实上报文格式越长,传递效率就越低。CAN 总线的报文格式也不是无限长,有着固定的报文格式。CAN 总线协议有个优势在于可以不使用系统的配置信息,只要是总线上的单元就可以发送新消息,前提是总线处于空闲状态。如果想在 CAN 总线上添加一些节点,都可以直接添加,既不用改变节点的应用层结构,也不用改变系统的软硬件设计,这种性质突出体现出 CAN 总线具有一定的系统灵活性。CAN 总线协议中标示符的结构和所包含的内容决定了该信息的去向,通过标示符命名就可以在总线上增加通信节点。总线上有多少节点,多少节点就可以通过报文滤波机制确定是否对该消息予以响应。CAN 总线协议中多播和错误处理机制是信息能够连贯传输的保障基础,这个机制还可以确保报文同时被所有的节点接收或不被接收。

任何通信过程中总线冲突都是不可避免的,总线上的通信单元等待空闲的总线状态出现并发送报文,当多个单元需要在同一时刻传送报文时,就会有总线访问冲突。为了解决这个冲突问题,同时为了在通信过程中不会丢失消息及损失时间引起效率降低,CAN 总线协议引入了仲裁机制。仲裁需要对 ID 的位逐个进行比较判定,当具有相同 ID 的数据帧和远程帧同时初始化时,数据帧优先级高于远程帧。总线上的电平在仲裁过程中要被发送器选取,发送器对电压值做减法运算,如果结果为 0,说明是等电平可发送;如果结果不为 0,说明发送和监控到的电平不同,那么该单元就在仲裁中失利,必须退出发送状态。不同的 CAN 通信系统传输速率不同,但同一系统里,报文以相同且一定的速率传送。

9.4　CAN 的报文格式

首先,CAN 总线协议中的报文指的是总线单元间传递的消息,消息的格式各有不同,总线上的单元想要发送新信息就要检测到总线空闲状态的位信息才可以发送。总线上的报文信息表示为几种固定的帧类型,表 9-3 列出了根据 CAN 总线通信中 5 种不同用途所设置的帧类型。表 9-4 是标识符种类说明。

表 9-3 帧的种类和用途

帧	帧 用 途
数据帧	用于发送单元向接收单元传送数据的帧
遥控帧	用于接收单元向具有相同发送单元请求发送数据的帧
错误帧	用于当检测出错误时,向其他单元通知错误的帧
过载帧	用于接收单元通知其尚未做好接收准备的帧
帧间隔	用于将数据帧及遥控帧与前面的帧分离开来的帧

表 9-4 标识符种类说明

类型	位数	协 议 要 求
标准标识符	11	CAN 协议 2.0A 版本规定 CAN 控制器必须有一个 11 位的标志符
扩展标识符	29	CAN 协议 2.0B 版本的 CAN 控制器可以发送和接收 11 位标识符的标准格式报文或 29 位标识符的扩展格式报文

终止 CAN 协议 2.0B 时,只是不能发送扩展格式报文,总线仍可以正常工作。下面就 CAN 总线的各种功能帧结构对报文格式进行详细说明。

9.4.1 数据帧

数据帧由 7 个段构成。数据帧的构成如图 9-3 所示。

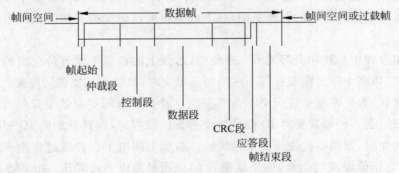

图 9-3 CAN 数据帧机构

下面对帧的构成进行说明。

1. 帧起始

首先,帧起始是位于数据帧和远程帧的开始段的一个"显性"位。另外,总线通信的发送信息过程中,帧起始还起到了标准的作用,即每个节点都要同步于帧起始。

2. 仲裁段

仲裁段是表示该帧优先级的段,用于表明需要发送到目的 CAN 节点的地址、确定发送的帧类型,即当前发送的是数据帧还是远程帧,以及确定发送的帧格式,即是标准帧还是扩展帧。标准格式帧和扩展格式帧仲裁段的不同为,标准格式帧的仲裁段包括 11 位 ID 和

RTR(远程发送请求位);扩展格式帧的仲裁段则是由 29 位 ID 和 RTR 组成。

3. 控制段

控制段是包含 6 个位的用于表示数据的字节数及保留位的段,这 6 个位包括 4 个数据长度代码和 2 个预留位,方便做扩展功能。控制段发送的数据长度是 4 个位,数据帧长度允许的字节数只能为 0~8 个,数据长度代码表示数据段中字节数目。

4. 数据段

数据段是数据的内容,可发送 0~8 个字节的数据,每字节包含了 8 位,首先发送最高有效位 MSB,然后依次发送至最低有效位 LSB。

5. CRC 段

CRC 段是检查帧传输错误的段,16 位的循环冗余 CRC 段,包括 15 位的 CRC 序列及 1 位的 CRC 界定符,CRC 界定符用于信息帧校验,保证消息传递的准确性。

6. ACK 段

ACK 段表示确认正常接收的段,ACK 段包含两个位信息,即应答间隔和应答界定符。帧的 ACK 段里,当接收器正确地接收到发送单元发送过来的有效报文后,接收器就会在应答间隔位上向发送器发送一位的逻辑高电平,以表示该单元已正常接收到了报文。

7. 帧结束段

数据帧的最后一段是帧结束段。数据帧和远程帧以包含 7 个"隐性"位的标志序列界定帧的结束。

图 9-4 是标准数据帧的结构示意图,图 9-5 是扩展数据帧的结构示意图。

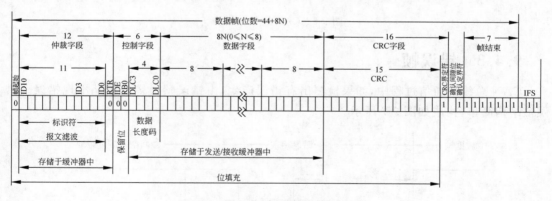

图 9-4 标准数据帧

9.4.2 遥控帧

参考数据帧的结构可观察到遥控帧是近似没有数据段的数据帧。遥控帧又称远程帧,遥控帧的主要作用是向发送单元请求发送数据。CAN 遥控帧结构如图 9-6 所示,遥控帧分为 6 段,比数据帧少了一个数据段,其他段相同,数据帧的数据长度看作是遥控帧的数据长度。遥控帧和数据帧的不同在于,遥控帧的 RTR 位为隐性位,这个特点为区分无数据段的

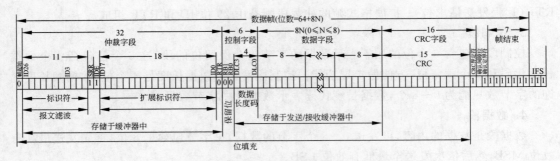

图 9-5　扩展数据帧

数据帧和遥控帧提供方法,即没有数据段的数据帧和遥控帧可通过 RTR 位是不是隐形的区别开来。

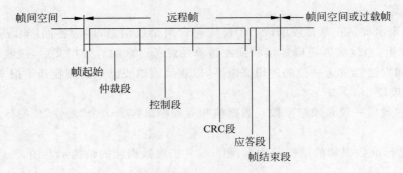

图 9-6　CAN 遥控帧结构

9.4.3　错误帧

CAN 总线的通信过程中,如果检测出有错误产生,由错误帧通知各单元出现错误。错误帧结构简单,构成如图 9-7 所示。

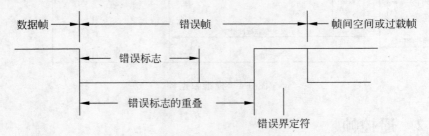

图 9-7　错误帧结构

错误帧由两个不同的场组成。第 1 个部分是错误标志的叠加部分场。第 2 个部分是错误界定符。下面就两部分的主要功能做介绍。

1．错误标志

错误标志类型说明如表 9-5 所示。

表 9-5　错误标志类型说明

错误标志类型	错误标志构成
主动的错误标志	6 个连续的"显性"位
被动的错误标志	6 个连续的"隐性"位，除非被其他节点的"显性"位重置

"错误主动"的单元的出现会使节点的发送器发送主动错误标志，指示有错误产生。此时一旦总线上的其他单元接收器发现有错误信号产生，就会立刻开始发送错误标志。总线上监视到的这 6 个连续的"显性"位序列，会使某些节点单元发送的不同的错误标志叠加至 6～12 位。

"错误被动"的单元的出现会使节点的发送器发送被动错误标志，指示错误的产生。此时总线上的其他单元接收器检测到有错误信号时，就开始发送错误标志。当 6 个连续的相同极性位出现，就意味着被动错误标志开始于这 6 个连续位，被动错误标志的发送结束也是以到这 6 个相同位连续出现完毕作为结束。

2．错误界定符

总线上的节点收到了有错误标志连续位显示的报文时，每个节点通过发送 8 个连续"隐性"位界定错误。这 8 个"隐性"位构成了错误界定符，监视到一个"隐性"位后，补齐 8 个"隐性"错误界定符的发送。

9.4.4　过载帧

CAN 总线上的接收节点尚未完成接收准备时，用过载帧来通知其他节点。图 9-8 是过载帧的构成形式，和错误帧格式相似，过载帧的组成包括过载标志和过载界定符。

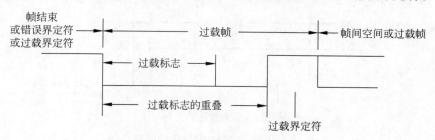

图 9-8　过载帧结构

过载帧格式说明如表 9-6 所示，引起过载标志的传送的情况如下：

（1）总线有一个显性位出现在间歇的第一和第二字节间。

（2）当总线上个别节点的接收器对于下一数据帧等报文帧需要有延时的情况。

（3）错误界定符或过载界定符的最后一位，即第 8 位采样到一个显性位。

表 9-6 过载帧格式说明

构成	格式	功　　能
过载标志	6 个"显性"位	CAN 总线协议规定其他的单元在都检测到过载条件时,发出过载标志,这是由于间歇场的固定形式会因为过载标志形式的改变而改变。帧间隔的间歇场第 3 个位上检测到"显性"标志时,把这个位作为帧的起始位,接下来的帧格式按照正常顺序处理。过载标志的形式同主动错误标志
过载界定符	8 个"隐性"位	CAN 总线上出现过载标志时,节点等待总线出现一个从"显性"位跳变到"隐性"位的信号,标志着过载标志位发送完毕,过载界定符的其余 7 个"隐性"位可以从这一时刻开始完成发送。过载界定符的格式和错误界定符一样

9.4.5　帧间隔

帧间隔是用于分隔数据帧和遥控帧的帧。通过插入帧间隔可以将数据帧和遥控帧与前面的其他帧分开,但是错误帧和过载帧前不能插入帧间隔,帧间隔不能对多个过载帧隔离。帧间隔的构成如图 9-9 和图 9-10 所示。

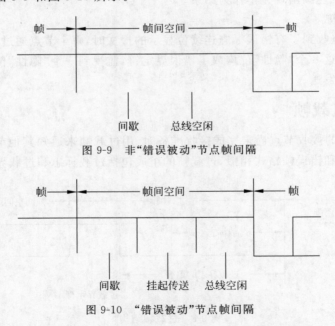

图 9-9 非"错误被动"节点帧间隔

图 9-10 "错误被动"节点帧间隔

间歇场禁止任何节点在间歇期间传送数据帧或远程帧,间歇场只有一个任务,就是标识过载情况的出现。间歇场的长度是 3 个"隐性"位。

总线空闲位场的特点就是只要总线空闲,任何等待发送报文的节点都可以访问总线,总线空闲时间是随机的,可以出现在任何时刻。总线上可能同时有很多报文需要发送,如果总线不空闲,报文就挂起。CAN 总线协议规定在间歇之后的第一个位开始传送这个报文。

如果前一报文的发送器是"错误被动"节点,包括挂起传送的位场,当有报文从"错误被动"的节点发送就会发出 8 个"隐性"位,发送操作处于引起节点在总线空闲或下一报文开始传送之前。这个单元会成为报文接收器,因为这时另一单元会开始发送报文。

9.4.6 优先级的决定

总线上的信息发送都有先后顺序,需要判断优先级的情况分为以下几种:

(1) 总线上没消息传递时,优先权归第一个开始发送消息的单元。

(2) 若出现多个单元同时开始发送消息的情况时,优先权的归属需要根据起始于第一位仲裁的结果判断,优先权归属能够持续输出"显性"最多的节点。数据帧和远程帧 ID 相同时,优先权归属于仲裁段的 RTR 为显性的数据帧。

(3) 标准格式 ID 与具有相同 ID 的远程帧或者扩展格式的数据帧在总线上竞争时,优先权归属于标准格式的 RTR 位为显性位的帧。

9.5 CAN 总线错误处理机制

CAN 总线协议共有 5 种互不干涉的错误类型,如表 9-7 所示,分别是位错误、填充错误、CRC 错误、形式错误和应答错误。下面是 5 种错误产生的条件:

1. 位错误

检测到位错误的出现要在发送的位值和所监视到的位值不同时,由于总线上每个单元对总线进行监视,所以一旦出现不同,就会检测到一个位错误。有两种情况下即使节点发现了总线上的"显性"位出现了,也不会判断出现位错误,这两种情况就是在 ACK 间隙或仲裁场的填充位流期间发送"隐性"位的情况,也就是说此时即使发现总线上一"显性"位,也不作为位错误处理。

2. 填充错误

CAN 总线协议中的填充错误伴随着以位填充的方法对信息编码时,填充错误的出现一定伴随着连续的 6 个相同的位电平。

3. CRC 错误

CAN 总线协议的循环冗余检查可以帮助系统提高准确性,CRC 错误出现在发送器的 CRC 计算结果与接收到的 CRC 结果顺序不同时,这两端的 CRC 的计算方法是一致的(接收器和发送器之间)。

4. 形式错误

形式错误的出现是由于总线上检测到一个固定形式的位场含有不少于一个的不合法位而引起的。

5. 应答错误

应答错误出现在应答间隙(ACKSLOT)所检测到的位是"隐性"位时。

表 9-7 错误的种类

错误的种类	错误的内容	错误的检测帧(段)	检测单元
位错误	比较输出电平和总线电平(不含填充位),当两电平不一样时所检测到的错误	数据帧(SOF~EOF) 遥控帧(SOF~EOF) 错误帧 过载帧	发送单元 接收单元
填充错误	从接收到的数据计算出的 CRC 结果与接收到的 CRC 顺序不同时所检测到的错误	数据帧(SOF~CRC 顺序) 遥控帧(SOF~CRC 顺序)	发送单元 接收单元
CRC 错误	从接收到的数据计算出的 CRC 结果与接收到的 CRC 顺序不同时所检测到的错误	数据帧(CRC 顺序) 遥控帧(CRC 顺序)	接收单元
格式错误	检测出与固定格式的位段相反的格式时所检测到的错误	数据帧 (CRC 界定符、ACK 界定符、EOF) 遥控帧 (CRC 界定符、ACK 界定符、EOF) 错误界定符 过载界定符	接收单元
ACK 错误	发送单元在 ACK 槽(ACKSLOT)中检测出隐性电平时所检测到的错误(ACK 没传送过来时所检测到的错误)	数据帧(ACK 槽) 遥控帧(ACK 槽)	发送单元

9.5.1 错误状态

CAN 总线上节点的 3 种状态:总线空闲状态、主动错误状态、被动错误状态。错误状态和计数值如表 9-8 所示。根据不同的状态可以了解总线的工作情况。

1. 主动错误状态

主动错误状态也叫错误激活状态,是正常参加总线通信的状态。该状态下的单元只是具有输出主动错误标志的能力,不影响参加通信的状态。

2. 被动错误状态

被动错误状态虽然可以参加总线通信的状态,但是为了不影响其他单元接收发送报文,发送错误通知给总线时就不能做到非常积极。这种兼容性会出现这样的情况:单元检测出错误时,还需要满足其他处于主动错误状态的单元也发现错误才能定义总线上产生了错误。当处于被动错误状态的单元需要再一次发送数据时,加上"延迟"作用,这几个隐性位才能保证处于被动错误状态单元可以重新发送总线报文。

3. 总线关闭状态

总线关闭状态禁止任何信息的接收和发送,处于该状态下的单元不能参与总线通信。3种状态下的发送错误计数值(TEC)和接收错误计数值(REC)的不同,根据 TEC 和 REC 来确定总线单元究竟处于 3 种状态中的哪一个。表 9-8 及图 9-11 表明了 3 种总线状态之间的关系。

表 9-8　错误状态和计数值

错误状态	TEC	REC
主动错误状态	0～127 且 0～127	
被动错误状态	128～255 或 128～255	
总线关闭状态	256～—	

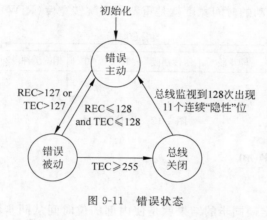

图 9-11　错误状态

9.5.2　错误检测

由前文叙述可知 CAN 总线协议的错误检测包含表 9-9 所示的检测方法。

表 9-9　错误检测方法

检测种类	检测方法
监视	比较节点的发送器发送位和总线的电平
CRC	循环冗余检查,发送端和接收端的计算方法一致
位填充	帧的部分段采用位填充编码,位填充可以有效减少错误的产生。发送器只要检测到有 5 个连续相同值的位,就会自动在下一位里添加一个相反值,接收器接收数据时会自动剔除这个添加位。数据帧、远程帧、错误帧和过载帧的剩余位场形式固定,不采用位填充编码填充
报文格式检查	CAN 总线的永久故障和暂时扰动可以通过报文格式检测识别出,并终止出现永久故障的通信节点继续工作。已损坏的报文由检测到错误的节点标志出,经过等待 29 个位后,如果这期间没有新错误产生,才开始发送新的报文。原损坏的报文失效后,继续重新传送直至成功发送

9.6 同步

CAN 的数据流中不包含时钟,CAN 总线规范中定义的同步保证报文可以不管节点间积累的相位误差正确地译码。CAN 规范定义了两种类型的同步,即硬同步和重新同步。由协议控制器完成通过硬同步或重新同步来适配位定时参数。一个系统的波特率是一定的,同步涉及位时间(位时间是标称位速率的倒数),图 9-12 所示位时间可划分几个时间片段。同步段中有一个跳沿,传播段补偿物理延时,相位缓冲段 1,2 补偿相位误差。采样点出现在相位缓冲段 1 和 2 之间,在重同步期间被移动整数时间份额,时间份额是预期比例因子和最小时间份额的乘积。移动的时间宽度就是重新同步跳转宽度(RJW),长度为 1 到 4。

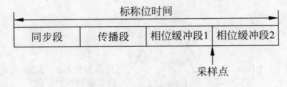

图 9-12 位时间结构

9.6.1 同步类型

1. 硬同步

CAN 总线协议规定硬同步的结果就是使内部的位时间从同步段重新开始。一般硬同步都位于帧的起始,也就是说总线上有个报文的帧起始决定了各个节点的内部位时间何时开始。

2. 重新同步

节点参照沿相位误差的情况来调整其内部位时间,目的是把节点内部位时间与来自总线的报文位流的位时间调整到接近或相等。总线上的各个节点振荡器频率是不同的,这种情况需要重新同步做以调节。总线进行重新同步后,相位缓冲段 1 和缓冲段 2 的长度改变,从而使节点能够正确地接收报文。

9.6.2 同步原则

影响 CAN 总线同步设置的因素包括总线传输最大距离和受最大距离影响的振荡器时钟频率、波特率等。考虑到系统性能最优化的需求,在调整同步的时候,首先要计划好采样点的位置和采样次数,振荡器时钟频率、总线传输距离对同步的影响,因此,系统要求设计者合理设置同步参数。无论是硬件同步还是重新同步都遵从如下规则:

(1) 一个位时间里只允许一个同步。仅当采集点之前探测到的值不等于紧跟沿之后的总线值时,开始同步该边沿。

(2) 总线空闲期间,只要出现隐性向显性跳变的沿,都会引起硬同步。

（3）符合规则（1）的所有从隐性跳变到显性的沿都可以用做重新同步。有一例外情况，即当发送一显性位的节点不执行重新同步而导致一隐性转化为显性沿，此沿具有正的相位误差，不能用做重新同步。

9.7 CAN总线拓扑结构

CAN总线是一种分布式的控制总线，由于总线上的每一个节点都不怎么复杂，所以可以使用MCU控制器处理CAN总线数据来完成特定的功能。只需较少的线缆就可以将各个节点通过CAN总线连接，同时可靠性也比较高。CAN总线线性网络结构如图9-13所示。

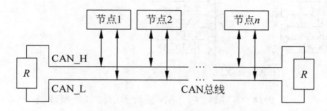

图9-13 CAN总线线性网络结构

网络的两端必须各有一个120Ω的终端电阻。

9.7.1 STM32的CAN通信模块

STM32中的CAN通信模块具有3个工作模式，分别是CAN模块的初始化，CAN模块的正常工作模式及CAN模块的睡眠模式。

STM32的CAN模块的初始化由软件设置完成，通过对CAN_MCR寄存器的INRQ位置1和置0分别可以使CAN模块进入初始化和退出初始化。CAN通信模块处于初始化状态时，总线上的报文接收和发送都是禁止的。CANTX引脚输出隐性位，即高电平。

STM32的CAN模块经过初始化后进入正常工作模式，这时软件同步CAN总线来正常发送接收报文，当软件对INRQ位清0时，CAN模块进入正常工作模式，接着等待INAK位清0确认，与CAN总线取得同步后，即总线空闲后，CAN通信模块才能正常发送接收报文。

STM32的CAN模块的睡眠模式是通过对CAN_MAR寄存器的INRQ位置1来实现的，当进入到该模式后，CAN的时钟虽然停止了，但软件仍然可以访问邮箱寄存器。若需要将处于睡眠工作模式的CAN模块调整到初始化模式，除了需要对CAN_MCR寄存器的INRQ位置1外，还需要同时对SLEEP位清0。如需从睡眠模式退出，则需要对SLEEP位清0，或者硬件检测CAN总线的活动。图9-14为CAN模块通信接口的原理图。

CAN协议控制器和物理总线之间的接口采用PCA82C250，该芯片具有接收和发送差分信号的功能，广泛用做CAN的收发器。

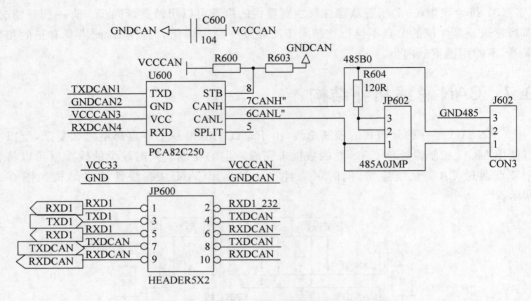

图 9-14　STM32 的 CAN 模块通信接口的原理图

9.7.2　CAN 控制器 MCP2515 介绍

MCP2515 是 Microchip 出品的一款控制器,支持 CAN 协议 V2.0B 技术规范,通信速率在 1Mb/s,另外,MCP2515 具有 SPI 接口,通过 SPI 和主控单元间通信,这种形式最突出的特点就是简化连接。MCP2515 的滤波报文的功能由两个验收屏蔽寄存器和 6 个验收滤波寄存器完成。图 9-15 显示了 MCP2515 的结构框图。

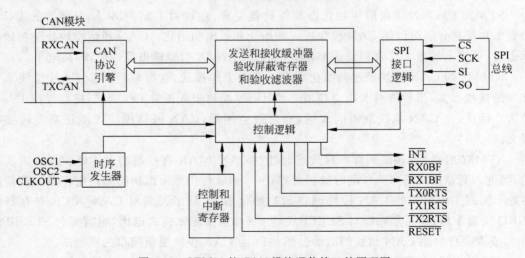

图 9-15　STM32 的 CAN 模块通信接口的原理图

MCP2515主要由3部分组成,即CAN模块,控制逻辑和寄存器及SPI协议模块。下面是3个部分主要完成的工作。

CAN模块,包括验收屏蔽寄存器、发送和接收缓冲器、验收滤波寄存器及CAN协议引擎。CAN模块主要负责处理所有CAN总线上的报文的接收和发送。图9-16显示了CAN模块的基本工作模式。

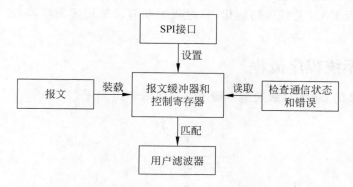

图9-16 MCP2515的CAN模块工作模式

控制逻辑的作用是配置该器件及其运行,通过MCU控制。为了得知接收缓冲器是否载入了有效报文并进入发送状态可以通过:

(1)通过多用途中断引脚。

(2)各接收缓冲器专用中断。

(3)为用户预留的3个引脚。

(4)控制寄存器发送。

其中,中断引脚可提高系统的灵活性。

SPI协议模块,这部分的功能就是提供MCP2515和主控芯片的通信准则。SPI协议模块规定读写寄存器要使用标准的SPI命令。图9-17是MCP2515在CAN总线通信系统中的典型应用。

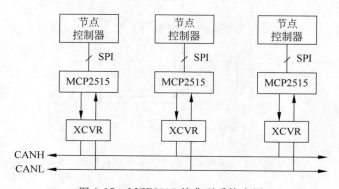

图9-17 MCP2515的典型系统应用

9.8 CAN 通信的软件设计

作为 CAN 网络中的节点,微控制器最重要的功能就是与系统中的其他节点进行通信。微控制单元 STM32 是系统进行 CAN 通信的核心元件,因此在主程序中,首先要对 STM32 进行初始化。涉及 CAN 总线的初始化,其过程主要有设置模式寄存器,设置波特率,设置中断方式等。

9.8.1 系统程序流程

基于 STM32 的 CAN 总线通信主程序流程如图 9-18 所示。

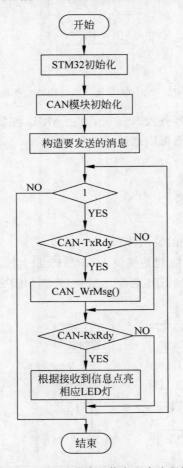

图 9-18 CAN 总线通信主程序流程图

从基于 STM32 的 CAN 总线通信主程序流程图可以看出程序的主体框架首先对 STM32 开发板进行初始化,接下来对 CAN 模块进行初始化,并构造要发送的 CAN 消息,然后进入程序的主循环。

程序进入主循环后,判断当前 CAN 模块是否能够发送消息,如果能,则发送消息;如果不能,则跳过发送消息阶段。然后判断当前 CAN 模块是否有接收到的消息,如果有,则显示成功接收消息,例如根据消息内容点亮相应 LED 灯;如果没有接收到的消息,则结束。

9.8.2　系统接收发送中断处理

接收中断处理程序在接收完成一条消息时被触发,它首先判断消息是否接收完成,如果接收完成,接收并提取消息内容,并将 CAN 模块是否可以接收状态设置为可接收。接收消息中断程序可简化为图 9-19 所示。

当一条消息发送完成后,触发发送中断处理程序。通过对检查寄存器来判断是否发送完成,如果发送完成,则取消请求完成标记,并取消 TME 中断,将状态标志位的是否可以发送标记为可发送状态。图 9-20 为发送消息中断处理过程。

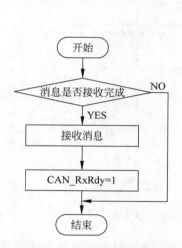

图 9-19　接收消息中断处理过程

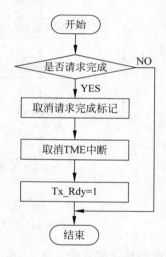

图 9-20　发送消息中断处理过程

主节点和子节点通过 CAN 总线实现数据通信。CAN 通信的实现主要包括 CAN 初始化配置、报文的发送、报文的接收三个步骤。

9.8.3　CAN 总线初始化配置

CAN 总线初始化配置主要完成 CAN 通信模块基本功能的设置。初始化步骤如下:

(1) CAN 总线时钟使能。

(2) CAN 通信发送引脚 CANTX、接收引脚 CANRX 的设置。

(3) 通过软件置位 CAN 主控制寄存器的初始化请求位 INRQ,使得 bxCAN 进入初始化配置模式。

(4) 对 CAN 寄存器进行配置。本设计的配置为时间触发禁止、自动离线禁止、自动唤醒禁止、报文重传设置、接收邮箱锁定、发送优先级的设定、正常模式设置、重新同步跳宽设置、波特率的设定。

（5）发送/接收邮箱的配置。

（6）滤波器参数设置。

（7）CAN 中断的使能。

（8）软件对 CAN 主控制寄存器的初始化请求位 INRQ 清零,使得硬件进入正常工作模式,便于信息的发送和接收。

初始化流程如图 9-21 所示。

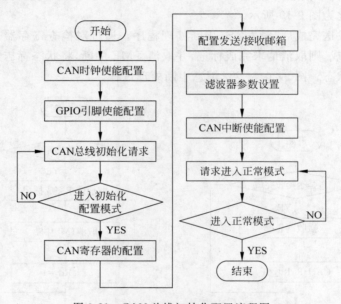

图 9-21　CAN 总线初始化配置流程图

CAN 总线初始化配置中,CAN_Init 函数是 CAN 通信初始化模块的主要实体,其根据 CAN_InitStructure 中指定的参数初始化 CAN 寄存器,关键程序代码如下:

```
CAN_InitStructure.CAN_TTCM = DISABLE;              //时间触发禁止
CAN_InitStructure.CAN_ABOM = DISABLE;              //自动离线禁止
CAN_InitStructure.CAN_AWUM = DISABLE;              //自动唤醒禁止
CAN_InitStructure.CAN_NART = DISABLE;              //报文重传设置
CAN_InitStructure.CAN_RFLM = DISABLE;              //接收 FIFO 锁定
//发送优先级设置. 0:由标识符决定;1:由发送请求顺序决定
CAN_InitStructure.CAN_TXFP = ENABLE;
_InitStructure.CAN_Mode = CAN_Mode_Normal;        //正常模式
CAN_InitStructure.CAN_SJW = CAN_SJW_1tq;          //重新同步跳宽
CAN_InitStructure.CAN_BS1 = CAN_BS1_4tq;          //时间段 1
CAN_InitStructure.CAN_BS2 = CAN_BS2_3tq;          //时间段 2
CAN_InitStructure.CAN_Prescaler = 45;             //波特率预分频数
```

```
CAN_Init(CAN1, &CAN_InitStructure);
```

CAN 总线初始化配置中,滤波器的设置是重点,关系到 CAN 总线上的信息能否顺利到达目的地。在第 5 章中已叙述滤波器的配置,此处给出关键代码。

```
CAN_FilterInitStructure.CAN_FilterNumber = 0;        //过滤器 0
//屏蔽模式
CAN_FilterInitStructure.CAN_FilterMode = CAN_FilterMode_IdMask;
//32 位
CAN_FilterInitStructure.CAN_FilterScale = CAN_FilterScale_32bit; //以下 4 个都为 0,表明不过滤任何 id
CAN_FilterInitStructure.CAN_FilterIdHigh = 0x0000;
CAN_FilterInitStructure.CAN_FilterIdLow = 0x0000;
CAN_FilterInitStructure.CAN_FilterMaskIdHigh = 0x0000;
CAN_FilterInitStructure.CAN_FilterMaskIdLow = 0x0000;
//能够通过该过滤器的报文存到 fifo0
CAN_FilterInitStructure.CAN_FilterFIFOAssignment = 0;
CAN_FilterInitStructure.CAN_FilterActivation = ENABLE;
CAN_FilterInit(&CAN_FilterInitStructure);
//挂号中断,进入中断后读 fifo 的报文函数,释放报文,清中断标志
CAN_ITConfig(CAN1,CAN_IT_FMP0, ENABLE);
```

9.8.4 报文的发送

CAN 总线通信过程中,报文的发送以发送邮箱为载体实现。分为以下几步:

(1) 应用程序选择一个空置邮箱。

(2) 设置好标识符,报文帧格式,数据长度,以及待发送的数据信息,请求等待发送。

(3) 若 CAN 总线空闲,则报文信息被发送。

报文发送流程如图 9-22 所示。

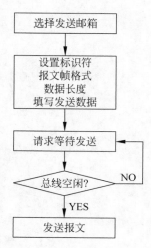

图 9-22 报文发送流程

系统程序设计中发送模块的函数实体采用 CanWriteData 函数来写入报文 ID,子节点 1 的 ID 设置为 0x01H,子节点 2 的 ID 设置为 0x02H,不同的 ID 对应不同的子节点。系统采用标准数据帧格式,共 11 位。CAN 报文规定最大的数据长度为 8 字节,故此处设置数据长度为 8 字节,若传输的数据长度超出 8 字节,则须重传。待发送的数据写入相应的寄存器,由 CAN_Transmit 函数实现报文的发送。关键程序代码如下所示:

```
void CanWriteData(uint16_t ID)
{
TxMessage.StdId = ID;                          //设置标准 id,共 11 位
TxMessage.RTR = CAN_RTR_DATA;                  //设置为数据帧
```

```
TxMessage.IDE = CAN_ID_STD;                      //使用标准 id
TxMessage.DLC = 8;                               //数据长度, CAN 报文规定最大的数据长度为
8 字节
TxMessage.Data[0] = CAN_DATA0;
TxMessage.Data[1] = CAN_DATA1;
TxMessage.Data[2] = CAN_DATA2;
TxMessage.Data[3] = CAN_DATA3;
TxMessage.Data[4] = CAN_DATA4;
TxMessage.Data[5] = CAN_DATA5;
TxMessage.Data[6] = CAN_DATA6;
TxMessage.Data[7] = CAN_DATA7;
TransmitMailbox= CAN_Transmit(CAN1,&TxMessage);
}
```

9.8.5 报文的接收

系统中 bxCAN 有两个 3 级深度的接收邮箱(FIFO),通过标志符过滤,子节点将接收到的有效报文存储在 FIFO 中。子节点主控制芯片将有效信息从 FIFO 中提取出来,并驱动步进电机执行相应动作。报文接收流程如图 9-23 所示。

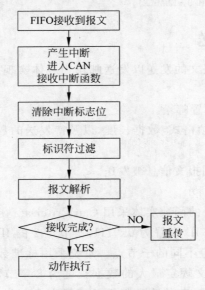

图 9-23 报文接收流程

CAN 通信接收模块以函数 CAN_Receive 为接收实体,系统通过中断方式实现报文的接收。当接收邮箱收到报文信息后,即触发 CAN 接收中断函数。

```
void USB_LP_CAN1_RX0_IRQHandler(void)
```

以下为接收部分关键程序代码:

```
void USB_LP_CAN1_RX0_IRQHandler(void)
{
CanRxMsg RxMessage;
CAN_Receive(CAN1,CAN_FIFO0, &RxMessage);
//此函数包含释放提出报文,在非必要时,不需要自己释放
CAN_ID = RxMessage.StdId;
CAN_DATA0 = RxMessage.Data[0];
CAN_DATA1 = RxMessage.Data[1];
CAN_DATA2 = RxMessage.Data[2];
CAN_DATA3 = RxMessage.Data[3];
CAN_DATA4 = RxMessage.Data[4];
CAN_DATA5 = RxMessage.Data[5];
CAN_DATA6 = RxMessage.Data[6];
CAN_DATA7 = RxMessage.Data[7];
CAN_ClearITPendingBit(CAN1,CAN_IT_FMP0);
//清除挂起中断
CanFlag = ENABLE;
}
```

9.9　CAN 通信示例

CAN 在工业上有较多的应用,本节案例通过 CAN 总线的主机和从机通信,来说明 CAN 通信的基本过程。

主机通信过程的设置如下:

(1) CAN 配置代码,CAN 的 GPIO 配置,PB8 上拉输入,PB9 推挽输出。

```
static void CAN_GPIO_Config(void)
    {
GPIO_InitTypeDef GPIO_InitStructure;
    /*外设时钟设置*/
    RCC_APB2PeriphClockCmd(RCC_APB2Periph_AFIO|RCC_APB2Periph_GPIOB,ENABLE);
    RCC_APB1PeriphClockCmd(RCC_APB1Periph_CAN1, ENABLE);
    /*IO设置*/
    GPIO_PinRemapConfig(GPIO_Remap1_CAN1, ENABLE);
    /* Configure CAN pin: RX */ // PB8
    GPIO_InitStructure.GPIO_Pin = GPIO_Pin_8;
    GPIO_InitStructure.GPIO_Mode = GPIO_Mode_IPU;    //上拉输入
    GPIO_InitStructure.GPIO_Speed = GPIO_Speed_50MHz;
    GPIO_Init(GPIOB, &GPIO_InitStructure);
    /* Configure CAN pin: TX */                      // PB9
    GPIO_InitStructure.GPIO_Pin = GPIO_Pin_9;
    GPIO_InitStructure.GPIO_Mode = GPIO_Mode_AF_PP; // 复用推挽输出
    GPIO_InitStructure.GPIO_Speed = GPIO_Speed_50MHz;
    GPIO_Init(GPIOB, &GPIO_InitStructure);
}
```

（2）CAN 的 NVIC 配置代码，设置第 1 优先级组，0,0 优先级。

```
static void CAN_NVIC_Config(void)
{
/* 配置中断优先级 */
NVIC_InitTypeDef NVIC_InitStructure;
/* 中断设置 */
NVIC_PriorityGroupConfig(NVIC_PriorityGroup_1);
//CAN1 RX0 中断
NVIC_InitStructure.NVIC_IRQChannel = USB_LP_CAN1_RX0_IRQn;
//抢占优先级 0
NVIC_InitStructure.NVIC_IRQChannelPreemptionPriority = 0;
//子优先级为 0
NVIC_InitStructure.NVIC_IRQChannelSubPriority = 0;
NVIC_InitStructure.NVIC_IRQChannelCmd = ENABLE;
NVIC_Init(&NVIC_InitStructure);
}
```

（3）CAN 的模式配置。

```
static void CAN_Mode_Config(void)
{
/* CAN 寄存器初始化 */
CAN_InitTypeDef CAN_InitStructure;
CAN_DeInit(CAN1);
/* CAN 单元初始化 */
CAN_StructInit(&CAN_InitStructure);
//MCR - TTCM 关闭时间触发通信模式使能
CAN_InitStructure.CAN_TTCM = DISABLE;
//MCR - ABOM 自动离线管理
CAN_InitStructure.CAN_ABOM = ENABLE;
//MCR - AWUM 使用自动唤醒模式
CAN_InitStructure.CAN_AWUM = ENABLE;
//MCR - NART 禁止报文自动重传,DISABLE - 自动重传
CAN_InitStructure.CAN_NART = DISABLE;
//MCR - RFLM 接收 FIFO 锁定模式,DISABLE - 溢出时新报文会覆盖原有报文
CAN_InitStructure.CAN_RFLM = DISABLE;
//MCR - TXFP 发送 FIFO 优先级,DISABLE - 优先级取决于报文标示符
CAN_InitStructure.CAN_TXFP = DISABLE;
//正常工作模式
CAN_InitStructure.CAN_Mode = CAN_Mode_Normal;
//BTR - SJW 重新同步跳跃宽度两个时间单元
CAN_InitStructure.CAN_SJW = CAN_SJW_2tq;
//BTR - TS1 时间段 1,占用了 6 个时间单元
CAN_InitStructure.CAN_BS1 = CAN_BS1_6tq;
//BTR - TS1 时间段 2,占用了 3 个时间单元
CAN_InitStructure.CAN_BS2 = CAN_BS2_3tq;
```

```
//BTR－BRP 波特率分频器,定义了时间单元的时间长度 36/(1 + 6 + 3)/4 = 0.9Mbps
CAN_InitStructure.CAN_Prescaler = 4;
CAN_Init(CAN1, &CAN_InitStructure);
  }
```

（4）CAN 的过滤器配置。

```
  static void CAN_Filter_Config(void)
  {
/* CAN 过滤器初始化 */
CAN_FilterInitTypeDef CAN_FilterInitStructure;
//过滤器组 0
CAN_FilterInitStructure.CAN_FilterNumber = 0;
//工作在标识符屏蔽位模式
CAN_FilterInitStructure.CAN_FilterMode = CAN_FilterMode_IdMask;
//过滤器位宽为单个 32 位
CAN_FilterInitStructure.CAN_FilterScale = CAN_FilterScale_32bit;
```

使能报文标示符过滤器,按照标示符的内容进行比对过滤,扩展 ID 不是如下的就抛弃掉,是就会存入 FIFO0

```
//要过滤的 ID 高位
CAN_FilterInitStructure.CAN_FilterIdHigh =
    (((u32)0x1314 << 3)&0xFFFF0000)>> 16;
//要过滤的 ID 低位
CAN_FilterInitStructure.CAN_FilterIdLow =
    (((u32)0x1314 << 3)|CAN_ID_EXT|CAN_RTR_DATA)&0xFFFF;
//过滤器高 16 位每位必须匹配
CAN_FilterInitStructure.CAN_FilterMaskIdHigh = 0xFFFF;
//过滤器低 16 位每位必须匹配
CAN_FilterInitStructure.CAN_FilterMaskIdLow = 0xFFFF;
//过滤器关联到 FIFO0
CAN_FilterInitStructure.CAN_FilterFIFOAssignment = CAN_Filter_FIFO0;
CAN_FilterInitStructure.CAN_FilterActivation = ENABLE;   //使能过滤器
/* CAN 通信中断使能 */
CAN_FilterInit(&CAN_FilterInitStructure);
CAN_ITConfig(CAN1, CAN_IT_FMP0, ENABLE);
  }
```

（5）完整配置 CAN 的功能。

```
  voidCAN_Config(void)
  {
CAN_GPIO_Config();
CAN_NVIC_Config();
CAN_Mode_Config();
CAN_Filter_Config();
  }
```

（6）CAN 通信报文内容设置。

```
void CAN_SetMsg(void)
{
//TxMessage.StdId = 0x00;
TxMessage.ExtId = 0x1314;                    //使用的扩展 ID
TxMessage.IDE = CAN_ID_EXT;                  //扩展模式
TxMessage.RTR = CAN_RTR_DATA;                //发送的是数据
TxMessage.DLC = 2;                           //数据长度为 2 字节
TxMessage.Data[0] = 0xAB;
TxMessage.Data[1] = 0xCD;
}
```

（7）CAN 主机代码。

```
int main(void)
{
/* 初始化串口模块 */
USART1_Config();
/* 配置 CAN 模块 */
CAN_Config();
printf( "\r\n***** 这是一个双 CAN 通信实验 ******** \r\n");
printf( "\r\n这是 "主机端" 的反馈信息: \r\n");

/* 设置要通过 CAN 发送的信息 */
CAN_SetMsg();
printf("\r\n将要发送的报文内容为: \r\n");
printf("\r\n扩展 ID 号 ExtId: 0x%x",TxMessage.ExtId);
printf("\r\n数据段的内容:Data[0] = 0x%x ,Data[1] = 0x%x \r\n",
           TxMessage.Data[0],TxMessage.Data[1]);
/* 发送消息 "ABCD" ** /
CAN_Transmit(CAN1, &TxMessage);
while( flag == 0xff );                        //flag = 0 ,success
printf( "\r\n成功接收到"从机"返回的数据\r\n ");
printf("\r\n接收到的报文为: \r\n");
printf("\r\n扩展 ID 号 ExtId: 0x%x",RxMessage.ExtId);
printf("\r\n数据段的内容:Data[0] = 0x%x ,Data[1] = 0x%x \r\n",
           RxMessage.Data[0],RxMessage.Data[1]);
while(1);
}
```

（8）从机代码。

```
int main(void)
{
/* USART1 配置 */
USART1_Config();
/* 配置 CAN 模块 */
```

```
CAN_Config();
printf( "\r\n***** 这是一个双 CAN 通信实验 ******** \r\n");
printf( "\r\n 这是 "从机端" 的反馈信息: \r\n");
/* 等待主机端的数据 */
while( flag == 0xff );
printf( "\r\n 成功接收到"主机"返回的数据\r\n ");
printf("\r\n 接收到的报文为: \r\n");
printf("\r\n 扩 展 ID 号 ExtId: 0x%x",RxMessage.ExtId);
printf("\r\n 数据段的内容:Data[0] = 0x%x ,Data[1] = 0x%x \r\n",
                RxMessage.Data[0],RxMessage.Data[1]);
/* 设置要通过 CAN 发送的信息 */
CAN_SetMsg();
printf("\r\n 将要发送的报文内容为: \r\n");
printf("\r\n 扩 展 ID 号 ExtId: 0x%x",TxMessage.ExtId);
printf("\r\n 数据段的内容:Data[0] = 0x%x ,Data[1] = 0x%x \r\n",
                TxMessage.Data[0],TxMessage.Data[1]);
/* 发送消息 "CDAB" ** /
CAN_Transmit(CAN1, &TxMessage);
while(1);
  }
```

习题

(1) CAN 总线报文格式是什么？

(2) CAN 总线的拓扑结构是什么？

(3) CAN 总线的初始化过程是什么？

第 10 章

倒立摆设计

倒立摆是一个具备耦合性强、非线性、多变量等特征的不稳定装置,常看作是检验各种控制策略的有效实验设备,还是学习和研究控制理论的典型物理模型。为了便于对自动控制理论的学习和提高动手能力,对倒立摆设备的控制原理进行分析和设计是非常必要的。

本章完成的倒立摆装置设计,主要包括机械部分和电控部分。机械方面囊括了底座、旋臂、摆杆、联轴器等组成部分;电控部分由控制器、传感器、功放、电机、电源、无线传输、串口通信及提示电路等组成。为了消除环形倒立摆旋转时对摆杆角度检测信号线的缠绕及简化系统机械结构设计,在设计中使用独立的检测电路对摆杆角度进行测量,然后通过 2.4G 无线技术把摆杆角度信号无线传输至主控电路,实现了摆杆角度的无线检测。为了使系统参数的调试更方便及能清晰地体现参数变化对系统性能指标的影响,该方案与上位机进行通信,能将性能指标传输至上位机进行波形显示。出于安全方面的考虑,该设计还有语音提示和状态指示电路,能进行语音提醒使用者注意安全。

10.1 设计内容与实现指标

倒立摆的设计核心是硬件的机械结构设计、硬件电路的设计和 PID 参数的调整,本倒立摆在设计时主要采用了无线通信的模式,方便调试。

10.1.1 倒立摆的选择

倒立摆系统有下面几种形式:直线倒立摆、旋转倒立摆、环形倒立摆及平面型倒立摆等。最大的不同就是机械结构,但实质上全是非线性的机电装置。所以,可以用相似的研究手段和研究方法对倒立摆系统进行研究,下面分别介绍几种常见形式的倒立摆系统。

1. 直线倒立摆系统

直线倒立摆系统是当下最流行的倒立摆装置,目前的研究级数从 1 级到 5 级都有。常见的二阶直线倒立摆构造如图 10-1 所示,组成结构包括能沿导轨来回运动的小车及一端安装在小车上的匀质摆杆,通过力矩电机带动旋转丝杆来使小车在有限长度的导轨内来回运动。

2．环形倒立摆系统

环形倒立摆的典型结构如图 10-2 所示，系统由电机旋转带动的旋臂在水平面上做圆周运动，摆杆在旋臂的末端自由连接，原理上就是做圆周运动的直线倒立摆。环形倒立摆的优势是在行程上没有物理限制，然而带来了一个额外的非线性因素——离心力。

3．旋转倒立摆系统

旋转倒立摆和环形倒立摆的不同之处在于环形倒立摆的旋臂是在水平面上旋转，而旋转倒立摆的旋臂是在竖直平面上旋转。图 10-3 展示的是一阶旋转倒立摆，旋臂的一头和电机的输出轴衔接，另一头与摆杆自由衔接，旋臂通过电机来驱动，而摆杆通过旋臂带动，从而控制摆杆的倒立，整个系统复杂、不稳定。

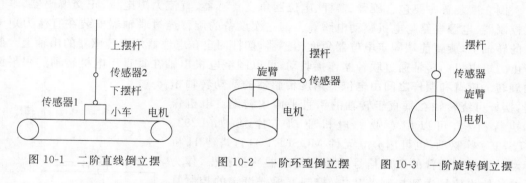

图 10-1　二阶直线倒立摆　　　图 10-2　一阶环型倒立摆　　　图 10-3　一阶旋转倒立摆

直线倒立摆和环形倒立摆被大部分海内外研究者选择作为研究对象。通过对两者进行分析，可知：

① 直线倒立摆要用较长的导轨以供小车运动，占用比较大的空间；环形倒立摆机械构造比较简单，没有很多的中间传动环节，整个系统的结构更加易于制作。

② 直线倒立摆有很多传动装置，调试过程中往往因为机械部分的误差或者不稳定影响到控制效果，从而会对控制算法自身的有效性和可行性的判断进行干扰。

③ 直线倒立摆在行程上有物理限制，因此加大了控制的难度，造成一些控制方式在直线倒立摆装置上实现不了；然而环形倒立摆的旋臂能够在水平面内随意转动，没有行程的限制，控制起来相对简单一些。

综上所述，本方案选择一阶环形倒立摆作为控制对象。

10.1.2　系统设计指标

系统设计指标为：

（1）具有自动起摆功能。

（2）摆杆偏离竖直角度控制在±10 度范围内，旋臂旋转角度控制在±100 度范围内。

（3）采用无线检测对摆杆角度进行测量。

（4）具有运行状态自动检测，控制失败自动停止功能。

（5）具有状态显示和语音提示功能。

（6）具有上位机显示功能,显示相应性能指标。

（7）完成倒立摆装置机械和电控部分的制作和调试。

10.2 系统方案确定

系统的方案选择主要从系统的结构和数学模型入手,通过一级环形倒立摆的机械结构模型分析,得出系统的控制方案。

10.2.1 系统结构组成

倒立摆装置主要包含旋臂、摆杆、电位器角度传感器、直流力矩电机、正交编码器、单片机控制器、电源电路与电机驱动电路等。倒立摆设备的旋臂经过联轴器安装在直流力矩电机的转轴上,旋臂前端固定电位器角度传感器,摆杆固定在电位器角度传感器的出轴上。旋臂由力矩电机的转轴通过联轴器连接驱动,可以围绕电机出轴在垂直于电机转轴的水平面内旋转。旋臂和摆杆之间由电位器角度传感器的活动转轴相连,摆杆可绕转轴在垂直于转轴的铅直平面内转动。电机作为执行机构,可以用专业的电机驱动芯片,例如 L293、BTS7960 等驱动,也可用分立元件 MOSFET 自行搭建 H 桥驱动。摆杆和旋臂的角度信号用角度传感器测量获得,作为系统的输出信号送到控制芯片中,控制器根据设定的控制算法计算得到控制规律,并输出 PWM 电压信号提供给电机驱动电路,用来驱动执行电机,使之转动,然后带动旋臂做水平旋转,旋臂再带动摆杆,从而实现控制摆杆能够倒立的效果。一级环形倒立摆的机械构造如图 10-4 所示。

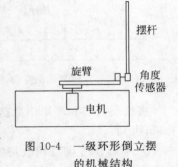

图 10-4 一级环形倒立摆的机械结构

10.2.2 系统模型分析

环形一级倒立摆设备是一个水平旋臂和摆杆组成的装置,旋臂通过联轴器连接在电机输出轴上,被电机驱动在水平面上做环形运动,通过角度传感器带动摆杆运动,环形一级倒立摆力学分析如图 10-5 所示。

设倒立摆装置中,旋臂长度为 L_1,重量为 m_1,旋臂相对水平面上的零点角度为 θ_1,角速度为 $\dot{\theta}_1$,摆杆的长度为 L_2,重量为 m_2,相对垂直方向的角度为 θ_2,角速度为 $\dot{\theta}_2$,传感器的重量为 m_3。

1. 系统总动能

1）摆杆动能

旋臂和摆杆的节点为 B,在距离 B 点 l_2 的地方,取一段长为 $\mathrm{d}l$ 的一小段,它的坐标是

$$\begin{cases} x = L_1\cos\theta_1 - l_2\sin\theta_2\sin\theta_1 \\ y = L_1\sin\theta_1 + l_2\sin\theta_2\cos\theta_1 \\ z = l_2\cos\theta_2 \end{cases}$$

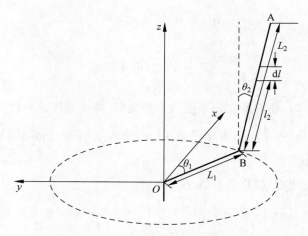

图 10-5 一级环形倒立摆的力学分析

这一小段的动能为

$$\mathrm{d}T = \frac{m_2}{2L_2}\mathrm{d}l\,(\dot{x}^2 + \dot{y}^2 + \dot{z}^2)$$

其中

$$\dot{x}^2 + \dot{y}^2 + \dot{z}^2 = L_1^2\,\dot{\theta}_1^2 + l_2^2\,\dot{\theta}_2^2 + l_2^2\,\sin^2\theta_2\,\dot{\theta}_1^2 + 2L_1 l_2\cos\theta_2\,\dot{\theta}_1\,\dot{\theta}_2$$

所以,摆杆的动能为

$$T_2 = \int_0^{L_2}\mathrm{d}T = \left(\frac{1}{2}L_1^2 + \frac{1}{6}L_2^2\,\sin^2\theta_2\right)m_2\,\dot{\theta}_1^2 + \frac{1}{2}m_2 L_1 L_2\cos\theta_2\,\dot{\theta}_1\,\dot{\theta}_2 + \frac{1}{6}m_2 L_2^2\,\dot{\theta}_2^2$$

2)旋臂动能

按照同样的道理,在旋臂上面距离 O 点 l_1 远的地方取一段长为 $\mathrm{d}l$ 的一小段,其坐标为

$$\begin{cases} x = l_1\cos\theta_1 \\ y = l_1\sin\theta_1 \\ z = 0 \end{cases}$$

$$\mathrm{d}T = \frac{m_1}{2L_1}\mathrm{d}l\,(\dot{x}^2 + \dot{y}^2 + \dot{z}^2)$$

所以,旋臂动能为

$$T_1 = \int_0^{L_1}\mathrm{d}T = \frac{1}{6}m_1 L_1^2\,\dot{\theta}_1^2$$

3)连接旋臂和摆杆的传感器的动能

传感器坐标为

$$\begin{cases} x = L_1\cos\theta_1 \\ y = L_1\sin\theta_1 \\ z = 0 \end{cases}$$

所以

$$T_3 = \frac{1}{2} m_3 (\dot{x}^2 + \dot{y}^2 + \dot{z}^2) = \frac{1}{2} m_3 L_1^2 \dot{\theta}_1^2$$

系统总动能为

$$T = T_1 + T_2 + T_3$$

2. 系统总势能

把摆杆自然垂下时,质心所在的平面为零势能面,那么系统总势能为

$$V = \frac{1}{2} m_1 g L_2 + \frac{1}{2} m_2 (1 + \cos\theta_2) g L_2 + \frac{1}{2} m_3 g L_2$$

3. 拉格朗日方程

从上面的计算能得出,拉格朗日算子

$$H = T - V = \frac{1}{6} m_1 L_1^2 \dot{\theta}_1^2 + \left(\frac{1}{2} L_1^2 + \frac{1}{6} L_2^2 \sin^2\theta_2 \right) m_2 \dot{\theta}_1^2 + \frac{1}{2} m_2 L_1 L_2 \cos\theta_2 \dot{\theta}_1 \dot{\theta}_2$$

$$+ \frac{1}{6} m_2 L_2^2 \dot{\theta}_2^2 + \frac{1}{2} m_3 L_1^2 \dot{\theta}_1^2 - \frac{1}{2} m_1 g L_2 - \frac{1}{2} m_2 (1 + \cos\theta_2) g L_2 - \frac{1}{2} m_3 g L_2$$

可以知道,系统广义坐标为

$$q = \{\theta_1, \theta_2\}$$

所以,由拉格朗日方程

$$\frac{\mathrm{d}}{\mathrm{d}t} \left(\frac{\partial H}{\partial \dot{q}_i} \right) - \frac{\partial H}{\partial q_i} = f_i \quad (i = 1, 2)$$

有

$$\begin{cases} \dfrac{\mathrm{d}}{\mathrm{d}t} \left(\dfrac{\partial H}{\partial \dot{\theta}_1} \right) - \dfrac{\partial H}{\partial \theta_1} = f_1 = M - C_1 \dot{\theta}_1 \\[3mm] \dfrac{\mathrm{d}}{\mathrm{d}t} \left(\dfrac{\partial H}{\partial \dot{\theta}_2} \right) - \dfrac{\partial H}{\partial \theta_2} = f_2 = - C_2 \dot{\theta}_2 \end{cases} \tag{10-1}$$

其中,f_i 为广义坐标 q_i 上非有势力对应的广义外力,M 为电机输出转矩,C_1、C_2 为阻尼系数。

$$\frac{\mathrm{d}}{\mathrm{d}t} \left(\frac{\partial H}{\partial \dot{\theta}_1} \right) = \left(\frac{1}{3} m_1 L_1^2 + m_2 L_1^2 + m_3 L_1^2 + \frac{1}{3} m_2 L_2^2 \sin^2\theta_2 \right) \ddot{\theta}_1$$

$$+ \frac{1}{3} m_2 L_2^2 \sin 2\theta_2 \cdot \dot{\theta}_1 \dot{\theta}_2 - \frac{1}{2} m_2 L_1 L_2 \sin\theta_2 \cdot \dot{\theta}_2^2 + \frac{1}{2} m_2 L_1 L_2 \cos\theta_2 \cdot \ddot{\theta}_2$$

$$\frac{\partial H}{\partial \theta_1} = 0$$

$$\frac{\mathrm{d}}{\mathrm{d}t} \left(\frac{\partial H}{\partial \dot{\theta}_2} \right) = - \frac{1}{2} m_2 L_1 L_2 (\sin\theta_2 \dot{\theta}_1 \dot{\theta}_2 - \cos\theta_2 \ddot{\theta}_1) + \frac{1}{3} m_2 L_2^2 \ddot{\theta}_2$$

$$\frac{\partial H}{\partial \theta_2} = \frac{1}{6} m_2 L_2^2 \sin 2\theta_2 \dot{\theta}_1^2 - \frac{1}{2} m_2 L_1 L_2 \sin\theta_2 \dot{\theta}_1 \dot{\theta}_2 + \frac{1}{2} m_2 g L_2 \sin\theta_2$$

代入(10-1)后,在 $\theta_1 = 0, \theta_2 = 0, \dot{\theta}_1 = 0, \dot{\theta}_2 = 0$ 处线性化,忽略高次项后,表示成矩阵形式有

$$\begin{bmatrix} \left(\dfrac{1}{3}m_1+m_2+m_3\right)L_1^2 & \dfrac{1}{2}m_2L_1L_2 \\ \dfrac{1}{2}m_2L_1L_2 & \dfrac{1}{3}m_2L_2^2 \end{bmatrix}\begin{bmatrix} \ddot{\theta}_1 \\ \ddot{\theta}_2 \end{bmatrix}+\begin{bmatrix} K_mK_e+C_1 & 0 \\ 0 & C_2 \end{bmatrix}\begin{bmatrix} \dot{\theta}_1 \\ \dot{\theta}_2 \end{bmatrix}$$

$$+\begin{bmatrix} 0 & 0 \\ 0 & -\dfrac{1}{2}m_2gL_2 \end{bmatrix}\begin{bmatrix} \theta_1 \\ \theta_2 \end{bmatrix}=\begin{bmatrix} K_m \\ 0 \end{bmatrix}u$$

记为

$$G\begin{bmatrix} \ddot{\theta}_1 \\ \ddot{\theta}_2 \end{bmatrix}+C\begin{bmatrix} \dot{\theta}_1 \\ \dot{\theta}_2 \end{bmatrix}+M\begin{bmatrix} \theta_1 \\ \theta_2 \end{bmatrix}=Ku$$

令 $x_1=\theta_1,$，$x_2=\theta_2,$，$x_3=\dot{\theta}_1=\dot{x}_1,$，$x_4=\dot{\theta}_2=\dot{x}_2,$，则有

$$\begin{bmatrix} \dot{x}_3 \\ \dot{x}_4 \end{bmatrix}=\begin{bmatrix} \ddot{\theta}_1 \\ \ddot{\theta}_2 \end{bmatrix}=-G^{-1}C\begin{bmatrix} \dot{\theta}_1 \\ \dot{\theta}_2 \end{bmatrix}-G^{-1}M\begin{bmatrix} \theta_1 \\ \theta_2 \end{bmatrix}+G^{-1}Ku$$

得出一阶环形倒立摆系统的状态空间表达式为

$$\dot{x}=\begin{bmatrix} \dot{x}_1 \\ \dot{x}_2 \\ \dot{x}_3 \\ \dot{x}_4 \end{bmatrix}=\begin{bmatrix} O_2 & I_2 \\ -G^{-1}M & -G^{-1}C \end{bmatrix}x+\begin{bmatrix} O_2 \\ G^{-1}K \end{bmatrix}u \tag{10-2}$$

$$y=\begin{bmatrix} 1 & 0 & 0 & 0 \\ 0 & 1 & 0 & 0 \\ 0 & 0 & 1 & 0 \\ 0 & 0 & 0 & 1 \end{bmatrix}x \tag{10-3}$$

本方案倒立摆的各部分参数如下所示：$m_1=165\text{g}$、$m_2=50\text{g}$、$m_3=70\text{g}$、$L_1=20\text{cm}$、$L_2=25\text{cm}$、$g=9.8\text{m/s}^2$、$C_1=0.01\text{N}\cdot\text{m}\cdot\text{S}$，$C_2=0.001\text{N}\cdot\text{m}\cdot\text{S}$。电机力矩系数 $K_m=0.0327\text{N}\cdot\text{m/V}$ 和电机反电势系数 $K_e=0.3822\text{V}\cdot\text{S}$，代入方程（10-2）、（10-3），得出一阶环形倒立摆的数学模型

$$\dot{x}=Ax+Bu=\begin{bmatrix} 0 & 0 & 1 & 0 \\ 0 & 0 & 0 & 1 \\ 0 & -13.36 & -4.09 & 0.22 \\ 0 & 74.84 & 4.91 & -1.22 \end{bmatrix}x+\begin{bmatrix} 0 \\ 0 \\ 5.95 \\ -7.13 \end{bmatrix}u$$

$$y=Cx=\begin{bmatrix} 1 & 0 & 0 & 0 \\ 0 & 1 & 0 & 0 \\ 0 & 0 & 1 & 0 \\ 0 & 0 & 0 & 1 \end{bmatrix}x$$

在状态空间表达式、状态方程及输出方程都已知的情况下,很容易获得系统的传递函数,如公式(10-4)所示

$$G(S) = C(sI - A)^{-1}B = \frac{0.13s^3 + 2.54es^2 - 0.69s - 0.78}{s(s - 0.23)(s - 1.44)(s + 0.81)} \tag{10-4}$$

由式(10-4)可看出,这个高阶系统在 s 的右半平面有极点 $s = 0.23$ 和 $s = 1.44$,所以是不稳定的,需要加入控制器才能稳定。

10.2.3 系统控制方案确定

由上一节的系统模型分析可知,控制器需要加入超前校正环节才能使之稳定,所以本方案采用 PD 控制。由于本方案的性能指标不仅包括摆杆偏离竖直的角度,还要控制旋臂旋转的角度,所以本方案把电位器角度传感器测量得到摆杆的角位移信号和正交编码器测量得到旋臂的角位移信号,二者作为系统的输出量送入单片机控制器,然后根据 PD 控制算法,计算出控制规律,并转换为电压信号提供给驱动电路,以驱动直流力矩电机进行动作,通过电机带动旋臂的转动来控制摆杆的运动,从而使摆杆按照要求起摆或者倒立,所以这是一个双输入单输出的控制系统。系统的原理框图如图 10-6 所示。

图 10-6 系统原理框图

本方案的两个输入信号送入单片机控制器里后,均进行 PD 运算,再把计算结果结合起来,转化为 PWM 占空比输出至电机驱动电路驱动电机。双闭环 PID 框图如图 10-7 所示。

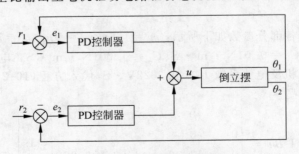

图 10-7 双闭环 PID 控制框图

经过以上分析,设计本系统的结构框图如图 10-8 所示。编码器和 WDD34D4 精密变阻器的测量信号输入至 STM32 单片机,单片机再出 PWM 信号,经过电机驱动电路进行功率放大后驱动电机。除此之外,还包含语音提示电路、状态指示电路、串口通信电路、无线收发电路等。

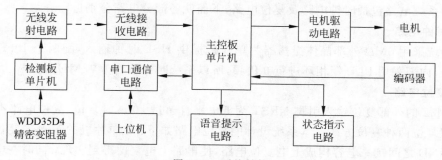

图 10-8　系统结构

10.3　系统硬件设计

系统的硬件主要包括最小系统设计、电机驱动控制电路设计、测量电路及通信电路等模块构成。

STM32F103C8T6 单片机的最小系统电路如图 10-9 所示。

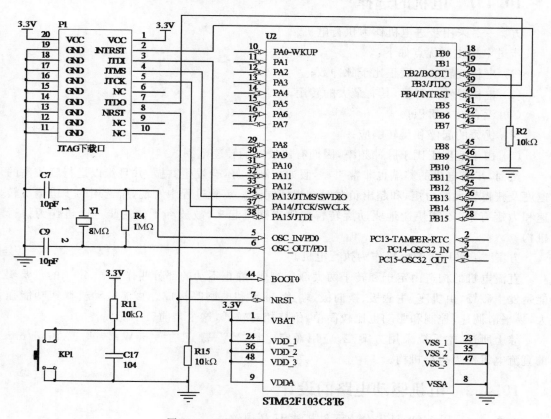

图 10-9　STM32F103C8T6 最小系统电路

最小系统电路包括时钟电路及复位电路,下面就各部分电路分别进行介绍。

1. 时钟电路

本系统采用 8MΩ 外部晶体振荡器为单片机提供 HSE 时钟输入,配两个 10pF 的瓷片电容起振,内部采用 PLL 锁相环进行 9 倍频,所以系统时钟最终为 72MHz。

2. 复位电路

STM32 的外部复位输入引脚 NRST 为低电平且超过 $20\mu s$ 时复位,复位电路有上电复位和按键复位两种复位方式。本系统设计的复位电路如下:在单片机的 NRST 复位输入引脚端和 GND 之间接一电容构成上电复位电路,使电路上电复位得到实现;同时在电容两端并联一个按键,当按键按下时,NRST 复位输入引脚接地为低电平,实现复位。

10.4 电机的选择及驱动电路的设计

常用控制倒立摆的执行机构的电机有直流电机和步进电机等额,驱动电路有通过 MOSFET 分立元件搭建 H 桥电路或者是采用集成芯片作为驱动控制电路,原理大同小异。

10.4.1 电机的选择

方案一:采用步进电机作为执行电机。

步进电机主要优点如下:

(1)电机旋转的角度正比于脉冲数;

(2)电机停转的时候,具有最大的转矩;

(3)没有误差累积;

(4)优秀的起停和反转响应;

(5)由于速度正比于脉冲频率,因而有比较宽的转速范围。

然而,步进电机的弊端也非常明显,假如控制不好,会发生共振,并且难以运行到较高的速度及获得较大的力矩,和超出负载时会损坏同步。实验过程中发现,所选用的步进电机转速和力矩有限,不能快速地驱动旋转臂使倒立摆甩起来,故放弃了使用步进电机作为执行机构。

方案二:采用直流电机作为执行电机。

直流电机的构造由定子和转子两大部分构成,静止不动的部分叫作定子,定子的重要功能是发生磁场,由机座、主磁极、换向极、端盖、轴承和电刷等构成。直流电动机调速功能强大,易平滑调速,控制和驱动也比较简单,价格相对较低,这个是前者不能代替的。

综上所述,本系统采用方案二,应用额定电压 24V、额定功率 60W、转速 1200rad/min 的直流电机作为执行机构。

10.4.2 电机驱动电路的设计

方案一:采用 MOSFET 分立元件搭建 H 桥电路。

H 桥基本原理如图 10-10 所示,这个电路能方便地完成电机的四象限运转。

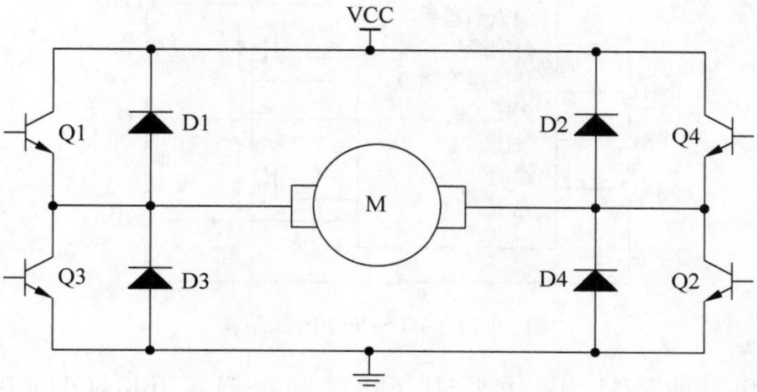

图 10-10 H 桥电机驱动电路原理

H 桥电路的每个功率管都作用在开关状态,Q1、Q2 组成一组,Q3、Q4 组成一组,两组工作在互补情况下,一组开通另一组则断开。Q1、Q2 开通时,电机加在正电压上,此时电机正转或者反向刹车;Q3、Q4 开通时,电机加在反压上,此时电机反转或正向刹车。因为电机是感性负载,电枢电流不能突变,所以需要二极管来续流,以免损坏器件。

倒立摆运转时,要求电机在四个象限不停切换运行,在这种情况下,理论上要求两组控制信号完全互补,但是,由于实际的开关器件都存在开通和关断时间,绝对的互补控制逻辑必然导致上下桥臂直通短路。因此,要在两组信号之间插入延时,延时可以在硬件上实现,也能用软件实现。

方案二:采用 BTS7960 集成半桥芯片设计。

BTS7960 是大电流的集成半桥电机驱动器件,智能功率芯片 BTS7960 是应用于电机驱动的大电流半桥集成芯片,上桥臂一个 P 沟道 MOSFET、下桥臂是一个 N 沟道 MOSFET内部还含有一个驱动 IC,内部构造如图 10-11 所示。驱动 IC 包含逻辑电平输入、电流检测、死区时间插入、斜率调节及过热、过压、欠压、过流、短路保护的功能。其引脚定义和功能如表 10-1 所示。

表 10-1 BTS7960 引脚功能表

引脚	符号	功能
1	GND	接地
2	IN	PWM 输入
3	INH	使能,低电平时休眠
4	OUT	功率输出
5	SR	开关速率调整
6	IS	电流采样
7	VS	电源

BTS7960 里面是一个半桥,INH 引脚为低时,BTS7960 进入睡眠模式,IN 引脚用于确定哪个 MOSFET 导通,IN 和 INH 都为高电平时,上桥臂 MOSFET 导通,OUT 引脚输出

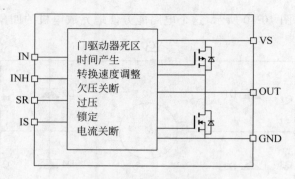

图 10-11　BTS7960 内部结构

高电平；IN 为低电平且 INH 为高电平时，下桥臂 MOSFET 开启，OUT 引脚变成低电位。通过调节 SR 引脚连接电阻的阻值，能够改变 MOS 管开关时间和具备防电磁干扰的作用。IS 引脚是电流检测输出引脚，具有电流检测功能。通常情况下，流经 IS 引脚的电流与上桥臂 MOS 的电流成比例，如果 RIS 的阻值为 1kΩ，那么 IS 引脚的电压等于负载电流除以 8.5；非正常情况下，经过 IS 引脚的电流是 IIS(lim)（大概是 4.5mA），最终的情况是 IS 为高电位。正常模式下的 IS 引脚电流流出如图 10-12 所示，故障模式下的 IS 引脚电流流出如图 10-13 所示。导通时，BTS7960 的阻值为 16mΩ，能够输出 43A 的电流，该方案电机驱动电路如图 10-14 所示。

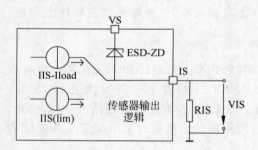

图 10-12　BTS7960 正常模式下 IS 电流流出

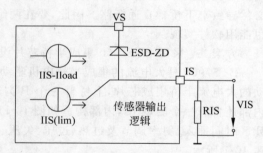

图 10-13　BTS7960 故障模式下 IS 电流流出

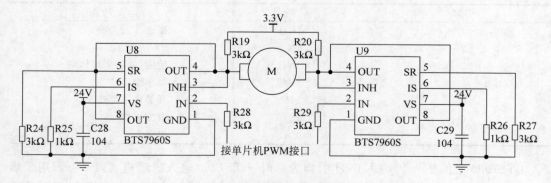

图 10-14　BTS7960 电机驱动电路

10.5 测量电路设计

角度的测量在平衡类项目中非常重要,一般采用陀螺仪＋加速度计的方案,市面上也有集成的角度测量的传感器,本节给出了一种角度位置的测量方法。

10.5.1 摆杆角度测量电路的设计

1. 角度传感器的旋转

方案一:采用 MPU6050 运动处理传感器测量角度。

MPU6050 是世界上第一款含有 9 轴的传感器。其内部含有三轴陀螺仪、三轴加速度计和一个能通过 I2C 接口外接的传感器,外扩之后能够利用 I2C 总线送出九轴信号。MPU6050 内部分别采用了 6 个 16 位的模数转换器对陀螺仪及加速度计的每一个轴进行测量转换,而且每个轴的测量范围都是可以通过编程改变。

由于 MPU6050 的微电子结构,所以其内部的陀螺仪和加速度计存在较大的测量误差,需要通过复杂的滤波算法和角度融合算法才能计算出摆杆的姿态角度,而且其与单片机的接口是采用 I2C 或者 SPI 通信,这些都会增加系统的软件编写难度,不利于开发。

方案二:采用 WDD35D4 角度传感器测量角度。

WDD35D4 是一种高精度、阻值为 $1 \sim 10\text{k}\Omega$ 的精密变阻器。其参数如表 10-2 所示。WDD35D4 转轴转动角度与其输出的电阻成比例,且旋转一周后阻值相等。因此,将电阻值转变成电压信号后,经过模数转换就能测量出转轴的转动角度。

表 10-2 WDD35D4 参数表

阻值	阻值偏差	线性度	功率	温度系数
$1 \sim 10\text{k}\Omega$	$\pm 15\%$	0.1%	2W	$\pm 400\text{ppm}/^{\circ}\text{C}$
旋转次数	机械角度	电角度	最大测量偏差	工作温度
5000 万次	360°	345°	0.345°	$-40 \sim 120^{\circ}\text{C}$

对方案一及方案二进行分析比较,并且进行简单试验后得出,在测量摆杆角度时,MPU6050 对振动较为敏感,容易引起测量误差,难以完成题目设计;WDD35D4 的检测比较精确,稳定性较好,使用比较方便。综上所述,决定采用方案二,应用阻值为 $5\text{k}\Omega$ 的 WDD35D4 角度传感器来测量摆杆角度。

2. 角度测量电路的设计

电位器角度传感器测量角度电路如图 10-15 所示。

WDD35D 角度传感器实质上是一个能 360° 旋转的高精度电位器,将其通过底座与旋臂相连,摆杆连接在它的轴上。以竖直线为参考,摆杆每转过一个角度,WDD35D 就会输出一个摆杆与竖直线之间的角度相对应的阻值,通过电阻网络进行分压,得到一个电压与角度一一对应的关系。输出的电压经过阻容网络进行一阶 RC 低通滤波后接入单片机的 AD 采样

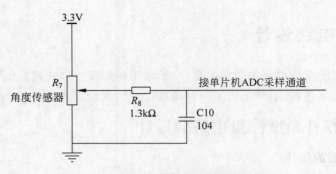

图 10-15　电位器角度传感器测量角度电路

通道。

摆杆角度与传感器阻值及单片机 AD 转换值对应关系如下:

$$\frac{\theta}{360°} = \frac{R}{R_0} = \frac{x}{4096}$$

其中:θ——摆杆偏离竖直线的角度

$\quad\quad R$——与 θ 相对应的传感器阻值

$\quad\quad R_0$——传感器的总阻值

$\quad\quad x$——单片机模数转换值

WDD35D4 的电压输出信号频率为 $0 \sim 1$kHz,确保有用信号在通带不产生过于不平衡的衰减,所以设计一个上限截止频率为 1.2kHz 的低通滤波器。

根据一阶 RC 低通滤波器的截止频率公式 $f_c = \dfrac{1}{2\pi RC}$,计算得 $RC = 1.3 \times 10^{-4}$,经测量得低通滤波器的前级输入阻抗为 1kΩ,后级输出阻抗为 15kΩ,考虑到前后级的阻抗匹配问题,最终选取 $R = 1.3$kΩ,C $= 0.1\mu$F。

10.5.2　旋臂位置测量电路的设计

1. 位置检测传感器的旋转

方案一:采用 UGN3019 霍尔传感器。

UGN3019 的测量接线如图 10-16 所示。把一个没有磁性的圆盘牢固安装在电机出轴上,把拥有永磁性的磁钢利用树脂均匀粘在圆盘上,霍尔传感器装配在离磁钢 $1 \sim 3$mm 处。装配时,必须把霍尔传感器的感应面对应磁钢的对应极性,感应面为 S 的需对应磁钢 S 极性进行安装,反之同理。UGN3019 使用 5V 直流供电,在输出引脚连一个 1kΩ 的电阻至 5V形成上拉。为了使输出电压在 MCU 的承受范围内以及避免有峰值电压,输出时应当连一个稳压管来限位,这样输出的电压就可以送入 MCU 处理。

方案二:采用正交编码器。

正交编码器是常见的用于测量转动装置的位置及速度的测量元件,又叫增量编码器。其内部包含有安装在出轴上的刻有开槽的转轮及用来测量开口的发射/测量单元。常见的

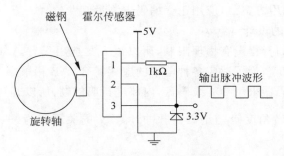

图 10-16 霍尔传感器测速电路

增量编码器有 3 个输出引脚,分别是 A 相、B 相及 INDEX 索引相,输出的信号能解码成与电机运行相关的信息,包含旋转的角度和方向。AB 两相的联系是一一对应的,若 A 相在 B 相的前面,则说明电机是正转;若 B 相在 A 相前面,则电机反转;每旋转 360°,索引 INDX 就产生一个信号,用来当作基准。这 3 个信号的相对时序图如图 10-17 所示。

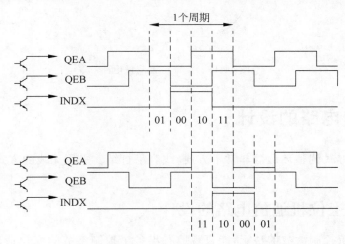

图 10-17 正交编码器信号输出时序

编码器输出的 A、B 两相信号可以组合成 4 种不同样式,如图 10-17 中一个周期所示,如果转动方向出现变化,则输出与此相反次序的状态。单片机采集编码器输出的信息,并根据这些信号转化成与位置相关的数值,根据数值的大小及变化趋势就能知道电机的旋转位置和方向。一般转轴正转时,数值会变大;反转时,数值变小。

通过对方案一分析可以发现,霍尔传感器的测量精度取决于电机转轴上磁钢安装的数目,而该方案的电机体积较小,转轴上只能安装较少数目的磁钢;而且应用霍尔传感器进行检测,只能检测电机旋转的角度,并不能检测出电机的旋转方向,所以局限性较大。虽然正交编码器产生的信号需要复杂正交解码器进行捕捉,但是该方案选取的基于 ARM Cortex-M3 内核的 STM32F103 控制器中的定时器有编码器模式接口,可以对正交编码器的输出信号直接进行解码,简化了系统设计。

综上所述,该处采用方案二,应用正交编码器测量旋臂位置。

2. 位置测量电路的设计

由于环形倒立摆的行程没有物理限制,所以该方案选用只有 A、B 两相的正交编码器。编码器的供电电压为 5V,为了适应各种电平的应用场合,AB 相采用开漏输出,所以需要外接两个上拉电阻。编码器采用 600 线码盘,内部进行四倍频,所以旋转一圈输出的脉冲数为 2400 个。所以旋臂旋转角度 Φ 与编码器脉冲计数 N 的关系式为 $\frac{\phi}{360} = \frac{N}{2400}$。旋臂位置测量电路如图 10-18 所示。

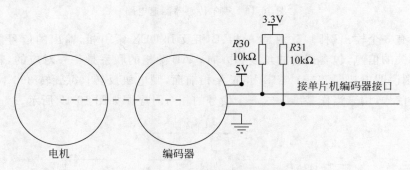

图 10-18　旋臂位置测量电路

10.6　通信电路的设计

采用有线的方式调整环形摆非常不方便,线容易打结。采用无线的方式,使得调试环形摆方便易行。

10.6.1　上位机通信电路的设计

为了方便系统控制参数的整定,能直观地看出各个控制参数的变化造成的系统输出量的变化,该方案将摆杆偏离竖直线的角度及旋臂旋转的角度,通过单片机的通用异步收发传输器(UART)传输至电脑上位机进行波形的实时显示,进而提高系统参数的整定效率。

串行通信方式常用于两个设备间的通信,两个设备根据事先设定好的地址、速度、格式等进行数据传输。在各种串行通信方式里,RS232 通信应用最广泛,如今个人电脑由于体积的限制一般没有串口,而一般都有 USB 口,因此该方案使用了一个 USB 转串口的方法来完成系统和上位机的通信。

PL2303HX 是一款高度集成的 RS232 转 USB 的芯片,内部包含一个全双工的异步串行通信接口和 USB 接口,只要外加几个电容就能完成 USB 转 RS232。这个芯片是 USB/RS232 双向的转变器,从上位机获取 USB 信号转化为 RS232 信号输出至外设的同时,也可以从外设获取 RS232 信息转化为 USB 信号上传至上位机,整个流程都是芯片自动实现,用户不用考虑代码设计。其引脚功能如表 10-3 所示,上位机通信电路如图 10-19 所示。

表 10-3　PL232HX 引脚功能表

引脚	符号	功能	引脚	符号	功能
1	TXD	串口输出	15	DP	USBD+信号
2	DTR_N	数据准备好	16	DM	USBD-信号
3	RTS_N	发送请求	17	VO_33	3.3V 输出
4	VDD_325	RS232 电源	18	GND	接地
5	RXD	串口输入	19	NC	无连接
6	RI_N	串行端口	20	VDD_5	USB 电源
7	GND	接地	21	GND	接地
8	NC	无连接	22	GP0	通用 I/O0
9	DSR_N	数据集就绪	23	GP1	通用 I/O1
10	DCD_N	数据载波检测	24	NC	无连接
11	CTS_N	清除发送	25	GND_A	模拟地锁相环
12	SHTD_N	RS232 关机	26	PLL_TEST	PLL 测试
13	EE_CLK	EEPROM 时钟	27	OSC1	晶振输入
14	EE_DAT	EEPROM 数据	28	OSC2	晶振输出

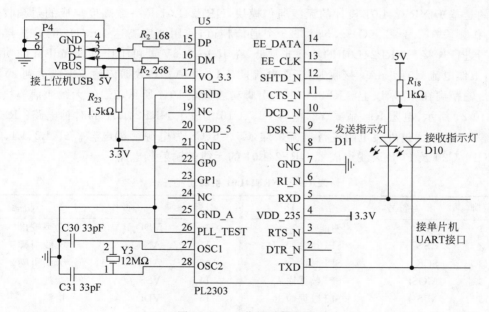

图 10-19　上位机通信电路

　　P4 是连接至上位机的 USB 公头,USB 包含 5V 电源线、地线、D+信号线、D-信号线 4
根线。DTR_N、RTS_N、RI_N、DSR_N、DCD_N、CTS_N 是 RS232 的控制引脚,这里只需
进行简单的异步通信,所以可以不接。EE_CLK 和 EE_DAT 引脚是外扩 EEPROM 的串行
总线,这里无须外扩存储器,也可以不接。DP、DM 对应 USB 的 D+、D-信号线,中间串接
一个 68Ω 的小电阻进行限流。RXD、TXD 对应串口的接收和发送端,外接一个 LED 和限

流电阻后上拉至 5V,可用来指示数据传输状态。当数据从倒立摆系统上行至上位机时,发送指示灯闪烁;当数据从上位机下行至倒立摆系统时,接收指示灯闪烁。由于 USB 的电源线能提供 500 毫安的电流,且 PL2303 能耗很低,因此无须外部供电,可由 USB 供电。

10.6.2　无线传输电路的设计

环形倒立摆没有物理行程的限制,旋臂能 360 度无限制地旋转,而传输摆杆角度的信号线需经过电机转轴连接至机箱的控制板,旋臂旋转的过程中必然会导致信号线缠绕在电机的旋转轴上,影响系统的稳定。为了消除这一影响系统稳定的因素,简化系统机械结构的设计,本系统设计了一个单独的摆杆角度检测的模块捆绑在旋臂上,采用 2.4G 无线传输技术进行摆杆角度信号的传输。摆杆角度检测结构框图如图 10-20 所示。

图 10-20　摆杆角度检测结构框图

2.4G 无线通信技术是频段处于 2.405～2.485GHz 之间的一种无线通信技术。该方案使用的是基于 NRF24L01 设计的无线通信模块,NRF24L01 是一款高度集成的射频收发器件,工作频段在 2.4～2.5GHz,包含 125 个通信频道,使用速度高达 10MHz 的 SPI 接口与控制器进行连接。NRF24L01 的功耗非常低,在 1.9～3.6V 即可工作,以 −6dBm 的功率发射时,工作电流只有 9mA;接收时,工作电流只有 12.3mA。其数据传输速率能达到 2Mb/s,最大传输距离在 10 米以上。RF24L01 的引脚功能如表 10-4 所示,2.4G 无线通信模块电路如图 10-21 所示,电阻 R9,晶振 Y2,电容 C15、C16 构成了 NRF24L01 的时钟电路;REF 为电流参考引脚,通过外接电阻进行电流采样,C5、C6、C8 为电源解耦电容;L1、L3、L4、C13、C18、C19、C20 及 PCB 天线组成了 NRF24L01 的无线传输射频电路。

表 10-4　NRF24L01 引脚功能表

引脚	符号	功能	引脚	符号	功能
1	CE	使能	11	VDD_PA	功率输出
2	CSN	SPI 片选	12	ANT1	天线引脚 1
3	SCK	SPI 时钟	13	ANT2	天线引脚 2
4	MOSI	SPI 数据输入	14	VSS	接地
5	MISO	SPI 数据输出	15	VDD	电源
6	IRQ	中断标志引脚	16	IREF	电流参考
7	VDD	电源	17	VSS	接地
8	VSS	接地	18	VDD	电源
9	XC2	晶振时钟输出	19	DVDD	数字解耦电源
10	XC1	晶振时钟输入	20	VSS	接地

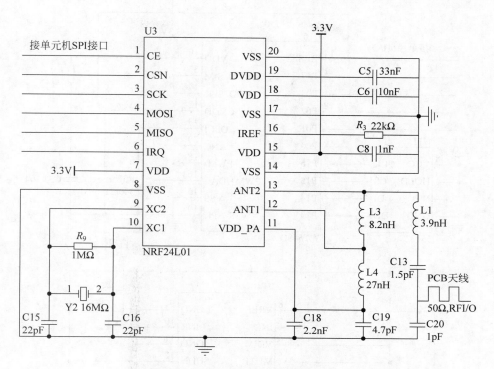

图 10-21　2.4G 无线通信模块电路

10.7　辅助电路设计

10.7.1　语音提示电路的设计

为了使倒立摆系统的运行状态能直观清晰地体现,该方案加入了语音提示模块,其实现的功能有:系统启动时,提醒注意安全;倒立摆运行成功或失败后,提示运行状态等。语音提醒电路由 WT588D 语音芯片、25P32 Flash 存储器、PAM8043 数字功放和喇叭构成,其电路如图 10-22 所示。

1. 语音芯片电路

WT588D 完全具备 6～20K 采样率的音频加载能力,能经过配套软件 VioceChip 轻易做到语音配合播放、插入静音等。WT588D 拥有 220 个可控语音地址位,各个地址位可以加载 128 段语音,按照实际功能的不同,可以外接不同容量的 SPI-FLASH 存储器,内部含有 13 位的数模转化器和 12 位的 PWM 输出,拥有 MP3 模式、按键模式、一线串口模式及三线串口模式。本系统中选用三线串口形式,包含片选线、时钟线和数据线,三线串口模式的时序模仿 SPI 通信协议,时钟周期在 $300\mu s \sim 1ms$ 之间。经过三线串口能够完成语音芯片的命令控制和语音播放。WT588D 的引脚功能如表 10-5 所示。

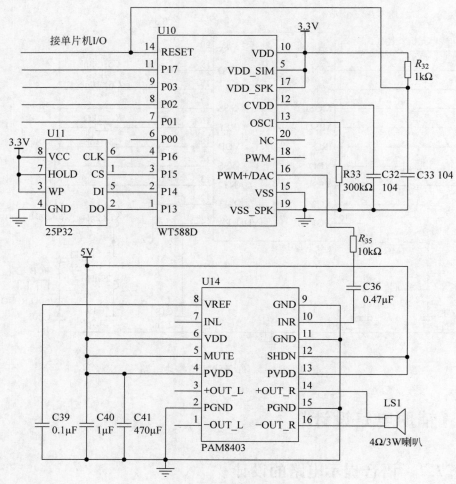

图 10-22　语音提示电路

表 10-5　WT588D 引脚功能表

引脚	符号	功能	引脚	符号	功能
1	P13	Flash 数据输出	11	P17	忙信号
2	P14	Flash 数据输入	12	CVDD	电源调准
3	P15	Flash 片选	13	OSCI	RC 振荡输入
4	P16	Flash 时钟	14	RESET	复位
5	VDD_SIM	串口电源	15	VSS	接地
6	P00	按键	16	PWM+/DAC	PWM+/DAC 音频输出
7	P01	三线数据输入	17	VDD_SPK	音频电源
8	P02	三线片选	18	PWM-	PWM-音频输出
9	P03	三线时钟	19	VSS_SPK	音频地
10	VDD	电源	20	NC	空

2. Flash 存储电路

WT588D 内部没有集成存储器,所以需要外扩一个 Flash 用来存放语音。本系统采用容量为 32 兆字节的 25P32 串行 Flash 存储器,使用 SPI 串行总线通信,最大时钟能达到 75MHz,可重复擦写 100 000 次,数据保存长达 20 年。25P32 的引脚功能如表 10-6 所示。

表 10-6 25P32 引脚功能表

引脚	符号	功能	引脚	符号	功能
1	CS	片选	5	DI	数据输入
2	DO	数据输出	6	CLK	串行时钟
3	WP	写保护	7	HOLD	控制信号
4	GND	接地	8	VCC	电源

在 CS 片选上给高电平时,则芯片未被选中,这时数据口呈高阻态;在进行操作前,必须给片选低电平来使能芯片。控制信号 HOLD 用于终止器件与外部的通信,在控制信号有效,即低电平时,输出端口 DO 为高阻态,输入端口 DI、时钟信号 CLK 不用考虑。WP 是写保护引脚,当 WP 引脚输入低电平时,将不允许对芯片的写入和擦除。

3. 功放电路

WT588D 的 PWM 输出能直接驱动 $8\Omega/0.5W$ 的小喇叭,但是音量较小音质较差,所以该方案利用 WT588D 的 DAC 输出,外接一个小功率的数字功放后,驱动一个 $4\Omega/3W$ 的喇叭,在音量和音质上都得到了比较好的效果。该方案选用的 PAM8403 数字功放在 4Ω 负载和 5V 电源条件下,能以高于 85% 的效率提供 3W 的功率。PAM8403 的引脚功能如表 10-7 所示。

表 10-7 PAM8403 引脚功能表

引脚	符号	功能	引脚	符号	功能
1	−OUT_L	左通道反向输出	9	GND	模拟地
2	PGND	功率低	10	INR	右通道输入
3	+OUT_L	左通道同向输出	11	GND	模拟地
4	PVDD	功率电源	12	SHDN	关断控制
5	MUTE	静音控制	13	PVDD	功率电源
6	VDD	模拟电源	14	+OUT_R	右通道同向输出
7	INL	左通道输入	15	PGND	功率地
8	VREF	模拟基准源	16	−OUT_R	右通道反向输出

PAM8403 能驱动左右两个通道的喇叭,在这里只用到了右通道。音频信号由 W588D 的 DAC 引脚输出后,经过阻容耦合到 PAM8403 的右通道输入端 INR 上,经过 PAM8403 进行功率放大后驱动喇叭进行语音播放。

10.7.2 电源电路的设计

本系统设计单独的电源电路,能输出 24V、12V、5V、3.3V 直流电压,以供应系统各部分的不同需求。

1．24V 输出电路的设计

系统选用 220V 交流电提供电源,由降压变压器降至 24V 后,通过整流桥整流,再经过电容滤波电路后,输入至 LM2679 开关电源稳压芯片,24V 稳定的直流电压就输出了。变压器采用 220V/28V 容量 100W 的降压变压器,整流桥模块选用最大平均整流电流 6A、最大反向峰值电压 100V 的 KBJ6B 整流桥。为了消除电网波动对电机转速带来的影响,整流滤波后的电压再输入值 LM2679 进行稳压,以确保系统的稳定。24V 输出电路如图 10-23 所示。

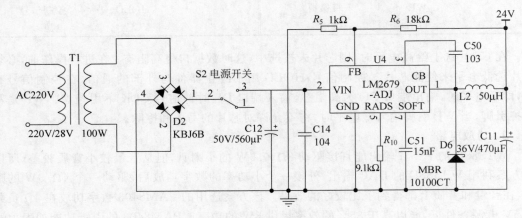

图 10-23　24V 输出电路

LM2679 是一款高度集成的降压型开关电源芯片,可以输出 5A 的负载电流,而且拥有良好的线性和负载调理特征。LM2679 里面含有频率补偿及固定频率产生环节,开关速度为 260kHz,同低频开关调节器进行对比,能够使用更小规格的滤波器件。LM2679 的引脚功能如表 10-8 所示。

表 10-8　LM2679 引脚功能表

引脚	符号	功能
1	OUT	内部功率 MOSFET 开关输出
2	VIN	电源电压
3	CB	内部 MOSFET 栅极升压驱动电容连接端
4	GND	接地
5	RADS	电流采样电阻连接端
6	FB	输出电压反馈端
7	SOFT	软启动电容连接端

该方案采用的是输出可调的 LM2679-ADJ,其输入电压范围在 8～40V 之间,输出电流能达到 5A。回馈引脚 6 电压的经典值为 $V_{REF}=1.21V$,输出电压的计算公式为 $V_{OUT}=$

$V_{REF}\left(1+\dfrac{R_6}{R_5}\right)$，$R_5$ 选用标称值为 1kΩ、精度为 1% 的电阻，为了输出 24V 电压，反馈电阻 R_6 的阻值计算为 18.8kΩ，取标称值为 18kΩ、精度为 1% 的电阻。引脚 3 必须连接一个电容 C_{50} 至引脚 1，当 LM2679 内部的 MOSFET 完全开启时，用来自举 MOSFET 的栅极电压，其典型值为 10nF。LM2679 的过流保护是依靠电阻 R_{10} 对电流进行采样完成的，可以通过设定不同的电阻值来调整输出电流的最大值，采样电阻 R_{ads} 与最大输出电流 I_{lim} 的关系为 $I_{lim}=37\ 125/R_{ads}$，这里 R_{10} 的取值为 9.1kΩ，所以最大输出电流为 4A。C_{51} 是软启动电容，通过 LM2679 内部的恒流源对其进行充电，当其两端电压达到启动阈值电压时，LM2679 完成启动，所以改变其容值可以改变 LM2679 在上电启动时的速率。软启动电容 C_{51} 的计算公式为

$$C_{51} = \frac{I_{SST} \times T_{SS}}{V_{SST} + 2.6 \times V_{OUT} + \dfrac{V_{SKY}}{V_{IN}}} = 14.8\text{nF}$$

其中：I_{SST}——软启动电流，典型值为 3.7uA

T_{SS}——软启动时间，这里设计为 10ms

V_{SST}——软启动阈值电压，典型值为 0.63V

V_{OUT}——输出电压，这里设计为 24V

V_{SKY}——肖特基二极管导通压降，典型值为 0.5V

V_{IN}——最大输入电压，这里为 34V

所以 C_{51} 的取值为 15nF。D_6 为肖特基二极管，其作用为当 LM2679 内部关断时，电感 L_2 放电为负载提供电流，电流经过地线从肖特基二极管回到电感，所以此时 LM2679 的 1 脚为负电压，但其电压不能低于 −1V，所以要选用导通压降低于 1V 的肖特基二极管，流过二极管的电流与 LM2679 的开关 PWM 占空比 D 有关，其值为 $(1-D)I_{load}$，肖特基二极管承受的最大反向电压为 1.3 倍的最大输入电压，其值为 44V。按照前面的分析，这里采用 MBR10100CT 肖特基二极管，其最大平均电流为 10A，最大反向峰值电压为 100V。由于 LM2679 内部为 Buck 降压变换器，所以电感 L_2 的计算公式为

$$L_2 = \frac{V_O\left(1 - \dfrac{V_O}{V_{in\_max}}\right)}{0.2 \times I_n \times f} = 45.23\mu\text{H}$$

其中：V_o——输出电压，为 24V

V_{in_max}——最大输入电压，为 34V

I_n——输出额定电压，取 3A

f——LM2679 开关频率，为 260kHz

所以取 $L_2=50\mu\text{H}$。

5V 和 3.3V 输出电路如图 10-24 所示。

24V 电压经过电容滤波后输入到 7805 稳压片输入端，在 7805 输出端就得到比较稳定的 5V 电压。5V 电压经过滤波后输入 ASM1117-3.3 输入端，输出 3.3V 电压。

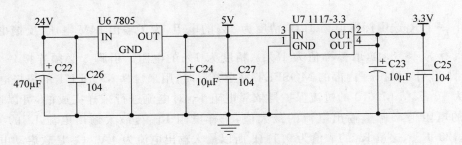

图 10-24　5V 和 3.3V 输出电路

　　7805 是正电压输出 78 系列中的一员,其最大输出电流能达到 1.5A,峰值电流达到 2.2A,输出电压为 5V,输入电压范围为 7.5～35V。因为里面含有电流限制单元、过温保护单元,所以基本不会损坏。

　　AMS1117-3.3 是一个应用非常广泛的低压差线性降压芯片,最大的电压输入为 12V,最大输出电流为 1A,输出电压为 3.3V,输出电压精度达到 2%。AMS1117 里面还含有过温和过流保护电路,使得电源系统的稳定性大大提高。

2. 检测板电源电路设计

　　该方案的摆杆角度是使用独立的检测板进行检测,所以需要设计独立的电源电路。由于检测板需要捆绑在旋臂上,要求体积小重量轻,因此选用 3.7V 锂电池为检测板供电,为了方便锂电池充电,还加了一个 MicroUSB 接口,可以使用手机充电器方便地进行充电。检测板的单片机、无线模块和传感器都由 3.3V 供电,所以需要将 3.7V 稳压到 3.3V。该方案选用的稳压芯片 XC6206 是一款高精度、超低压差、大电流的集成稳压芯片,内部包含限流电路、功率晶体管、精密基准电压源等电路单元。其最大输入电压为 6V,最大输出电流为250mA,在输出 3V100mA 时,其降压可低至 250mV,XC6206 引脚功能如表 3-10 所示,检测板电源电路如图 10-25 所示。

表 10-9　XC6206 引脚功能图

引脚	符号	功能
1	VSS	地
2	VOUT	输出
3	VIN	输入

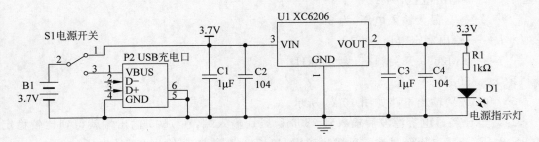

图 10-25　检测板电源电路

10.8 系统软件设计

10.8.1 系统控制程序设计

在完成硬件制作的同时,还要对软件进行设计,才能够把软硬件更好地联系在一起,从而完成设计的制作。在这里说明一下该设计的软件流程,系统设计的总程序流程图如图 10-26 所示。

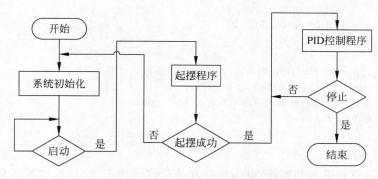

图 10-26 总程序流程图

设计主程序为:

```c
int main(void)
{
    SystemInit();                                      //系统时钟初始化
    Delay_Init(72);                                    //延时初始化
    USART3_Config(115200);                             //串口初始化
    EXTI_Config();                                     //外部中断初始化
    TIM1_EncoderConfig();                              //定时器编码器模式初始化
    Motor_Init();                                      //电机初始化
    PID_Init(0,0,0,0);                                 //pid初始化
    NRF24L01_IOConfig();                               //2.4g无线模块初始化
    while(NRF24L01_Check());                           //2.4g无线模块自检
    NRF24L01_SetRxMode();                              //设置2.4g无线模块为接收模式
    Delay_ms(500);                                     //延时500ms,等待器件上电
    TIM3_BaseConfig();                                 //定时器定时1us初始化
    NVIC_Config(NVIC_PriorityGroup_2, TIM3_IRQn, 0, 0);
    NVIC_Config(NVIC_PriorityGroup_2, EXTI15_10_IRQn, 2, 0);
    Sys_Launch();
    while(1)
    {
        if((pusle_cnt > 4800) || (pusle_cnt < -4800))  //旋转失控
        {
            Motor_Run(0);
```

```
            motor_state = 1;                              //电机旋转失控
            LED_OFF(GPIOA, P10, 0);                       //失控指示
            LED_ON(GPIOA, P11, 0);
        }
        if(start_flag == 0)
        {
        if(ang_adc_val > 2100 || ang_adc_val < 1400)      //超出范围
            {
                angle_state = 1;
                Motor_Run(0);
                LED_OFF(GPIOA, P10, 0);
                LED_ON(GPIOA, P11, 0);
            }
        }
        uart_ang = (s16)(PID.PrerError * 0.08789);
        uart_pos = (s16)(pusle_cnt * 0.15);
        USART_TxForHunter(USART3, uart_ang, uart_pos);
        Delay_ms(10);
    }
}
```

设备上电后,首先进入初始化,继而等候开始按钮的按下,启动按键按下后进入起摆环节,使摆杆从自然下垂状态控制到竖直倒立状态。如果启动失败,则重新回到初始化程序并等待下一次的启动命令;如果启动成功,则执行 PID 控制程序,直至收到停止命令。

10.8.2 起摆程序设计

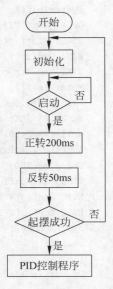

系统的起摆原理很简单,主要是利用惯性将摆杆甩起。启摆程序流程如图 10-27 所示。先让电机以 50%占空比的 PWM 正转 200ms,让旋臂和摆杆产生一个正方向的动能;然后再让电机快速停止,为了使电机尽快停止,这里让电机以最快的速度反转 50ms,达到快速制动的效果。因为旋臂是衔接在电机轴上的,于是旋臂也快速地停下来,而摆杆通过角度传感器连接在旋臂末端,它能绕传感器轴自由转动,所以摆杆会由于之前的动能以传感器轴为轴线做圆周运动,达到倒立状态。只要达到倒立状态,就能通过 PID 算法控制摆杆保持倒立。

起摆子程序如下:

```
void Sys_Launch(void)          //起摆函数
{
    if(start_en == 1)          //判断启动标志
    {
    start_en = 0;              //清除启动标志
    Motor_Run(50);             //以 50%占空比正转
```

图 10-27 起摆程序流程图

```
Delay_ms(200);          //延时 200ms
Motor_Run( - 100);      //以 100% 占空比反转
Delay_ms(50);           //延时 50ms
Motor_Run(0);           //停止
LED_ON(GPIOA, P10, 0);  //启动指示灯亮
LED_OFF(GPIOA, P11, 0);
    }
}
```

10.8.3 PID 控制程序设计

起摆程序只是让摆杆从自然下垂状态转换到竖直倒立状态,并不能让摆杆保持倒立,所以需要设计 PID 控制程序使摆杆保持倒立不倒。PID 控制程序流程图如图 10-28 所示。

系统起摆成功后,通过定时器产生 1ms 的定时中断,在中断里调用 PID 控制程序,从而产生固定的 PID 控制周期。本系统采用双闭环 PID 控制,以旋臂角度 θ_1 和摆杆角度 θ_2 作为反馈信号,不仅对系统的摆杆角度进行控制,而且对旋臂角度也进行了闭环控制。进入 PID 控制程序后,先读取摆杆的角度值 θ_2,再计算摆杆角度的偏移量,通过偏移量判断摆杆是否在可控范围内,如果不在可控范围内,则退出 PID 控制程序;如果在可控范围内,则读取旋臂角度,计算旋臂角度的偏移量。再对摆杆角度偏移量和旋臂角度偏移量分别进行 PD 计算,再将两者的计算值叠加转化成 PWM 占空比输出至电机驱动电路,驱动直流电机使摆杆保持倒立。这里之所以选择 PD 控制,而不是 PID 或 PI 控制,是由于倒立摆体系包含较大的惯性和滞后环节,其拥有抑制误差的作用,使变化总是落后于误差的变化。解决办

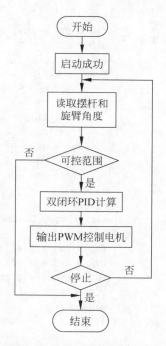

图 10-28 PID 控制程序流程图

法是使抑制误差的作用变化"超前",即在误差接近零时,抑制误差的作用就应该是零。所以对于倒立摆系统,比例+微分(PD)控制器能改善系统在调节过程中的动态特性。经过反复试凑整定后,摆杆角度闭环的 PID 参数为 $KP_1=0.4$,$KI_1=0$,$KD_1=1.92$;旋臂闭环的 PID 参数为 $KP_2=0.05$,$KI_2=0$,$KD_2=16.25$。PID 控制程序如下:

```
void PID_Control(void)
{
    static u16 trans_cnt = 0;
    static u16 pid_cnt = 0;
    NRF24L01_RxPacket(adc_ang_val);                         //读取角度 AD 值
    ang_adc_val = adc_ang_val[0] | ((u16)adc_ang_val[1] << 8);
    PID.PrerError = ang_adc_val - PID.SetPoint;             //计算 pid 偏差
```

```c
    if((start_flag == 1&&PID.PrerError > - 10&&PID.PrerError < 10))
    {                                                   //判断是否启动成功
        start_flag = 0;                                 //清除启动标志
        trans_flag = 1;                                 //进入过渡状态
    }
    pusle_cnt *= 0.99;                                  //计算编码器脉冲
    if(TIM1 -> CNT > 32767)                             //定时器下溢
        pusle_cnt += (TIM1 -> CNT - 65536) * 0.01;      //脉冲数减小
    else                                                //定时器无溢出
        pusle_cnt += TIM1 -> CNT * 0.01;                //脉冲数增加
    if(trans_flag == 1)                                 //过度控制参数
    {
        PID.P_ANG = 1;
        PID.D_ANG = 100;
        PID.D_ENCOD = 0;
        PID.P_ENCOD = 0;
        trans_cnt++;
        if(trans_cnt > 500)                             //进入双 pid 状态
        {
            trans_flag = 0;
            trans_cnt = 0;
            run_mode = 0;
            pusle_cnt = 0;
            pusle_cnt_old = 0;
        }
    }
    if(start_flag == 0&&trans_flag == 0&&run_mode == 0&& uart_en == 0)
    {
        PID.P_ANG = 0.4;
        PID.D_ANG = 1.92;
        PID.P_ENCOD = 0.05;
        PID.D_ENCOD = 16.25;
        pid_cnt++;
        if(pid_cnt == 1000)uart_en = 1;
    }
    pid_angle = PID.P_ANG * PID.PrerError;               //摆杆 pid 计算
    pid_angle += PID.D_ANG * (PID.PrerError - PID.LastError); //比例加微分
    angle_speed *= 0.97;
    angle_speed += (PID.PrerError - PID.LastError) * 0.03;
    PID.LastError = PID.PrerError;
    pid_encod = - PID.P_ENCOD * pusle_cnt;               //旋臂 pid 计算
    pusle_cnt_err = (pusle_cnt - pusle_cnt_old);
    pid_encod -= PID.D_ENCOD * pusle_cnt_err;
    pusle_cnt_old = pusle_cnt;
    pid_angle += pid_encod;
    if(pid_angle < 0)pid_angle -= 5;                     //加电机 pwm 死区
    if(pid_angle > 0)pid_angle += 5;
    if(start_flag == 0)Motor_Run( - pid_angle);
    if(motor_state == 1)Motor_Run(0);
}
```

10.8.4　电机驱动程序设计

本制作选用 PWM 调速对电机进行调速,通过软件控制单片机的定时器输出 PWM 波形。使用 PWM 系统进行调速,最重要的是占空比的控制,在电机供电电压恒定的时候,电枢两端的电压均值是由占空比决定的,只要改变占空比,就可以改变电枢电压,这样就达到了调试的目的。调节占空比 D 的值有 3 种方法:①定宽调频法:保持 t_1 不变,只改变 t_2,这样使 PWM 周期(或频率)也随之改变;②调宽调频法:保持 t_2 不变,只改变 t_1,这样使 PWM 周期(或频率)也随之改变;③定频调宽法:保持 PWM 周期 T(或频率)不变,同时改变 t_1 和 t_2。前两种方法在调速时,改变了控制脉冲的周期(或频率),当控制脉冲的频率与系统的固有频率接近时,将会引起振荡,因此采用定频调宽法来改变占空比,从而改变直流电动机电枢两端电压。PWM 调速方波与平均电压关系如图 10-29 所示。

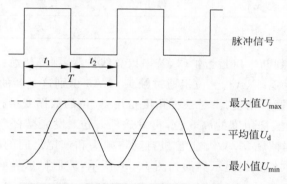

图 10-29　PWM 调速方波与平均电压关系图

把 PID 控制程序计算出的数值,设置为单片机定时器的 CCR 值,当定时器的计数值小于 CCR 值时,单片机 PWM 输出口输出高电平;当定时器计数值大于 CCR 值而小于定时器设定的溢出值 ARR 时,单片机 PWM 输出口输出低电平;当定时器计数值达到溢出值 ARR 时,定时器进行溢出更新,达到下一个 PWM 周期,重新输出高电平。电机驱动子程序如下:

```
void Motor_Run(s16 speed)          //电机驱动函数,参数为 pwm 占空比
{
    if(speed > 100)                //如果占空比大于 100
        speed = 100;               //占空比等于 100
    if(speed < -100)               //如果占空比小于 -100
        speed = -100;              //占空比等于 -100
    if(speed >= 0)                 //如果占空比大于 0
    {
        TIM2 -> CCR2 = 0;
        __NOP;                     //短延时
        TIM2 -> CCR1 = speed;      //输出新占空比
    }
    else                           //如果占空比小于 0
    {
```

```
        TIM2 -> CCR1 = 0;
        __NOP;                        //短延时
        TIM2 -> CCR2 = - speed;       //输出新占空比
    }
}
```

10.8.5　上位机通信程序设计

在系统运行过程中,控制器会不断地把摆杆偏离竖直的角度和旋臂旋转的角度,通过串口传送至 PC 上位机,在上位机上的串口助手软件中通过曲线波形直观地显示出来,从而方便系统控制参数的整定。串口通信配置参数如表 10-10 所示。

表 10-10　串口通信配置参数表

波特率	数据位	停止位	校验位	通信模式
115200	8	1	无	全双工

发送数据之前,先判断串口是否忙碌,若串口总线忙碌,则等待总线空闲;总线空闲后,开始发送设定的数据帧头 0XA5,上位机通过帧头 0XA5 识别这是新的一次数据传输;帧头发送完毕后,开始发送摆杆角度,由于摆杆角度是用 16 位的数据变量存储的,而串口的数据位为 8 位,所以先发送摆杆角度的高 8 位,再发送低 8 位;发完摆杆角度后,同理发送旋臂角度值;最后发送数据帧尾 0XAA;上位机自动将帧头和帧尾之间的数据取出用于波形显示。上位机串口助手软件数据显示界面如图 10-30 所示,波形显示界面如图 10-31 所示。

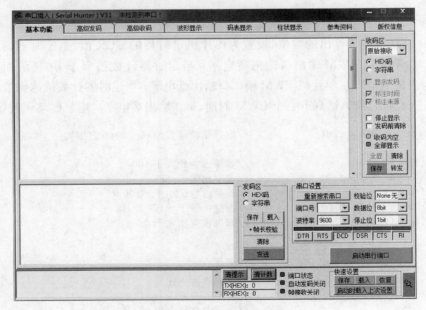

图 10-30　上位机串口助手软件数据显示界面

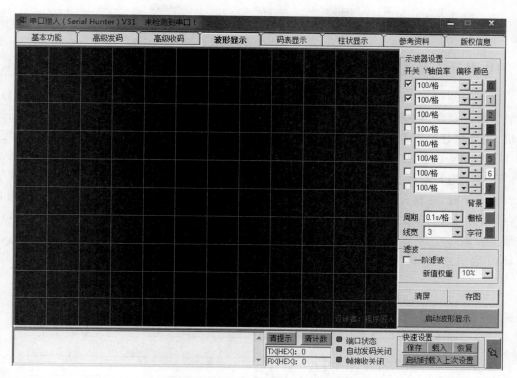

图 10-31　上位机串口助手软件波形显示界面

串口通信程序如下：

```
void USART_TxForHunter(USART_TypeDef * USARTx, s16 data, s16 data1)
{
    u8 temp_h, temp_l;
    u8 temp1_h, temp1_l;
    temp_h = (u8)(data >> 8);
    temp_l = (u8)(data & 0x00ff);
    temp1_h = (u8)(data1 >> 8);
    temp1_l = (u8)(data1 & 0x00ff);
    while(USART_GetFlagStatus(USARTx, USART_FLAG_TXE) = = RESET);
    USART_SendData(USARTx, FH);        //发帧头
    while(USART_GetFlagStatus(USARTx, USART_FLAG_TXE) = = RESET);
    USART_SendData(USARTx, temp_h);   //发参数 1 高 8 位
    while(USART_GetFlagStatus(USARTx, USART_FLAG_TXE) = = RESET);
    USART_SendData(USARTx, temp_l);   //发参数 1 低 8 位
    while(USART_GetFlagStatus(USARTx, USART_FLAG_TXE) = = RESET);
    USART_SendData(USARTx, temp1_h);  //发参数 2 高 8 位
    while(USART_GetFlagStatus(USARTx, USART_FLAG_TXE) = = RESET);
    USART_SendData(USARTx, temp1_l);  //发参数 2 低 8 位
    while(USART_GetFlagStatus(USARTx, USART_FLAG_TXE) = = RESET);
```

```
        USART_SendData(USARTx, EF);        //发帧尾
}
```

10.8.6　无线通信程序设计

该方案使用的基于 NRF24L01 的 2.4G 无线通信模块是通过 SPI 总线与单片机进行通信的。单片机作为 SPI 主机,NRF24L01 作为 SPI 从机。主机通过先拉低片选 CSN 来选中从机,使从机处于正常工作状态,然后时钟线 SCK 输出固定频率的时钟脉冲,这里设定为9MHz,在每个时钟周期的上升沿把 SPI 总线上 MOSI 数据线上的数据发送出去,在时钟周期的下降沿进行数据更新,每个数据都是高位在前低位在后。

读操作时,主机先提供 8 个时钟脉冲,同时在 MOSI 数据线上发送 1 个字节的读指令,指令包括读操作码和目标地址,读指令发送后,再额外提供 8 个时钟脉冲,用来在 MISO 数据线上读取 1 个字节的 8 位从机数据,读完最后 1 位数据再把片选 CSN 拉高来完成读操作,SPI 通信读操作时序如图 10-32 所示。

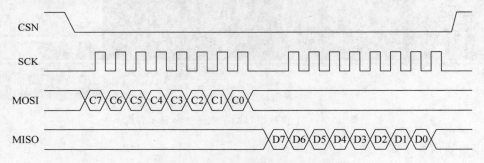

图 10-32　SPI 通信读操作时序图

写操作时,主机先提供 8 个时钟脉冲,同时在 MOSI 数据线上发送 1 个字节的写操作指令,包括写操作码和目标地址,写指令发送后,再提供 8 个时钟脉冲,同时在 MOSI 数据线上发送要写入的数据,写完最后 1 位数据后,将片选 CSN 拉高来结束写操作过程,SPI 通信写操作时序如图 10-33 所示。

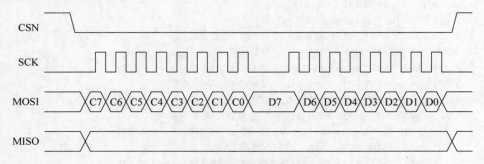

图 10-33　SPI 通信写操作时序图

SPI 的读写程序如下：

```
u8 NRF24L01_SPIReadWriteByte(u8 data)
{
    u8 retry = 0;
    while (SPI_I2S_GetFlagStatus(NRF_SPI, SPI_I2S_FLAG_TXE) == RESET)
    {
        retry++;
        if(retry > 200)return 0;
    }
    SPI_I2S_SendData(NRF_SPI, data);
    retry = 0;
    while(SPI_I2S_GetFlagStatus(NRF_SPI,SPI_I2S_FLAG_RXNE) == RESET)
    {
        retry++;
        if(retry > 200)return 0;
    }
    return SPI_I2S_ReceiveData(NRF_SPI);
}
```

10.9 作品的制作与调试

10.9.1 倒立摆机械结构的制作问题

在设计中采用的机械结构是专门制作的,电机安装在特制的 n 形基座中,通过螺丝固定,旋臂和电机轴通过专业的夹具夹紧。为了减轻重量,旋臂和摆杆都是采用铝片制作。电位器角度传感器通过安装片用螺丝固定在旋臂铝片上,摆杆则通过联轴器与角度传感器的出轴相连,编码器通过联轴器与电机的后出轴相连。整个装置用 F 夹夹紧在固定的台面上,这样方便安装和拆卸,而且整个装置的结构也非常稳定。装置实物机械如图 10-34 所示。

10.9.2 PCB 设计应注意的问题

图 10-34 实物机械图

在电路板中,电源线和地线都是流经大电流的场所,应当使电源线和地线处理得尽可能宽,地线比电源线稍宽。电源线、地线及信号线三者的宽度关系为地线比电源线宽,电源线比信号线宽。

系统使用 3.3V、5V、24V 电压的直流电源,对于电源电压的精度也有要求,为了使电源纯净和稳定,要对其进行滤波处理,使用 $10\mu F$ 以上电解电容进行低频滤波,$0.1\mu F$ 瓷片电容滤除高频干扰,从而保证系统电源的稳定。

地线走线的设计则更为重要,因为好的接地能很好地控制干扰。如果能将接地和屏蔽结合起来,就能解决部分干扰。对于数字电路,可以采用较宽的地线形成一个回路,而模拟电路的地线则不能这样使用。对地线进行设计时,要注意下面几点:

(1) 将数字地与模拟地分开;

(2) 加粗地线;

(3) 数字电路地线闭环。

10.9.3 电路板的制作问题

在实物制作的初期,采用各个模块相组合,通过杜邦线连接的方法,构成了系统的硬件电路。这样做的好处是在初期程序调试的时候,方便单片机接口的修改及各部分电路的实验,但是杜邦线的连接非常不稳定,可能导致线路虚接,而且断开后接插很麻烦,所以在后期调试稳定后,将电路进行集成化设计,制作印刷电路板。控制电路板实物如图 10-35 所示。

图 10-35　控制电路板实物图

手工制作 PCB 过程涉及画 PCB 图、打印、转印、腐蚀电路板、钻孔、焊接元件、调试等,难点在于焊接元件部分,特别是单片机的焊接。为了节省 PCB 空间,很多芯片都采用贴片封装,焊接难度较大。在焊接时可先对 PCB 的焊盘进行镀锡,然后用镊子将芯片夹稳,小心放在电路板上,让各个引脚对齐,即可上锡进行焊接。

10.10　PID 参数的整定

PID 控制器的参数整定是控制系统设计的核心内容,根据被控过程的特性确定 PID 控制器的比例系数、积分时间和微分时间的大小。现采用工程整定中的试凑法来确定 PID 控制器参数。

　　试凑法就是根据控制器各参数对系统性能的影响程度,边观察系统的运行,边修改参数,直到满意为止。一般情况,增大比例系数 KP 会加快系统的响应速度,有利于减少静差。但过大的比例系数会使系统有较大的超调,并产生振荡使稳定性变差。减小积分系数 KI 将减少积分作用,有利于减少超调使系统稳定,但系统消除静差的速度慢。增加微分系数 KD 有利于加快系统的响应,使超调减少,稳定性增加,但对干扰的抑制能力会减弱。试凑时,一般可根据以上参数对控制过程的影响趋势,对参数实行先比例、后积分、再微分的步骤进行整定。

10.10.1　比例参数整定

　　首先将积分系数 KI 和微分系数 KD 取零,即取消微分和积分作用,采用纯比例控制。将比例系数 KP 由小到大变化,观察系统的响应,直至速度快,且有一定范围的超调为止。如果系统静差在规定范围之内,且响应曲线已满足设计要求,那么只需用纯比例调节器即可。

10.10.2　积分参数整定

　　如果比例控制系统的静差达不到设计要求,这时可以加入积分作用。在整定时将积分系数 KI 由小逐渐增加,积分作用就逐渐增强,观察输出会发现,系统的静差会逐渐减少直至消除。反复试验几次,直到消除静差的速度满意为止。注意这时的超调量会比原来加大,应适当地降低一点比例系数 KP。

10.10.3　微分参数整定

　　若使用比例积分控制器经反复调整仍达不到设计要求或不稳定,这时应加入微分作用。整定时先将微分系数 KD 从零逐渐增加,观察超调量和稳定性,同时相应地微调比例系数 KP、积分系数 KI,逐步使凑,直到满意为止。

　　环形倒立摆虽然在行程上没有限制,但是为了使控制效果更好,所以该方案采用双闭环控制,不仅对摆杆偏离竖直线的角度进行控制,也对旋臂的旋转角度进行控制,这就涉及两组 PID 参数的调节,增加了参数整定的难度。摆杆角度 PID 调节是以竖直倒立的角度作为给定,目的是为了使摆杆保持竖直倒立,而为了使摆杆保持倒立,就需要旋臂不断地进行左右旋转。然而旋臂 PID 是以启动时的旋臂位置为给定,进行位置 PID 调节的,它调节的最终效果是要让旋臂在起始位置保持不动,这就与摆杆角度 PID 的调节规律相互影响。所以在调节的过程中要综合两方面的指标,对摆杆角度和旋臂角度这两个指标进行取舍。最终将摆杆偏离角度调节在 $\pm 10°$ 范围内,旋臂旋转角度调节在 $\pm 100°$ 范围内。两个指标的波形如图 10-36 所示,其中红色代表的是摆杆偏离角度,为 10/格;黄色表示的是旋臂的旋转角度,为 100/格。

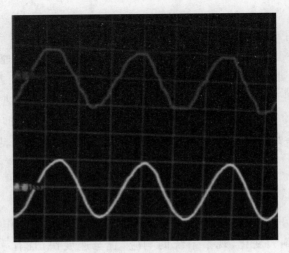

图 10-36   系统指标波形图

习题

(1) 控制电机的选择方法和依据是什么?

(2) 采用无线模块调试倒立摆方便了调试,说明其工作的基本原理是什么?

(3) PID 参数设定的依据和方法是什么?

第 11 章

智能小车设计

本章的智能小车控制采用 Cortex-M3 内核作为主控制器，实现小车对陌生路径的寻迹和判断，最终通过路径最优算法实现用最短时间通过迷宫到达预定终点。

通过光电开关检测道路环境对地面环境进行读取信息，从而对小车的位置进行判断，采用 PID 控制对小车进行控制，完成 PID 寻迹。小车通过第一迷宫路径数据的收集工作，对迷宫信息进行记录、判断，从而找出起点到终点的最近距离，实现第二次以最快的速度、最短的路径到达终点。

11.1 硬件电路设计

11.1.1 硬件系统方案设计

硬件系统的设计电路主要分为电源电路、OLED 显示电路、红外传感器环境采集电路、Cortex-M3 内核处理器最小系统电路、红外遥控电路、电机驱动电路，系统方框图如图 11-1 所示。

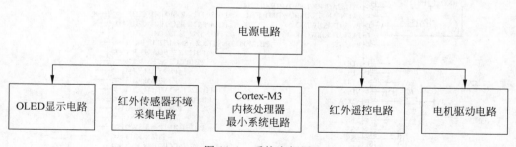

图 11-1　系统方框图

（1）电源电路：为硬件系统提供一个完整的供电系统网络，其中包含了开关电源与线性电源两部分。

（2）OLED 显示电路：为方便在调试的过程中，智能车能将路面信息及时与调试者进行交流而设计的显示电路。

（3）红外传感器环境采集电路：通过传感器将环境变量转换为电参数，在后续单片机对环境的辨别起到关键性的作用。

（4）Cortex-M3 内核处理器最小系统电路：整个系统的核心部分，能对环境数据进行相应地处理，对现在所处的环境进行相应地动作，是人工智能的重要组成部分。

（5）红外遥控电路：为实现操作者能通过遥控器与智能车之间进行相应地命令传递而设定的装置。

（6）电机驱动电路：局限于 Cortex-M3 内核的处理器的驱动能力，处理器只能通过中间的一个媒介来驱动电机，这种媒介也就是电机驱动。

11.1.2　最小系统电路设计

STM32 系列最小系统电路如图 11-2 所示。

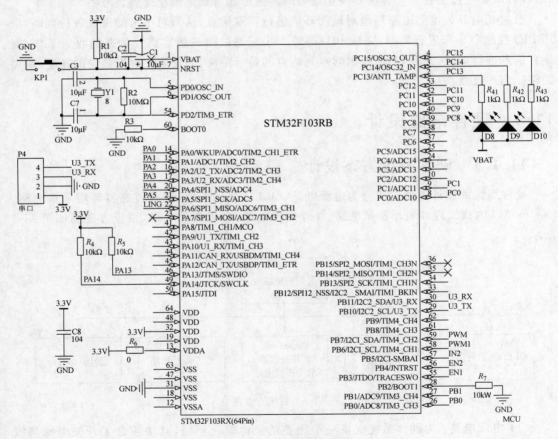

图 11-2　STM32 最小系统

1. 时钟电路

STM32 可以通过内部的 RC 振荡器产生振荡时钟，也可外接晶振电路。该方案采用外部时钟方式,如图 11-3 所示。

在 OSC_IN、OSC_OUT 引脚上外接晶体振荡器,即用外接晶体和电容组成并联谐振回路。振荡晶体可在 1.2~8MHz 之间选择。电容值无严格要求,但电容取值对振荡频率输出的稳定性、大小及振荡电路的起振速度等有少许影响。C3、C7 可在 10~100pF 之间取值,并且在 10~30pF 时振荡器有较高的频率稳定性。

2. 复位电路

STM32 的复位电路如图 11-4 所示。STM32 的复位端可以直接接一个 $10k\Omega$ 的上拉电阻即可,为了可靠该方案加入一个 104 的电容以消除干扰,当低电平持续的时间大于最小脉冲宽度的时间时,复位电路触发复位过程,即使此时并没有时钟信号在运行。当外加信号达到复位的门限电压时,延时周期启动,待到延时结束后 MCU 启动。C2 主要是去除杂波,R_1 起到的上拉的作用是让复位电路在 KP1 没有动作时 NRST 能保持高电平,防止环境对复位引脚的干扰。

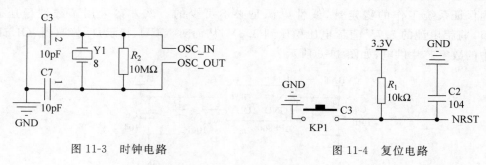

图 11-3 时钟电路   图 11-4 复位电路

11.1.3 电源电路设计

1. 电源总体思路设计

图 11-5 为该智能系统的总电源控制系统,主要分为两个部分。

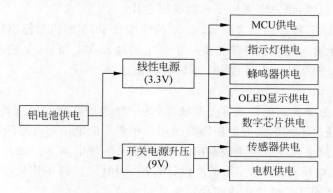

图 11-5 电源总体思路图

1）线性电源

线性电源部分主要通过线性稳压芯片 AP8860 输出。将电压稳定后，分别分配给 MCU、指示灯、蜂鸣器、OLED 显示及其他数字芯片供电。

2）开关电源

开关电源部分是通过一款开关电源芯片 MC34063 输出。主要为红外传感器和电机提供能源。电源总体思路图如图 11-5 所示。

2. 线性电源

线性电源经过整流电路整流后，得到脉冲直流电，后经滤波得到带有微小波纹电压的直流电压的一种转换电源的方式。

线性电源主回路的工作过程是输入电源先经预稳压电路进行初步交流稳压后，通过主工作变压器隔离整流变换成直流电源，再经过控制电路和单片微处理控制器的智能控制下对线性调整元件进行精细调节，使之输出高精度的直流电压源。

为保证系统工作的稳定性，线性电源是必不可少的。该方案采用了线性稳压芯片 AP8860 将铝电池的 3.7V 直流电压稳压到 3.3V,从而对 MCU、指示灯、蜂鸣器、OLED 及电路中的数字芯片供电，如图 11-6 所示。

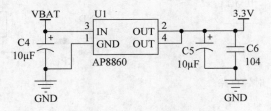

图 11-6　3.3V 线性稳压电路

AP8860 是一款低压差线性稳压电源,内部是由 1.25V 的参考源、误差放大器、P 沟道晶体管和过热保护组成。AP8860 最大的输出电流为 1A,输出电压误差 2%。基于 AP8860 的低压差性能的优越性,该方案采用了该款稳压芯片。

工作过程：VBAT 经过稳压芯片 AP8860 的线性稳压,在输出端输出稳定的 3.3V 线性电压。C4 是为了让输入端能够持续提供一个稳定的输入,C5 和 C6 是输出端的滤波电容,C5 的作用是滤除低频杂波,C6 则是为了滤除高频杂波。

3. 开关电源

开关电源又称为交换式电源或开关变换器,是一种通过高频化电能转换装置。它是将一个基准的电压,通过不同形式的架构转换为用户所需要的电压和电路的一种装置。

本次设计为了使电机能有一个较高的转速,同时又能使电流不会太大,从而选择了一个开关电源,将 3.7V 电压升到 9V。为了使设计合理,同时能保持车体较小的体积与较低的重量,选择一款合适的开关电源集成芯片是非常必要的。

MC34063,这是一款高性能的开关电源芯片,包含了直流到直流变换器的主要功能。同时,带有比较器电路、温度补偿的基准电压源、驱动器、带激励电流限制的占空比可控振荡器和大电流输出开关等。该芯片是专门为降压、升压和倒相应用所设计的一款集成芯片,应用时外围需要的元器件少,满足了设计要求。

1) MC34063 内部框图电路

如图 11-7 所示,振荡器通过恒流源对外接电容引脚(CT 引脚)上的电容进行充放电,来产生振荡波形。振荡器的充电、放电都是恒定的,它的振荡频率只取决于外界电容的容值。当与门的 C 端在振荡器对外充电时为高电平,比较器的反相输入端电平低于阈值电平(1.25V)时为高电平。当比较器的反相输入端输入为低,C 端为高电平时,触发器置位,输出高电平,输出开关管导通。相反之下,当振荡器处于放电期间时,C 端输出为低电平,触发器复位,输出开关管关闭。

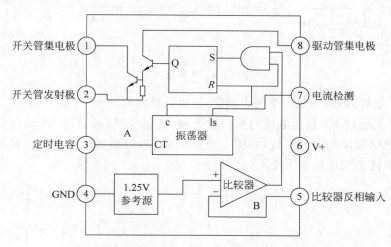

图 11-7　MC34063 内部图

同时,当限制检测端 SI(5 脚)检测到电阻上的压降低于 300mV 时,MC34063 启动电流限制保护。

2) 开关电源输出电压的确定

开关电源的输出电压,通过 R_{31}、R_{32} 和 R_{40} 共同决定,如图 11-8 所示。V_{boost} 是通过公式(11-1)计算出来的。

$$V_{boost} = \left(1 + \frac{R_{31}}{R_{32} + R_{40}}\right) \times 1.25v \tag{11-1}$$

11.1.4　电机驱动电路设计

1. H 桥驱动原理

H 桥,即全桥,一般用于逆变电路及电机的驱动。通过开关的开合,将直流电逆变为某个频率可变的交流电,用于驱动电机。

工作原理:H 桥是由 4 个开关(MOS、晶体管)组成,成 H 状,如图 11-9 所示。当 K1 和 K4 导通,电流通过 K1 到达电机的正向输入端(1 为正向输入端,2 为反向输入端),流过电

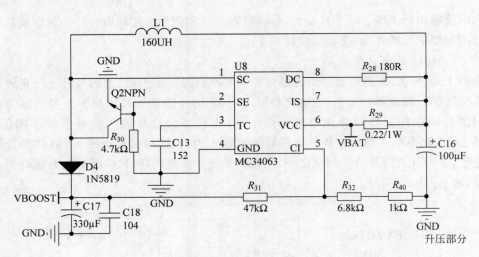

图 11-8　升压电路

机,再通过 K4 送回到地,形成一个闭合回路,电机假设此时为正转,如图 11-10 所示。当 K2 和 K3 导通,电流通过 K2 到达电机的反向输入端,流过电机,再通过 K3 送回到地,形成一个闭合回路,电机假设此时为反转,如图 11-11 所示。通过对各个开关的组合使用,形成两种电路,让电机能实现正转和反转。

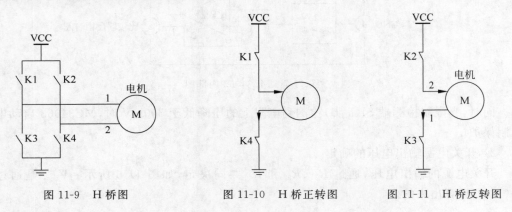

图 11-9　H 桥图　　　　图 11-10　H 桥正转图　　　　图 11-11　H 桥反转图

2. L293 驱动介绍

通过对 H 桥的介绍,基本上已经了解了 H 桥的工作原理。本次设计,采用了 L293 电机驱动芯片对电机进行控制,其内部也是 H 桥的原理。

L293 的工作原理如图 11-12 所示,在 EN1 和 EN2 都使能的条件下,当 IN1 为高电平,IN2 为低电平时,电机 1 正转;当 IN1 为低电平,IN2 为高电平时,电机 1 反转。同理,相应的电机 2 的控制方法也相同。

电路图设计中放置 C14 和 C15 电容的作用:由于电机内部是线圈缠绕,具有很强的感性,是一个非常强的干扰源,加入了两个小电容,主要是为了防止电机对芯片进行干扰,保证芯片的平稳运行。

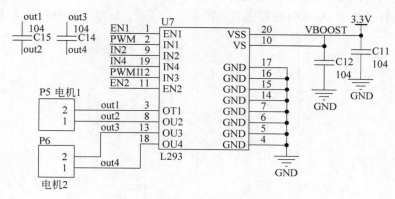

图 11-12　电机驱动电路图

11.1.5　环境检测传感器电路设计

1．环境检测传感器介绍

传感器在智能产品中有着重要的作用,通过传感器智能产品才能对环境进行了解。本次设计,采用了 7 路光电式传感器对环境进行辨别。其中在 7 路路线采集传感器中,有 5 路是采用模拟的形式,2 路采用数字形式对环境进行采集。

经过几款传感器的对比,本次设计采用了 ITR8307 光电式传感器。

ITR8307 内部组成如图 11-13 所示,ITR8307 内部由一个红外发射二极管与一个光敏三极管组成。

光电式传感器工作原理:不同的表面对光的反射程度不相同,白色表面能将光很好地进行反射,而黑色表面则对光具有吸收性,使得光基本上不反射。光电式传感器就是借用

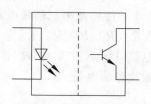

图 11-13　传感器内部结构图

这个原理而工作的。当地光电式传感器照射到地面时,若地表面是白色,则红外发射管发射的红外信号将被光敏三极管接收到,将其转化为相应的电信号变化;反之,如果地表面是黑色,则表面将对红外线进行吸收,光敏三极管将接收不到红外信号。借助于光敏三极管的这个特点,智能车就能对所处的环境进行相应的判断。

2．模拟传感器部分设计

方案一:3 路模拟传感器并联形式

方案二:5 路模拟传感器并联形式

方案三:5 路模拟传感器串联形式

在进行多次试验后,得到以下结论:

(1) 3 路模拟传感器并联形式与 5 路模拟传感器并联形式相比较,3 路模拟传感器的模拟数据变化过于陡峭,不够平滑,使得智能车在进行 PID 控制算法寻迹时不够平滑,速度过

快时容易发生偏离跑道的现象。相比之下,5 路模拟传感器的模拟数据变化比较平滑,基本能满足本次设计的要求,模拟数据对比表如图 11-14 所示。所以本次设计放弃了方案一。

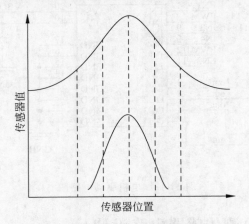

图 11-14　传感器位置与传感器值对应图

（2）5 路模拟传感器并联形式和 5 路模拟传感器串联形式相比较,并联模式几路之间的供电是分开供电的,电路中电流的损耗不一样,导致经过每个传感器的电流将存在差别,这种差别将影响 PID 数据处理的准确性,最终让智能车不能很平滑地行走。相反,采用 5 路传感器串联的形式解决了这个问题。综上分析,最终采取了方案三。

5 路传感器串联模式电路如图 11-15 所示,5 路传感器的红外发射管的供电是串联起来的。R_{13}、R_{15}、R_{17}、R_{18}、R_{20} 是 ITR8307 的限流电阻,同时与 ITR8307 中的光敏三极管形成分压电路,供 MCU 采集,R_8 是红外发射管的限流电阻,R_{50} 是为了将数字地与模拟地进行分离而放置的电阻。

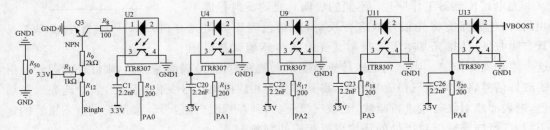

图 11-15　串联模拟传感器

3. 数字传感器部分设计

数字传感器是为了智能车在走迷宫时更准确地转 90°角而设定的电路。传感器依旧采用了 ITR8307,不同的是将 ITR8307 输出的模拟信号经过比较器比较,将模拟信号转换为数字信号,再提供给 MCU 进行采集。

数字传感器部分电路分析,如图 11-16 所示。

传感器采集的模拟数据输入到 LM393 的反相输入端与参考电压(参考电压是通过 R_{46}

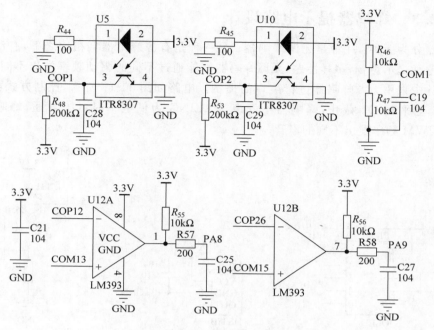

图 11-16　数字传感器电路

与 R_{47} 分压得到,可以通过调节电阻的阻值来调节参考电压)进行比较,当传感器模拟输出电压高于 COM 时,则比较器输出为低;如果传感器模拟输出电压低于 COM 时,则比较器输出为高。

11.2　人机交互电路设计

11.2.1　OLED 显示电路设计

OLED,即有机发光二极管,又称为有机电激光显示。相对于 LCD 和 OLED 具备自发光、厚度薄、视角广、反应速度快、对比度高、使用温度范围广、构造较简单等优越性,是下一代平面显示器新兴技术。

OLED 显示器接口电路如图 11-17 所示,通信采用的是 SPI 方式,C9 是为了滤除干扰,使得 OLED 显示更加的稳定。

11.2.2　红外遥控电路设计

红外遥控电路在本次设计中主要是红外接收的设计,红外遥控器采用商业的遥控器。经过对多款红外接收传感器的对比,HS38B 传感器只能接收 38kHz 的信号,对于信号的传输,这个特点将减少外部信号的干扰,保证信号的准确传播。电路如图 11-18 所示,C10 电容主要的功能是滤除干扰。

11.2.3　蜂鸣器提示电路设计

　　蜂鸣器分为两种：一种是无源蜂鸣器；另一种是有源蜂鸣器。相比之下，有源蜂鸣器只能发出一种提示声音，多样性差，无源蜂鸣器则能通过不同的驱动频率发出不同的声音。所以在设计中采用无源蜂鸣器进行声音的提示。电路如图 11-19 所示，控制方式如下：当 LING 为高电平时 Q1 截止，蜂鸣器不发声，当 LING 为低电平时，Q1 导通，蜂鸣器根据 LING 的 PWM 频率发出不同的声音。

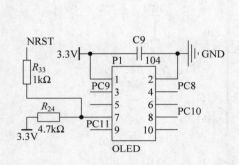
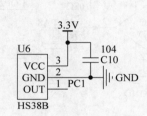
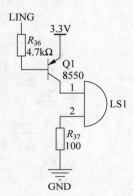

图 11-17　OLED 显示电路　　　图 11-18　红外遥控电路　　图 11-19　蜂鸣器驱动电路

11.3　总体软件设计

　　总体的软件设计主要分为 3 个部分：道路基准采集模式软件、PID 寻迹模式软件、迷宫模式软件。

11.3.1　道路基准采集模式软件

　　在道路基准采集模式下，软件思路流程如图 11-20 所示。

　　道路基准采集模式，主要是对智能车所处环境的数据采集。启动该模式下，小车解决了对环境的适应性，保证了小车能更好地适应不同的环境，具有一定的智能化。

　　道路基准采集，是通过智能车的 5 路传感器分别在黑线与白底之间经过，通过对其最大最小模拟值进行记录，给出环境的最大最小基准，实现智能车能在不同环境下进行采集不同的基准，为小车的 PID 处理及走迷宫的稳定性打下坚实的基础。

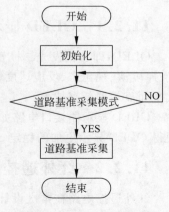

图 11-20　道路基准采集模式软件流程图

11.3.2　PID 寻迹模式软件

PID 寻迹模式软件思路流程图如图 11-21 所示。该模式下,系统首先进入的是对智能车行走圈数的设定,然后再根据设定的圈数,进行特定圈数的 PID 寻迹行走。设置圈数的目的在于让智能车不能无限制地行走,可以通过人为的设定,让智能小车更好地实现智能化控制。

11.3.3　迷宫模式软件

迷宫模式是在完成 PID 寻迹的基础上扩展的一个模式,迷宫模式下主要分为两步进行,一是迷宫搜索;二是以最短路径到达终点。软件思路流程如图 11-22 所示。

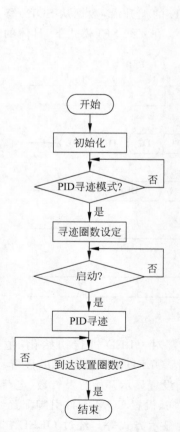

图 11-21　PID 寻迹模式软件流程图

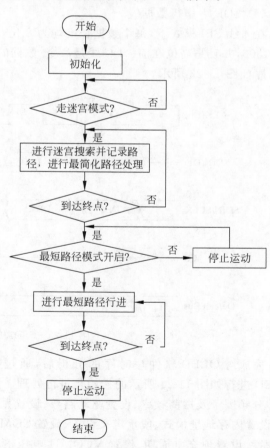

图 11-22　迷宫模式软件流程图

进入迷宫模式后,根据左手法则进行迷宫搜索,在搜索的过程中对路径记录,同时进行道路的最简化处理,最终到达终点。将智能车放回起点,启动开关,智能车开始根据最短路径提供的路线进行快速行进,到达终点。

11.3.4　OLED 显示软件设计

OLED 显示的通信模式分为两种:并接口模式和 4 线串行模式(SPI 模式)。本次设计中采用了 4 线串行模式,该模式使用的信号线有如下几条:

(1) CS:OLED 片选信号;

(2) RST(RES):硬件复位 OLED;

(3) DC:命令/数据标志(0:读写命令;1:读写数据);

(4) SCLK:串行时钟线;

(5) SDIN:串行数据线。

在 4 线 SPI 模式下,每个数据长度均为 8 位,在 SCLK 的上升沿,数据从 SDIN 移入到 SSD1306,并且是高位在前。DC 线是命令/数据的标志线。在 4 线 SPI 模式下,具体的写操作时序如图 11-23 所示。

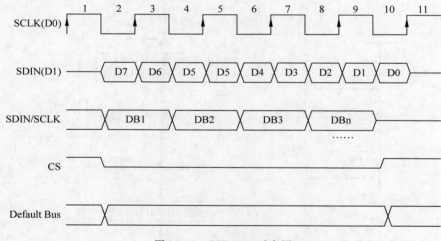

图 11-23　SSD1306 时序图

完成对 OLED 软件写时序的分析后,通过控制语言对 OLED 进行初始化,主要对 OLED 进行如图 11-24 所示的初始化进行处理。其中包括 OLED 的 I/O 端口的设置、设置时钟分频因子及振荡频率、设置驱动路数、设置显示偏移、设置显示开始行及行数、电荷泵设置、设置内存地址模式、段重定义设置、设置 COM 扫描方向、设置 COM 硬件引脚配置、对比度设置、设置预充电周期、设置 VCOMH 电压倍频、设置显示方式等。经过 OLED 初始化后,即可通过相应的显示程序对智能车的状态进行显示。

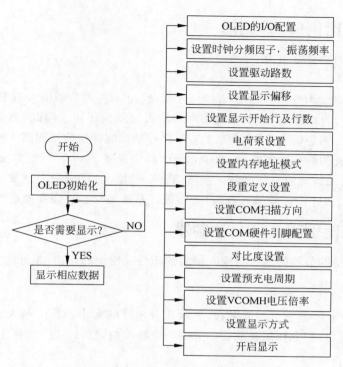

图 11-24 OLED 初始化流程图

11.4 PID 控制软件设计

11.4.1 PID 介绍

PID 是比例、积分、微分的缩写,将偏差的比例(P)、积分(I)和微分(D)通过线性组合构成控制量,用这一控制量对被控对象进行控制,这样的控制器称为 PID 控制器,如图 11-25 所示。

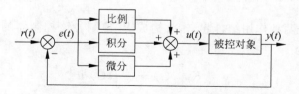

图 11-25 PID 控制方式

PID 控制器具有技术成熟、易被人们熟悉掌握、控制效果好等优点。

PID 控制器的类型有比例控制器、比例积分控制器、比例微分控制器、比例积分微分控制器。

11.4.2 比例(P)控制器

比例控制器的微分方程为

$$y = K_P \times e(t) \tag{11-2}$$

公式(11-2)中 y 为控制器输出,K_p 为比例系数,$e(t)$ 为调节器输入偏差。

由公式(11-2)可以看出,控制器的输出与输入偏差成正比。因此,当偏差出现时,就能及时产生与之成比例的调节作用,调节及时。P控制器的特性曲线如图 11-26 所示。

为了提高系统的静态性能指标,减少系统的静态误差,一个可行的办法是提高系统的稳态误差系数,即增加系统的开环增益。显然,若使 K_p 增大,可满足上述要求。然而,只有当 $K_p > \infty$,系统的输出才能跟踪输入,而这必将破坏系统的动态性能和稳定性。

11.4.3 比例积分(PI)控制器

积分作用是指调节器的输出与输入偏差的积分成比例的作用,积分的方程式为

$$y = \frac{1}{T_i} \int e(t)\, dt \tag{11-3}$$

公式(11-3)中 T_i 是积分时间常数,表示积分速度的大小,当 T_i 越大时,积分时间长度越长,积分速度越慢,积分作用越弱。积分的相应特性曲线如图 11-27 所示。

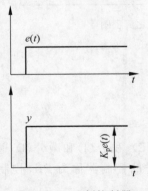
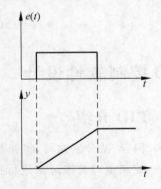

图 11-26　比例控制器　　　　图 11-27　积分特性曲线

若将比例和积分两种作用结合起来,就构成 PI 控制。该控制器的特性曲线如图 11-28 所示。PI 控制规律为

$$y = K_P \left[e(t) + \frac{1}{T_i} \int e(t)\, dt \right] \tag{11-4}$$

通过比较比例调节器和比例积分调节器可以发现,为使 $e(t) \to 0$,在比例调节器中 $K_p \to \infty$,这样若 $|e(t)|$ 存在较大的扰动,则输出 $y(t)$ 也很大,不仅会影响系统的动态性能,也使执行器频繁处于大幅振动中;若采用 PI 调节器,如果要求 $e(t) \to 0$,则控制器输出 y 由 $\int e(t)\, dt / T_i$ 得到一个常值,从而使输出 $y(t)$ 稳定于期望的值。其次,从参数调节个数来看,

比例调节器仅可调节一个参数 K_p，而 PI 调节器则允许调节参数 K_p 和 T_i，这样调节灵活，也较容易得到理想的动、静态性能指标。

11.4.4　比例微分(PD)控制器

微分控制器的微分方程为

$$y = T_d \times \frac{\mathrm{d}e(t)}{\mathrm{d}t} \tag{11-5}$$

微分作用响应曲线如图 11-29 所示。

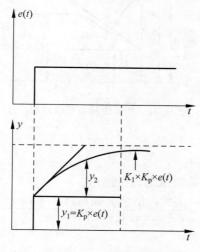

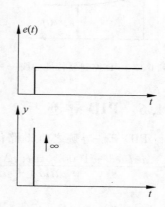

图 11-28　PI 控制器特性曲线　　　　图 11-29　微分特性曲线

比例微分控制器的微分方程为

$$y = K_P \left[e(t) + T_D \frac{\mathrm{d}e}{\mathrm{d}t} \right] \tag{11-6}$$

这相当于一个超前校正装置,对系统响应速度的改善是有帮助的。但在实际的控制系统中,单纯采用 PD 控制的系统较少,其原因有两方面,一是纯微分环节在实际中无法实现,二是若采用 PD 控制器,则系统各环节中的任何扰动均将对系统的输出产生较大的波动,尤其对阶跃信号。因此也不利于系统动态性能的真正改善。

PD 控制器的阶跃响应曲线如图 11-30 所示。

11.4.5　比例积分微分(PID)控制器

为了进一步改善控制的质量,一般将比例、积分、微分 3 种作用组合起来,形成 PID 控制。理想中的 PID 微分方程为

$$y = K_p \left[e(t) + \frac{1}{T_i} \int e(t) \mathrm{d}t + T_d \left(\frac{\mathrm{d}e(t)}{\mathrm{d}t} \right) \right] \tag{11-7}$$

公式(11-7)中 y 为控制器输出,K_p 为比例常数,T_i 为积分常数,T_d 为微分常数。

PID 控制器对阶跃信号的响应特性曲线如图 11-31 所示。

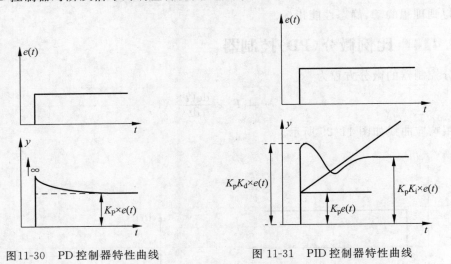

图11-30　PD 控制器特性曲线　　　　图 11-31　PID 控制器特性曲线

11.4.6　PID 寻迹

在进行 PID 算法寻迹之前,5 路传感器的值是离散的,通过公式

$$x = \frac{0 \times value1 + 1000 \times value2 + 2000 \times value3 + 3000 \times value4 + 4000 \times value5}{value1 + value2 + value3 + value4 + value5}$$

$$(11-8)$$

对 5 路传感器进行线性处理。通过线性处理将 5 路传感器的偏差进行整理,整合成为一个偏差,通过一次 PID 算法控制即可实现整体创传感器的偏差进行控制的效果,降低了多次 PID 算法带来的算法繁杂,同时减轻了控制器的运算,降低了 MCU 的功耗。PID 寻迹算法思路如图 11-32 所示。

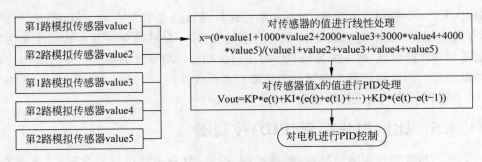

图 11-32　PID 寻迹算法思路

软件函数说明如下:

1. 传感器数值线性化函数

运用对每个传感器加权平均,权重为 1000,所以返回值为零,代表当前的黑线正对着传

感器 1,计算如公式(11-7)所示。

传感器线性处理软件代码如下:

```
u16 Last_Value(void)
{
    u8 i = 0;
    int x = 0;
    u32 avg = 0;
    u16 denominator, sum = 0;
    static u16 last_value = 0;
    filter();                          //获取 AD 值
    for(i = 0; i < 5; i++)
  {
        value[i] = GetVolt(After_filter[i]);
        denominator = ValueMax[i] - ValueMin[i];
        if (denominator != 0)
        x = (value[i] - ValueMin[i]) * (1000/denominator);
        if(x < 0)
            x = 0;
        if(x > 1000)
            x = 1000;
        value[i] = x;
    }
    for(i = 0; i < 5; i++)
    {
        avg += (u32)(value[i] * i * 1000);
        sum += value[i];
    }
    last_value = avg/sum;
    return last_value;
}
```

2. PID 算法函数

智能车通过传感器采集的数据,根据偏差,通过 PID 算法调节电机。

PID 算法软件代码如下:

```
void Follow_line(void)
{
    u16 counter = 0;
    int power_difference;
    static u16 Last_P = 0;
    long I = 0;
    int D = 0;
    int P = 0;
    counter = Last_Value();        //读取当前的传感器值
```

```
ca = counter;
/ ***************************************************
PID: Vout = KP * e(t) + KI * (e(t) + e(t1) + ....) + KD * (e(t) - e(t-1))
 *************************************************** /
P = ((int)(counter)) - 2000;
D = (int)P - Last_P;
I += (long)P;
Last_P = P;
power_difference = P * P_UP/10 + I/I_UP + D * D_UP;
if(power_difference > max)
      power_difference = max;
  if(power_difference < - max)
      power_difference = - max;
    if(power_difference < 0)
  {
    Set_Motor(Forward, max + power_difference,max);
  }
      else
  {
    Set_Motor(Forward,max,max - power_difference);
  }
}
```

11.5 迷宫算法设计

11.5.1 左手法

左手法,又称摸墙算法,是一种进行迷宫搜索的初级算法。

若迷宫是简单的连通,迷宫总是相互连接的,迷宫搜索者从期待地点开始将一个手扶着墙面前行,总是能保证不会迷失方向,并且能在迷宫中找到存在的出口,这种方法在刚进入迷宫时开始执行,是一个很好的方法,效果最佳。左手法则流程如图 11-33 所示。

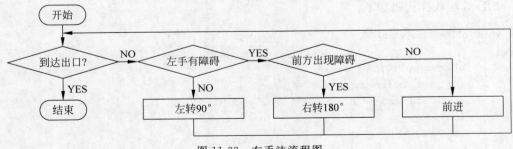

图 11-33 左手法流程图

11.5.2 迷宫搜索

图 11-34 为迷宫模拟图。

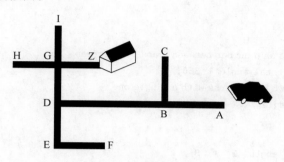

图 11-34 迷宫模拟图

如图 11-34 所示智能车的起点在 A 点,终点在 Z 点,通过对该图的行车路径来说明左手定则。软件代码中,L 代表遇到左转的道路环境,R 代表遇到右转的道路环境,B 代表遇到死胡同的道路环境,S 代表不转向直行。智能车到达 B 点时不发生转向,直行通过 B 点到达 D 点,在 D 点进行左转,到达 E 点,左转到达 F 点,掉头直行,到达 E 点,E 点右转直行到达 D 点直行,到达 G 点,左转直行到达 H 点,掉头直行到达 G 点,左转直行到达 I 点,掉头直行到达 G 点左转直行,到达 Z 点,即终点。这样一个过程即通过左手定则完成了对迷宫的搜索任务。智能车对道路的搜索过程中得到的道路情况是 SLLBRSLBLBL。

11.5.3 迷宫最短路径算法

智能车到迷宫最短路径的算法主要是通过对道路分析,排除死胡同的一个简单算法。
软件代码如下:

```
void Simplify_path(void)
{
  signed int total_angle = 0;
    int i;
  // only simplify the path if the second-to-last turn was a 'B'
    if(path_length < 3 || path[path_length-2] != 'B')
        return;
    for(i = 1;i <= 3;i + +)
    {
        switch(path[path_length-i])
        {
        case 'R':
            total_angle + = 90;
            break;
        case 'L':
            total_angle + = 270;
```

```
            break;
        case 'B':
            total_angle + = 180;
            break;
        }
    }
    // Get the angle as a number between 0 and 360 degrees.
    total_angle = total_angle % 360;
    // Replace all of those turns with a single one.
    switch(total_angle)
    {
    case 0:
        path[path_length - 3] = 'S';
        break;
    case 90:
        path[path_length - 3] = 'R';
        break;
    case 180:
        path[path_length - 3] = 'B';
        break;
    case 270:
        path[path_length - 3] = 'L';
        break;
    }
    // The path is now two steps shorter.
    path_length - = 2;
}
```

通过迷宫搜索得出的道路情况为 SLLBRSLBLBL,将道路情况带入迷宫最短路径算法得到最短路径的道路情况为 SRR,这就实现了路径的最简化处理。

11.6 设计测量方法与数据处理

11.6.1 传感器分布

道路基准采集模传感器分布情况如图 11-35 所示,1、2、3、4、5 为模拟传感器的分布情况,6、7 为数字传感器分布情况。

11.6.2 五路模拟传感器数据测量

当智能车正对着传感器 3 时,如图 11-36 所示。

$$Value1 = 0 \tag{11-9}$$

$$Value2 = 0 \tag{11-10}$$

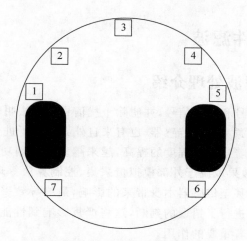

图 11-35 光电传感器分布

$$Value3 = 500 \quad\quad (11\text{-}11)$$
$$Value4 = 0 \quad\quad (11\text{-}12)$$
$$Value5 = 0 \quad\quad (11\text{-}13)$$

将公式(11-9)—(11-13)带入公式(11-7)中得

$$X = 0$$

当智能车的车头偏离轨迹的正中间时,如图 11-37 所示,假设黑色轨迹处于 2、3 传感器的正中间时

$$Value2 = 250 \quad\quad (11\text{-}14)$$
$$Value3 = 250 \quad\quad (11\text{-}15)$$

其他值不变,带入公式(11-7),解得

$$X = 1500$$

同理可得到当小车偏离黑色轨迹不同程度时的不同 X 值,这就实现了智能车对自己位置的判断。

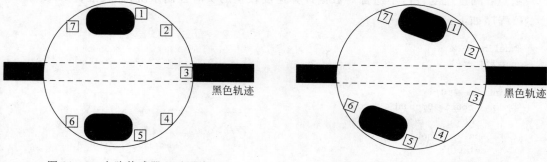

图 11-36 中路传感器正对黑线　　　　图 11-37 中路传感器偏离黑线

11.7　传感器软件滤波

11.7.1　软件滤波处理介绍

用软件来识别有用信号和干扰信号,并滤除干扰信号的方法叫软件滤波。

干扰既有来自于信号源本体或传感器,也有来自外界。为了进行准确的测量与控制,消除干扰是必不可少的。随着自动化程度的提高,越来越多的控制功能都是通过自动闭环调节来完成的,设备控制的效果取决于外部模拟量采集、控制算法等环节,在现场的环境中也存在电磁干扰、电源干扰,甚至传感器本身带来的影响,最终导致采集到的数据失真、波动,系统在错误的采集数据下进行了错误的判断,这将严重影响到性能。所以软件滤波在嵌入式的数据采集和处理中有着重要的作用。

软件滤波的优点:

(1) 运用软件实现滤波,不需要添加任何硬件设备,因而可靠性高、稳定性好、不存在阻抗匹配问题。

(2) 与模拟滤波器相比,软件滤波可以多通道共享一个滤波器,降低了成本。

(3) 模拟滤波器使得滤波最低频率受到电容容量的影响不可能达到太低,软件滤波则可以对频率很低的信号进行滤波。

(4) 软件滤波对不同的信号,可以通过改变参数,实现对不同信号进行滤波,灵活、方便、便捷。

11.7.2　软件滤波的方法

1. 算数平均滤波法

方法:连续取 N 个采样值进行算术平均运算。

优点:对一般具有随机干扰的信号适用,信号的特点在于有一个平均值,作用的信号在某一个数值范围内上下波动。

缺点:测量速度较慢不适合对数据计算速度较快的实时控制系统,比较浪费 RAM。

C 程序如下:

```
#define N 12
char filter()
{
    int sum = 0;
    for ( count = 0;count<N;count + + )
    {
        sum + = get_ad();
        delay();
    }
    return (char)(sum/N);
}
```

2. 中位值平均滤波法

方法：这种滤波方式相当于是"中位值滤波法"+"算术平均滤波法"。简单地说，就是连续采集 N 个数据，采集结束后去掉最大值和最小值，计算 N-2 个数据的算术平均值。

优点：结合了两种滤波法的优点，对于偶然出现的脉冲性干扰，可消除由于脉冲干扰所引起的采样值偏差。

缺点：测量速度比较慢，比较浪费 RAM。

C 程序如下：

```
#define N 12
char filter()
{
    char count,i,j;
    char value_buf[N];
    int sum = 0;
    for (count = 0;count < N;count++)
    {
        value_buf[count] = get_ad();
        delay();
    }
    for (j = 0;j < N - 1;j++)
    {
        for (i = 0;i < N - j;i++)
        {
            if ( value_buf[i] > value_buf[i + 1] )
            {
                temp = value_buf[i];
                value_buf[i] = value_buf[i + 1];
                value_buf[i + 1] = temp;
            }
        }
    }
    for(count = 1;count < N - 1;count++)
        sum += value[count];
    return (char)(sum/(N - 2));
}
```

11.8 调试方法

11.8.1 PID 参数调试

1. PID 参数整定标准

被控过程是稳定的，能迅速和准确地跟踪给定值的变化，超调量小，在不同干扰下系统输出应能保持在给定值，操作变量不宜过大，在系统与环境参数发生变化时控制应保持稳定。

2．PID 参数整定方式

PID 参数一般采用两种方式进行设定。

（1）理论计算法：采用被控对象的准确模型进行数学建模。

（2）工程整定法：不依赖于被控对象的数学建模，直接在控制系统中进行现场整定，也就是所谓的现场调试。

对比两者，理论计算法需要很强的数学建模能力，对于本科生来说难度过大，一般采用的是工程整定法来对系统的 PID 参数进行整定。本次设计中，PID 参数的整定是在如图 11-38 所示的跑道中进行。

3．PID 参数整定步骤

（1）将采样周期设为被控对象纯滞后时间的十分之一以下。

（2）去掉积分和微分作用，逐渐增大比例系数 Kp 达到系统对阶跃输入响应达到刚好振荡状态，记录此时的临界比例系数 Kp 和振荡周期 Tx。

图 11-38　PID 参数整定跑道

（3）选择控制度。

（4）根据控制度，查表得到 PID 参数。

11.8.2　迷宫模式调试

迷宫算法的调试主要采用的是在迷宫跑道上进行现场调试，迷宫跑道如图 11-39 所示。前期主要调试的是小车的转角及对迷宫跑道的判断问题；后期主要是稳定性调试，通过现象改进硬件及软件优化完成。

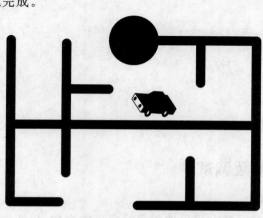

图 11-39　迷宫跑道

实物如图 11-40 和图 11-41 所示。

图 11-40　第一版小车

图 11-41　第二版小车

习题

(1) OLED 初始化设置过程是什么？

(2) 采用 PID 实现寻迹的基本原理是什么,能否通过 PID 改进算法进一步优化其性能？

(3) 本章设计中采用左手法实现了迷宫搜索,能否用其他方法实现？

第 12 章

平衡车设计

平衡车设计,实际是倒立摆和一般巡线小车设计的延续,很多设计方法一致。该方案主要完成平衡车的智能控制,采用 Cortex-M3 内核作为主控制器,实现平衡车的平衡保持和前进后退功能并在后期加入语音控制。该方案先给出了详细的设计方案,重点阐述了智能平衡车的硬件设计原理,通过陀螺仪检测所处的环境,对所处的位置姿态环境进行读取信息,从而对小车的位置进行判断,采用 PID 控制对小车进行位置调整,完成平衡保持。

该方案通过软硬件的调试,通过 PID 控制理论对电机进行控制,实现智能平衡车沿着直线进行平滑的行进,并对车身位置准确判断,从而实现预期的功能。

12.1 硬件电路设计

平衡车的硬件电路设计较少,重点是陀螺仪的使用,本节硬件电路设计方案和前面两章很多部分一致,读者可有针对性阅读。

12.1.1 硬件系统方案设计

硬件系统的设计电路主要分为电源电路、陀螺仪采集电路、红外传感器环境采集电路、Cortex-M3 内核处理器最小系统电路、电机驱动电路,系统方框图如图 12-1 所示。

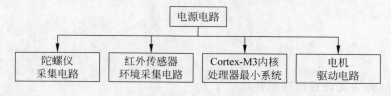

图 12-1　系统方框图

(1) 电源电路:为硬件系统提供一个完整的供电系统网络,其中包含了开关电源与线性电源两个部分。

(2) 陀螺仪采集电路:为在小车运行过程中能及时地返回小车的位置、速度等相关信息而设计的电路。

（3）红外传感器环境采集电路：通过传感器将环境变量转换为电参数，在后续微控制器对环境的辨别起到关键性的作用。

（4）Cortex-M3 内核处理器最小系统电路：它是整个系统的核心部分，能对环境数据进行相应的处理，对现在所处的环境进行相应的动作，是人工智能的重要组成部分。

（5）电机驱动电路：局限于 Cortex-M3 内核的处理器的驱动能力，处理器只能通过中间的一个媒介来驱动电机，这种媒介也就是电机驱动。

本章重点介绍环境监测电路，其中最小系统电路，电机驱动电路，电源电路与智能小车设计一章一致，区别就是电源部分增加了给陀螺仪供电引脚，如图 12-2 所示。

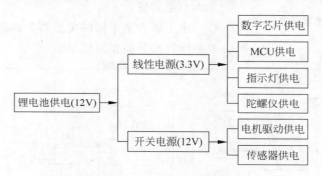

图 12-2　电源总体思路

12.1.2　环境检测传感器电路设计

传感器在智能产品中有着重要的作用，通过传感器智能产品才能对环境进行了解。

MPU-60X0 是全球首例 9 轴运动处理传感器。它集成了 3 轴 MEMS 陀螺仪，3 轴MEMS 加速度计，以及一个可扩展的数字运动处理器 DMP（Digital Motion Processor），可用 I^{2}C 接口连接一个第三方的数字传感器，例如磁力计。扩展之后就可以通过其 I^{2}C 或 SPI接口输出一个 9 轴的信号（SPI 接口仅在 MPU-6000 可用）。

MPU-60X0 也可以通过其 I^{2}C 接口连接非惯性的数字传感器，例如压力传感器。

MPU-60X0 对陀螺仪和加速度计分别用了 3 个 16 位的 ADC，将其测量的模拟量转化为可输出的数字量。为了精确跟踪快速和慢速的运动，传感器的测量范围都是用户可控的，陀螺仪可测范围为 ± 250，± 500，± 1000，$\pm 2000°/s$（dps），加速度计可测范围为 ± 2，± 4，± 8，$\pm 16g$。一个片上 1024 字节的 FIFO，有助于降低系统功耗，和所有设备寄存器之间的通信采用 400kHz 的 I^{2}C 接口或 1MHz 的 SPI 接口。对于需要高速传输的应用，对寄存器的读取和中断可用 20MHz 的 SPI。另外，片上还内嵌了一个温度传感器和在工作环境下仅有 $\pm 1\%$ 变动的振荡器。

芯片尺寸 4mm×4mm×0.9mm，采用 QFN 封装（无引线方形封装），可承受最大 10 000g的冲击，并有可编程的低通滤波器。

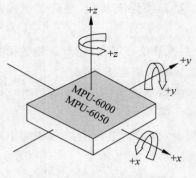

图 12-3 传感器示意图

关于电源,MPU-60X0 可支持 VDD 范围 2.5±5%V, 3.0±5%V,或 3.3±5%V。另外,MPU-6050 还有一个 VLOGIC 引脚,用来为 I^2C 输出提供逻辑电平。VLOGIC 电压可取 1.8±5%V 或者 VDD,传感器示意图如图 12-3 所示。

本次设计中,采用了 MPU-6050 运动处理传感器(陀螺仪),它是一个 9 轴陀螺仪,它可以对 x,y,z 三个方向的加速度,角速度进行实时的反馈,图 12-4 是传感器内部结构图。

由于该方案采用的传感器为高度集成的芯片,所以电路设计部分就相对简单。

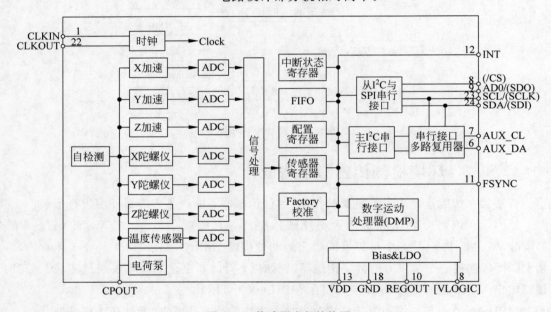

图 12-4 传感器内部结构图

12.2 人机交互电路设计

LD3320 芯片是一款"语音识别"专用芯片。该芯片集成了语音识别处理器和一些外部电路,包括 AD、DA 转换器、麦克风接口、声音输出接口等。本芯片不需要外接任何的辅助芯片,例如 Flash、RAM 等,直接集成在现有的产品中,即可以实现语音识别/声控/人机对话功能。并且识别的关键词语列表可以任意动态编辑。LD3320 引脚如图 12-5 所示,通信采用的是 SPI 方式。为了芯片更好地工作,需要在芯片引脚加上外围电路如图 12-6 所示。

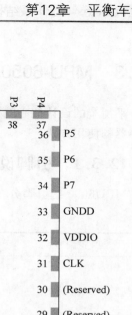

图 12-5　LD3320 引脚图

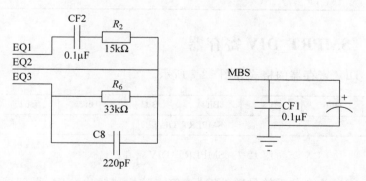

图 12-6　语言芯片外围电路

12.3 MPU-6050 使用方法

平衡车的设计核心就是陀螺仪的使用,本节重点介绍 MPU-6050 陀螺仪的功能和重要寄存器的使用方法。

12.3.1 引脚说明

MPU6050 的引脚分布如表 12-1 所示。

表 12-1 MPU6050 的引脚分布

引脚编号	引脚名称	描述
1	CLKIN	可选的外部时钟输入,如果不用则连到 GND
6	AUX_DA I²C	主串行数据,用于外接传感器
7	AUX_CL I²C	主串行时钟,用于外接传感器
8	VLOGIC	数字 I/O 供电电压
9	AD0	I²C Slave 地址 LSB(AD0)
10	REGOUT	校准滤波电容连线
11	FSYNC	帧同步数字输入
12	INT	中断数字输出(推挽或开漏)
13	VDD	电源电压及数字 I/O 供电电压
18	GND	电源地
19,21,22	RESV	预留,不接
20	CPOUT	电荷泵电容连线
23	SCL	I²C 串行时钟(SCL)
24	SDA	I²C 串行数据(SDA)
2,3,4,5,14,15,16,17	NC	空

12.3.2 SMPRT_DIV 寄存器

SMPLRT_DIV 寄存器的格式如图 12-7 所示。

Bit7	Bit6	Bit5	Bit4	Bit3	Bit2	Bit1	Bit0
SMPLRT_DIV[7:0]							

图 12-7 SMPLRT_DIV 寄存器格式

SMPLRT_DIV 为 8 位无符号数,通过该值将陀螺仪输出分频,得到采样频率,该寄存器指定陀螺仪输出率的分频,用来产生 MPU-6050 的采样率。

传感器寄存器的输出、FIFO 输出、DMP 采样和运动检测的都基于该采样率。采样率的计算公式为

采样率＝陀螺仪的输出率/(1＋SMPLRT_DIV)

当数字低通滤波器没有使能的时候,陀螺仪的输出速率等于 8kHz,反之等于 1kHz。

12.3.3　CONFIG 寄存器

CONFIG 寄存器的格式如图 12-8 所示。

Bit7	Bit6	Bit5	Bit4	Bit3	Bit2	Bit1	Bit0
—	—	EXT_SYNC_SET[2:0]			DLPF_CFG[2:0]		

图 12-8　CONFIG 寄存器格式

(1) EXT_SYNC_SET 为 3 位无符号的值,配置帧同步引脚的采样。

(2) DLPF_CFG 为 3 位无符号的值,配置数字低通滤波器。

该寄存器为陀螺仪和加速度计配置外部帧同步(FSYNC)引脚采样和数字低通滤波器(DLPF)。通过配置 EXT_SYNC_SET,可以对连接到 FSYNC 引脚的一个外部信号进行采样。FSYNC 引脚上的信号变化会被锁存,这样就能捕获到很短的频闪信号。采样结束后,锁存器将复位到当前的 FSYNC 信号状态。根据下面表格定义的值,采集到的数据会替换掉数据寄存器中上次接收到的有效数据,如表 12-2 所示。

表 12-2　EXT_SYNC_SET 配置表

EXT_SYNC_SET	FSYNC
0	Input disabled
1	TEMP_OUT_L[0]
2	GYRO_XOUT_L[0]
3	GYRO_YOUT_L[0]
4	GYRO_ZOUT_L[0]
5	ACCEL_XOUT_L[0]
6	ACCEL_YOUT_L[0]
7	ACCEL_ZOUT_L[0]

数字低通滤波器是由 DLPF_CFG 来配置,根据表 12-3 中 DLPF_CFG 的值对加速度传感器和陀螺仪滤波。

表 12-3　DLPF_CFG 配置表

DLPF_CFG	加速度计		陀螺仪		
	带宽(Hz)	延时(ms)	带宽(Hz)	延时(ms)	Fs(kHz)
0	260	0	256	0.98	8
1	184	2.0	188	1.9	1
2	94	3.0	98	2.8	1
3	44	4.9	42	4.8	1

DLPF_CFG	加速度计		陀螺仪		Fs(kHz)
	带宽(Hz)	延时(ms)	带宽(Hz)	延时(ms)	
4	21	8.5	20	8.3	1
5	10	13.8	10	13.4	1
6	5	19.0	5	18.6	1
7	—		—		8

12.3.4 GYRO_CONFIG 寄存器

GYRO_CONFIG 寄存器的格式如图 12-9 所示。

Bit7	Bit6	Bit5	Bit4	Bit3	Bit2	Bit1	Bit0
XG_ST	YG_ST	ZG_ST	FS_SEL[1:0]		—	—	—

图 12-9 GYRO_CONFIG 寄存器格式

(1) XG_ST 设置此位,X 轴陀螺仪进行自我测试。

(2) YG_ST 设置此位,Y 轴陀螺仪进行自我测试。

(3) ZG_ST 设置此位,Z 轴陀螺仪进行自我测试。

(4) FS_SEL 为 2 位无符号的值,选择陀螺仪的量程。

这个寄存器用来触发陀螺仪自检和配置陀螺仪的满量程范围。陀螺仪自检允许用户测试陀螺仪的机械和电气部分,通过设置该寄存器的 XG_ST、YG_ST 和 ZG_ST 位可以激活陀螺仪对应轴的自检。每个轴的检测可以独立进行或同时进行。

自检的响应=打开自检功能时的传感器输出—未启用自检功能时传感器的输出

MPU-6000/MPU-6050 数据手册的电气特性表中已经给出了每个轴的限制范围。当自检的响应值在规定的范围内时,就能够通过自检;反之,就不能通过自检。根据表 12-4,FS_SEL 选择陀螺仪输出的量程。

表 12-4 FS_SEL 配置表

FS_SEL	满量程范围
0	$\pm 250°/s$
1	$\pm 500°/s$
2	$\pm 1000°/s$
3	$\pm 2000°/s$

12.3.5 ACCEL_CONFIG 寄存器

ACCEL_CONFIG 寄存器的格式如图 12-10 所示。

Bit7	Bit6	Bit5	Bit4	Bit3	Bit2	Bit1	Bit0
XA_ST	YA_ST	ZA_ST	AFS_SEL[1:0]		—	—	—

图 12-10　ACCEL_CONFIG 寄存器格式

（1）XA_ST 设置为 1 时，X 轴加速度感应器进行自检。

（2）YA_ST 设置为 1 时，Y 轴加速度感应器进行自检。

（3）ZA_ST 设置为 1 时，Z 轴加速度感应器进行自检。

（4）AFS_SEL 为 2 位无符号的值，选择加速度计的量程。

具体细节和上面陀螺仪相似。AFS_SEL 选择加速度传感器输出的量程，如表 12-5 所示。

表 12-5　AFS_SEL 配置表

AFS_SEL	满量程范围
0	±2g
1	±4g
2	±8g
3	±16g

12.3.6　加速度计测量寄存器

主要有 ACCEL_XOUT_H，ACCEL_XOUT_L，ACCEL_YOUT_H，ACCEL_YOUT_L，ACCEL_ZOUT_H，and ACCEL_ZOUT_L 6 个寄存器。

加速度计测量寄存器的格式如图 12-11 所示。

Bit7	Bit6	Bit5	Bit4	Bit3	Bit2	Bit1	Bit0
ACCEL_XOUT[15：8]							
ACCEL_XOUT[7：0]							
ACCEL_YOUT[15：8]							
ACCEL_YOUT[7：0]							
ACCEL_ZOUT[15：8]							
ACCEL_ZOUT[7：0]							

图 12-11　加速度计测量寄存器格式

（1）ACCEL_XOUT 为 16 位二进制补码值，存储最近的 X 轴加速度感应器的测量值。

（2）ACCEL_YOUT 为 16 位二进制补码值，存储最近的 Y 轴加速度感应器的测量值。

（3）ACCEL_ZOUT 为 16 位二进制补码值，存储最近的 Z 轴加速度感应器的测量值。

这些寄存器存储加速感应器最近的测量值。加速度传感器寄存器，连同温度传感器寄存器、陀螺仪传感器寄存器和外部感应数据寄存器,都由两部分寄存器组成(类似于STM32F10X 系列中的影子寄存器):一个内部寄存器,用户不可见;另一个是用户可读的寄存器。内部寄存器中数据在采样的时候及时得到更新,仅在串行通信接口不忙碌时,才将内部寄存器中的值复制到用户可读的寄存器中,避免了直接对感应测量值的突发访问。在寄存器 ACCEL_CONFIG 中定义了每个 16 位的加速度测量值的最大范围,对于设置的每个最大范围,都对应一个加速度的灵敏度 ACCEL_xOUT,如表 12-6 所示。

表 12-6   加速度计测量最大范围与灵敏度对应关系

AFS_SEL	满量程范围	LSB 灵敏度
0	±2g	16384 LSB/g
1	±4g	8192 LSB/g
2	±8g	4096 LSB/g
3	±16g	2048 LSB/g

12.3.7   TEMP_OUT_H 和 TEMP_OUT_L 寄存器

TEMP_OUT_H 和 TEMP_OUT_L 寄存器的格式如图 12-12 所示。

Bit7	Bit6	Bit5	Bit4	Bit3	Bit2	Bit1	Bit0
TEMP_OUT[15:8]							
TEMP_OUT[7:0]							

图 12-12   TEMP_OUT_H 和 TEMP_OUT_L 寄存器格式

TEMP_OUT 为 16 位有符号值,存储最近温度传感器的测量值。

12.3.8   陀螺仪测量寄存器

主要有 GYRO_XOUT_H,GYRO_XOUT_L,GYRO_YOUT_H,GYRO_YOUT_L,GYRO_ZOUT_H 和 GYRO_ZOUT_L 6 个寄存器。

陀螺仪测量寄存器的格式如图 12-13 所示。

Bit7	Bit6	Bit5	Bit4	Bit3	Bit2	Bit1	Bit0
GYRO_XOUT[15:8]							
GYRO_XOUT[7:0]							
GYRO_YOUT[15:8]							
GYRO_YOUT[7:0]							
GYRO_ZOUT[15:8]							
GYRO_ZOUT[7:0]							

图 12-13   陀螺仪测量寄存器格式

这个和加速度感应器的寄存器相似,对应的灵敏度如表 12-7 所示。

表 12-7 陀螺仪测量最大范围与灵敏度对应关系

FS_SEL	满量程范围	LSB Sensitivity
0	±250°/s	131 LSB/°/s
1	±500°/s	65.5 LSB/°/s
2	±1000°/s	32.8 LSB/°/s
3	±2000°/s	16.4 LSB/°/s

12.3.9　PWR_MGMT_1 寄存器

PWR_MGMT_1 寄存器的格式如图 12-14 所示。

Bit7	Bit6	Bit5	Bit4	Bit3	Bit2	Bit1	Bit0
DEVICE_RESET	SLEEP	CYCLE	—	TEMP_DIS	\multicolumn{3}{}{CLKSEL[2:0]}		

图 12-14　PWR_MGMT_1 寄存器格式

该寄存器允许用户配置电源模式和时钟源。它还提供了一个复位整个器件的位,和一个关闭温度传感器的位。

(1) DEVICE_RESET 位置 1 后所有的寄存器复位,随后 DEVICE_RESET 自动置 0。

(2) SLEEP 位置 1 后进入睡眠模式。

(3) 当 CYCLE 设置为 1,且 SLEEP 没有设置,MPU-60X0 进入循环模式,为了从速度传感器中获得采样值,在睡眠模式和正常数据采集模式之间切换,每次获得一个采样数据。在 LP_WAKE_CTRL 寄存器中,可以设置唤醒后的采样率和唤醒的频率。

(4) TEMP_DIS 位置 1 后关闭温度传感器。

(5) CLKSEL 位指定设备的时钟源。

时钟源的选择如表 12-8 所示。

表 12-8　时钟源的选择

CLKSEL	时钟源
0	内部 8MHz 晶振
1	X 轴陀螺仪
2	Y 轴陀螺仪
3	Z 轴陀螺仪
4	外部 32.768kHz
5	外部 19.2MHz
6	保留
7	停止时钟且定时产生复位

12.3.10 WHO_AM_I 寄存器

WHO_AM_I 寄存器的格式如图 12-15 所示。

Bit7	Bit6	Bit5	Bit4	Bit3	Bit2	Bit1	Bit0
—	WHO_AM_I[6:1]						—

图 12-15　WHO_AM_I 寄存器格式

WHO_AM_I 中的内容是 MPU-6050 的 6 位 I^2C 地址,上电复位的第 6 位到第 1 位值为：110100。

为了让两个 MPU-6050 能够连接在一个 I^2C 总线上,当 AD0 引脚逻辑低电平时,设备的地址是 01101000,当 AD0 引脚逻辑高电平时,设备的地址是 01101001。

MPU-6000 可以使用 SPI 和 I^2C 接口,而 MPU-6050 只能使用 I^2C,其中 I^2C 的地址由 AD0 引脚决定。寄存器共 117 个,根据具体的要求,适当地添加。

编程时用到的关于 I^2C 协议规范如表 12-9 所示。

表 12-9　I^2C 协议规范

信号	描　　述
S	开始标志：SCL 为高时 SDA 的下降沿
AD	从设备地址
W	写数据位(0)
R	读数据位(1)
ACK	应答信号：在第 9 个时钟周期 SCL 为高时,SDA 为低
NACK	拒绝应答：在第 9 个时钟周期,SDA 一直为高
RA	MPU-6050 内部寄存器地址
DATA	发送或接收的数据
P	停止标志：SCL 为高时 SDA 的上升沿

12.4　总体软件设计

总体的软件设计主要分为 3 个部分：车身状态采集软件、PID 车身保持模式软件、人机交互模式软件。

12.4.1　车身状态采集模式软件

车身状态采集模式下,软件思路流程如图 12-16 所示。

车身状态采集模式,主要进行的是对小车所处环境的数据采集。在启动该模式下,小车解决了对环境的适应性,保证

图 12-16　车身状态采集模式
软件流程

了小车能更好地适应不同的环境,具有一定的智能化。

```c
int main(void)
{
    PIDInit();
    MotorIOInit();              //初始化电机驱动及 PWM 口的时钟及 I/O 端口模式
    MotorPwmInit();             //初始化驱动电机 PWM
    UsartInit();                //初始化 USART 时钟、I/O、波特率及中断等
    iic_init();                 //初始化 IIC 总线时钟、I/O 端口及相关配置
    TimerInit();                //初始化定时器 3,用于定时采集 MPU6050
    Mpu6050Init();              //初始化 MPU6050,配置相应寄存器
    KongZhi_Gpio_Init();

    while (1)
    {
        ASR_Confin();
    }
}
```

车身状态采集模式,是通过小车上的位置传感器(陀螺仪)内部的 X 轴的角度传感器采到的角度偏差,通过对其角度偏差模拟值进行记录并不断地进行调节,给出环境的最适合角度基准,实现智能车能在不同环境下进行采集不同的基准,为小车的 PID 处理及车身的稳定性打下坚实的基础。

```c
void ASR_Confin(void)
{
    if(Sys_Sta)
        {
        //平衡标志,初始化时其为低电平或者在"停止"指令下为低电平
        if(PingHeng_biaozhi)
        {
        //平衡状态
        if(flg_get_senor_data)
        {
        PIDInit();
        // 读取陀螺仪的角度值和角加速度的值
        ReadAndProcessMpu6050();
        //将角度值和角加速度的值代入进行卡尔曼滤波计算
        kalman_filter(angle,angle_dot,&f_angle,&f_angle_dot);
        //根据 PID 的计算确定 PWM 的值
        PwmValue = IncPIDCalc(f_angle,f_angle_dot);
        //根据 PWM 的值改变电机的状态
        MotorSet(PwmValue);
        flg_get_senor_data = 0;
    }

        }
```

```
//动作标志,只有在收到"特定的语音"的指令时动作
else if(DongZuo_biaozhi)
{
    //前进状态
    if(Car_RunQ)
    {
    if(Car_Run_BiaoZhi == 0)
    {
    //第一次进入改变 PID 的初始设定值
    PIDInit_Car_Run();
    Car_Run_BiaoZhi = 1;
    }
    if(flg_get_senor_data)
    {
    //读取陀螺仪的角度值和角加速度的值
    ReadAndProcessMpu6050();
    //将角度值和角加速度的值代入进行卡尔曼滤波计算
kalman_filter(angle,angle_dot,&f_angle,&f_angle_dot);
    //根据 PID 的计算确定 PWM 的值
    PwmValue = IncPIDCalc(f_angle,f_angle_dot);
    //根据 PWM 的值改变电机的状态
    MotorSet(PwmValue);
    flg_get_senor_data = 0;
    Car_BK_BiaoZhi = 0;
    }
    }
    //后退状态
    else if(Car_BK)
        {
    if(Car_BK_BiaoZhi == 0)
        {
    //第一次进入改变 PID 的初始设定值
    PIDInit_Car_BK();
    Car_BK_BiaoZhi = 1;
    }
    if(flg_get_senor_data)
        {
    //读取陀螺仪的角度值和角加速度的值
    ReadAndProcessMpu6050();
    //将角度值和角加速度的值代入进行卡尔曼滤波计算
kalman_filter(angle,angle_dot,&f_angle,&f_angle_dot);
    //根据 PID 的计算确定 PWM 的值
    PwmValue = IncPIDCalc(f_angle,f_angle_dot);
    //根据 PWM 的值改变电机的状态
    MotorSet(PwmValue);
    flg_get_senor_data = 0;
    Car_Run_BiaoZhi = 0;
```

```
                }
            }
        }
    }
    else if(Sys_Cls)
    {
        TIM_SetCompare1(TIM3, 0);
        TIM_SetCompare2(TIM3, 0);
    }
}
```

12.4.2 PID 车身保持模式软件

PID 车身保持模式软件设计思路流程图如图 12-17 所示。该模式下系统首先进入的是对智能车车身相对于接触面的角度设定,然后再根据设定的角度,进行特定角度的 PID 调节。设置角度的目的是让智能车身保持平衡。

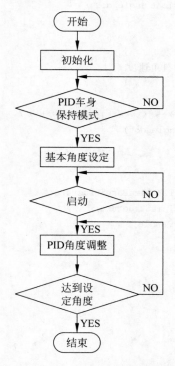

图 12-17　PID 车身保持模式软件流程图

PID 角度调节是通过给定的相对于小车站立面的角度为基准,通过 PID 计算出每次的偏差给电机驱动小车进行角度调节以达到设定的基准角度。

PID 算法函数说明:

智能车通过传感器采集的数据,根据偏差,通过 PID 算法调节电机。

PID 算法软件代码如下:

PID 初始化函数:

```
void PIDInit(void)
{
    sptr -> LastError = 0;            //Error[ -1]
    sptr -> PrevError = 0;            //Error[ -2]
    sptr -> Proportion = 1000;        //比例常数
    sptr -> Integral = 3;             //积分常数
    sptr -> Derivative = 35;          //微分常数
    sptr -> SetPoint = 0;             //设定值初始角度设定
    sptr -> SumError = 0;             //累计误差
}
```

PID 计算函数:

```
/ ******************************************************
名称: void pid(float angle, float angle_dot)
功能: PID 运算
输入参数:
            float angle 倾斜角度
            float angle_dot 倾斜角速度
输出参数: 无
返回值: 无
****************************************************** /
void pid(float angle, float angle_dot)
{
    u32 temp;
    u16 sl, sr;
    TIM_TimeBaseInitTypeDef TIM_TimeBaseStructure;
    TIM_OCInitTypeDef TIM_OCInitStructure;
    now_error = set_point - angle;
    speed_filter();
    speed * = 0.7;
    speed += speed_out * 0.3;
    position += speed;
    position -= speed_need;
if(position < -60000)
    {
        position = -60000;
    }
else if(position > 60000)
    {
        position = 60000;
    }
rout = proportion * now_error + derivative * angle_dot -
position * integral2 - derivative2 * speed;
```

```
speed_l = - rout + turn_need_l;
speed_r = - rout + turn_need_r;
    if(speed_l > MAX_SPEED)
        {
    speed_l = MAX_SPEED;
        }
    else if(speed_l < - MAX_SPEED)
        {
        speed_l = - MAX_SPEED;
        }
        if(speed_r > MAX_SPEED)
        {
        speed_r = MAX_SPEED;
        }
    else if(speed_r < - MAX_SPEED)
        {
        speed_r = - MAX_SPEED;
        }
        if(speed_l > 0)
        {
        GPIO_ResetBits(GPIOB, GPIO_Pin_8); //left fr
        sl = speed_l;
        }
    else
        {
        GPIO_SetBits(GPIOB, GPIO_Pin_8);
        sl = speed_l * (-1);
        }
    if(speed_r > 0)
        {
        GPIO_SetBits(GPIOA, GPIO_Pin_3); //right fr
        sr = speed_r;
        }
    else
        {
        GPIO_ResetBits(GPIOA, GPIO_Pin_3);
        sr = speed_r * (-1);
        }
        temp = 1000000 / sl;
        if(temp > 65535)
            {
    sl = 65535;
            }
            else
    {
    sl = (u16)temp;
    }
```

```
    temp = 1000000 / sr;
    if(temp > 65535)
{
    sr = 65535;
}
else
{
    sr = (u16)temp;
}
```

12.4.3 人机交互模式软件设计

人机交互模式是在完成 PID 车身保持的基础上扩展的一个模式,人机交互模式下主要进行的是人为地控制小车的动作状态和一些娱乐活动。软件思路流程如图 12-18 所示。

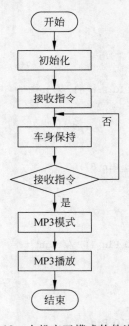

图 12-18 人机交互模式软件流程图

进入人机交互模式后,根据接收的指令进行相应的动作,接收的指令都有相对的 MP3 对应动作完成与否会播放相应的 MP3 声音。

MPU6050 传感器初始化函数说明:

MPU6050 传感器是一个高度集成的芯片,所以使用它需要对相关的寄存器进行相对应的配置。

```
#define MPU6050_ADDR  0xd0              //AD0 = 0 时地址
// Bit5 -- Bit3:EXT_SYNC_SET[2:0],Bit2 -- Bit0:DLPF_HPF[2:0]
```

```c
#define CONFIG   0x1a
#define GYRO_CONFIG   0x1b              //Bit4 -- Bit3:FS_SEL[1:0]
#define ACCEL_CONFIG   0x1c
#define INT_PIN_CFG   0x37
#define MPU6050_BURST_ADDR 0x3b
#define USER_CTLR   0x6a
#define PWR_MGMT1   0x6b
#define PWR_MGMT2   0x6c
#define MPU6050_ID_ADDR   0x75
#define MPU6050_ID   0x68
#define GX_OFFSET   0x01
#define AX_OFFSET   0x01
#define AY_OFFSET   0x01
#define AZ_OFFSET   0x01
/***************************************************
名称: Mpu6050Init(void)
功能: mpu6050 初始化
输入参数: 无
输出参数: 无
返回值: 无
*************************************************** /
void Mpu6050Init(void)
{
    u8 data_buf = 0;
    /* iic bypass 使能 */
    data_buf = 0x02;
    iic_rw(&data_buf, 1, INT_PIN_CFG, MPU6050_ADDR, WRITE);
    /* iic master 禁用 */
    data_buf = 0x00;
    iic_rw(&data_buf, 1, USER_CTLR, MPU6050_ADDR, WRITE);
    /* mpu6050 禁止睡眠模式,8M 晶振工作频率 */
    data_buf = 0x00;
    iic_rw(&data_buf, 1, PWR_MGMT1, MPU6050_ADDR, WRITE);
    /* mpu6050 非待机模式 */
    data_buf = 0x00;
    iic_rw(&data_buf, 1, PWR_MGMT2, MPU6050_ADDR, WRITE);
    /* DLPF */
    data_buf = 0x06;
    iic_rw(&data_buf, 1, CONFIG, MPU6050_ADDR, WRITE);
    /* GYRO +- 2000°/s */
    data_buf = 0x18;
    iic_rw(&data_buf, 1, GYRO_CONFIG, MPU6050_ADDR, WRITE);
    /* ACC +- 4g */
    data_buf = 0x08;
    iic_rw(&data_buf, 1, ACCEL_CONFIG, MPU6050_ADDR, WRITE);
```

```
    }
    / *****************************************************
    名称: mpu6050_get_data(s16 * gx, s16 * gy, s16 * gz, s16 * ax, s16 * ay, s16 * az, s16 *
temperature)
    功能: mpu6050 数据读取
    输入参数:
    s16 * gx 变量指针
    s16 * gy
    s16 * gz
    s16 * ax
    s16 * ay
    s16 * az
    s16 * temperature
    输出参数: mpu6050 温度及 3 轴原始数据
    返回值: 无
    ***************************************************** /
    void mpu6050_get_data(s16 * gx, s16 * gy, s16 * gz, s16 * ax, s16 * ay, s16 * az, s16 *
temperature)
    {
    u8 data_buf[14];
    iic_rw(&data_buf[0], 14, MPU6050_BURST_ADDR, MPU6050_ADDR, READ);
        * ax = data_buf[0] * 0x100 + data_buf[1];
        * ay = data_buf[2] * 0x100 + data_buf[3];
        * az = data_buf[4] * 0x100 + data_buf[5];
        * temperature = data_buf[6] * 0x100 + data_buf[7];
        * gx = data_buf[8] * 0x100 + data_buf[9];
        * gy = data_buf[10] * 0x100 + data_buf[11];
        * gz = data_buf[12] * 0x100 + data_buf[13];
    }
    / *****************************************************
    名称: void acc_filter(void)
    功能: 加速度计数据滤波
    输入参数: 据滤波后的数据
    输出参数: 无
    返回值: 无
    ***************************************************** /
void acc_filter(void)
{
    u8 i;
    s32 ax_sum = 0, ay_sum = 0, az_sum = 0;
        for(i = 1 ; i < FILTER_COUNT; i++)
            {
                ax_buf[i - 1] = ax_buf[i];
                ay_buf[i - 1] = ay_buf[i];
                az_buf[i - 1] = az_buf[i];
```

```
        }
            ax_buf[FILTER_COUNT - 1] = ax;
            ay_buf[FILTER_COUNT - 1] = ay;
            az_buf[FILTER_COUNT - 1] = az;
        for(i = 0 ; i < FILTER_COUNT; i++)
        {
            ax_sum += ax_buf[i];
            ay_sum += ay_buf[i];
            az_sum += az_buf[i];
        }
            ax = (s16)(ax_sum / FILTER_COUNT);
            ay = (s16)(ay_sum / FILTER_COUNT);
            az = (s16)(az_sum / FILTER_COUNT);
        }
```

智能车的车身角度会通过角度传感器实时地传给 CPU，CPU 通过 PID 计算出需要调节的角度，也就是说电机的动作指令。

```
void ReadAndProcessMpu6050(void)//角度读取函数

{
    flg_get_senor_data = 0;
    mpu6050_get_data(&gx,&gy,&gz,&ax,&ay,&az,&temperature);
    acc_filter();
    gx -= GX_OFFSET;
    ax -= AX_OFFSET;
    ay -= AY_OFFSET;
    az -= AZ_OFFSET;
    angle_dot = gx * GYRO_SCALE; // +- 2000 0.060975°/LSB 角加速度
    angle = atan(ay/sqrt(az * az + ax * ax));  //选择 X,Y,Z 轴
    angle = angle * 57.295780;              //180/pi 读取角度
}
```

12.4.4 卡尔曼滤波算法

卡尔曼滤波器是一个"最优化自回归数据处理算法"。对于解决大部分的问题，它是效率最高甚至是最有用的。其广泛应用已经超过 30 年，包括机器人导航、控制、传感器数据融合，甚至在军事方面的雷达系统及导弹追踪等。近年来更应用于计算机图像处理、列入、面部识别、图像分割、图像边缘检测等方面。态空间模型，利用前一时刻的估计值和当前时刻的观测值来更新对状态变量的估计，求出当前时刻的估计值，算法根据建立的系统方程和观测方程对需要处理的信号做出满足最小均方误差的估计。

下面给出卡尔曼滤波的算法和角度的融合程序：

```
/ *************************************************
```

名称：void kalman_filter(float angle_m, float gyro_m, float * angle_f, float * angle_dot_f)
功能：陀螺仪数据与加速度计数据通过滤波算法融合
输入参数：
float angle_m 加速度计算的角度
float gyro_m 陀螺仪角速度
float * angle_f 融合后的角度
float * angle_dot_f 融合后的角速度
输出参数：滤波后的角度及角速度
返回值：无
*** /

```c
void kalman_filter(float angle_m, float gyro_m, float * angle_f, float * angle_dot_f)
{
    angle += (gyro_m - q_bias) * dt;
    Pdot[0] = Q_angle - P[0][1] - P[1][0];
    Pdot[1] = - P[1][1];
    Pdot[2] = - P[1][1];
    Pdot[3] = Q_gyro;

    P[0][0] += Pdot[0] * dt;
    P[0][1] += Pdot[1] * dt;
    P[1][0] += Pdot[2] * dt;
    P[1][1] += Pdot[3] * dt;

    angle_err = angle_m - angle;
    PCt_0 = C_0 * P[0][0];
    PCt_1 = C_0 * P[1][0];
    E = R_angle + C_0 * PCt_0;

    K_0 = PCt_0 / E;
    K_1 = PCt_1 / E;
    t_0 = PCt_0;
    t_1 = C_0 * P[0][1];

    P[0][0] -= K_0 * t_0;
    P[0][1] -= K_0 * t_1;
    P[1][0] -= K_1 * t_0;
    P[1][1] -= K_1 * t_1;

    angle += K_0 * angle_err;
    q_bias += K_1 * angle_err;
    angle_dot = gyro_m - q_bias;
    * angle_f = angle;
    * angle_dot_f = angle_dot;
}
```

*** /

实物如图 12-19 所示。

图 12-19　实物图展示

习题

（1）加速度计和陀螺仪的测量寄存器的工作基本过程是什么？

（2）PID 如何通过传感器采集的数据，根据偏差计算出需要调整的参数？

（3）本文中卡尔曼滤波的作用是什么？具体的实现方法是什么？

第 13 章

电子秤设计

称重在日常生活中扮演着重要的角色,本章采用 STM32 完成电子秤设计,主要设计思想是基于 STM32 最小系统板,在此基础上扩展 AD、称重传感器和 TFT 模块。TFT 液晶屏和触控芯片实现人机交互,同时外部配备了语音播报功能,读者通过该案例更深入地了解STM32 的应用方法。

13.1 设计指标

多功能电子秤的主要功能包括测重、液晶屏显示、触摸控制、语音播报、实时时钟、实时温度、单价存储、自动计价、价格累计、去皮、超重报警等功能。具体功能和指标如表 13-1所示。

表 13-1 测量装置功能及技术指标

基本功能	测量范围	分度值	误差
测重	0～10kg	1g	±1g
实时时钟	1970.1.1～2099.12.31	1秒	±3秒/年
实时温度	−55～125℃	0.1℃	±0.5℃
计价	0～999.99元	0.01元	0

13.2 设计方案

多功能电子秤的整体设计框图如图 13-1 所示。

其中,主控制器采用 STM32F103RBT6 作为主控芯片,通过 TFT 液晶屏幕显示数据,以触控的方式操作电子秤,DS18B20 作为温度传感器采集实时温度,播报重量、价格、商品名等信息,使用 Flash 芯片 W25Q32 存储配合语音芯片 WT588D 发音,采用电阻应变片式称重传感器,以 HX711 作为 AD 转换芯片。

架构为 Cortex-M3 的 STM32F103RBT6 工作频率为 72MHz,16 位并行连接 TFT 液晶屏,能实现快速刷屏,显示效果良好,通过 SPI 总线连接触控芯片 XPT2046,以单总线方

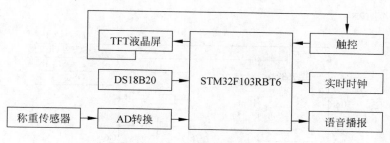

图 13-1　系统整体框架

式连接 DS18B20 采集实时温度,一线串口模式控制语音芯片 WT588D 播报重量、价格、商品名等信息,采用型号为 YZC-1B 的电阻应变片式电桥结构的称重传感器,以 24 位的电子秤专用 AD 芯片 HX711 作为 AD 转换芯片。

13.3　硬件电路设计说明

本电子秤采用液晶触屏的方式,实现计量的过程。硬件电路设计的核心是传感器的选型和使用,以及触控屏的选择。

13.3.1　主控制器相关电路

STM32F103RBT6 的引脚图及相关接口如图 13-2 所示。

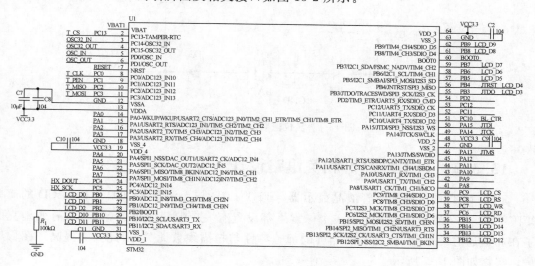

图 13-2　STM32F103RBT6 引脚图

主控芯片外接 8MHz 和 32.768kHz 的石英晶振,最高工作频率达 72MHz。其中,32.768kHz 的晶振作为 RTC 的输入频率,为实时时钟提供精确的频率。外接晶振的硬件电路如图 13-3 所示。

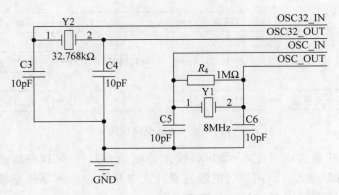

图 13-3 外接晶振电路图

图 13-4 是主控芯片的复位电路和后备电源电路。当系统上电时,电容 C1 充电,此时 RESET 为 0 电位,芯片复位,C1 充满电后,电路相当于断路,RESET 为高电平,进入工作状态。当按键 KP1 按下时,RESET 接地,使 RESET 为 0 电位,产生复位,一般低电平持续 $10\mu s$ 之后,可实现有效复位。后备电池 BAT1 通过二极管 D2 连接到主控芯片的 VBAT 脚,实现系统"掉电不掉时"的功能。

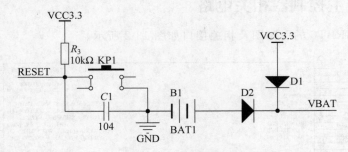

图 13-4 复位电路和后备电源电路

13.3.2 TFT 液晶屏相关电路设计

TFT-LCD 即薄膜晶体管液晶显示器。TFT-LCD 与无源 TN-LCD、STN-LCD 的简单矩阵不同,它在液晶显示屏的每一个像素上都设置有一个薄膜晶体管(TFT),有效地克服了在非选通时的串扰,使显示液晶屏的静态特性与扫描线数无关,因此大大提高了图像质量。实物如图 13-5 所示。

本设计的 TFT-LCD 液晶屏使用的控制芯片为 ILI9320,屏幕尺寸为 2.8 寸,320×250 像素,26 万真彩,通过 16 位并行方式连接主控芯片。该液晶刷屏速度快,显示效果能满足实际需求。该液晶模块中还整合了触控芯片 XPT2046,通过 SPI 通信和主控芯片连接,以实现快速触摸识别。该液晶模块和主控芯片的硬件连接如图 13-6 所示。

图 13-5　TFT 触控液晶模块

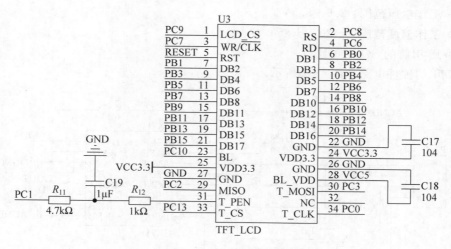

图 13-6　TFT 触控液晶模块连接电路

13.3.3　AD 芯片 HX711 相关电路设计

HX711 是一款 24 位 A/D 转换器芯片,满足高精度电子秤的设计需求。与同类型其他芯片相比,该芯片集成了包括稳压电源、片内时钟振荡器等其他同类型芯片所需要的外围电路,具有集成度高、响应速度快、抗干扰性强等优点。降低了电子秤的整机成本,提高了整机的性能和可靠性。

该芯片与后端 MCU 芯片的接口和编程非常简单,所有控制信号由引脚驱动,无须对芯片内部的寄存器编程。输入选择开关可任意选取通道 A 或通道 B,与其内部的低噪声可编程放大器相连。通道 A 的可编程增益为 128 或 64,对应的满额度差分输入信号幅值分别为 ±20mV 或 ±40mV。通道 B 则为固定的 64 增益,用于系统参数检测。芯片内提供的稳压电源可以直接向外部传感器和芯片内的 A/D 转换器提供电源,系统板上无须另外的模拟电源。芯片内的时钟振荡器不需要任何外接器件。上电自动复位功能简化了开机的初始化过

程。主要特点为:

(1) 两路可选择差分输入。

(2) 片内低噪声可编程放大器,可选增益为 64 和 128。

(3) 片内稳压电路可直接向外部传感器和芯片内 A/D 转换器提供电源。

(4) 片内时钟振荡器无须任何外接器件,必要时也可使用外接晶振或时钟。

(5) 上电自动复位电路。

(6) 简单的数字控制和串口通信:所有控制由引脚输入,芯片内寄存器无须编程。

(7) 可选择 10Hz 或 80Hz 的输出数据速率。

(8) 同步抑制 50Hz 和 60Hz 的电源干扰。

(9) 耗电量(含稳压电源电路):典型工作电流<1.7mA,断电电流<1μA。

(10) 工作电压范围:2.6~5.5V。

(11) 工作温度范围:−20~+85℃。

(12) 16 引脚的 SOP-16 封装。

HX711 的硬件电路如图 13-7 所示。

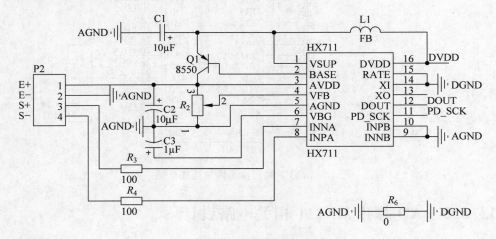

图 13-7　HX711 的硬件电路

图 13-7 中 E+和 E−分别连接 5V 和地线,为芯片供电,S+和 S−连接称重传感器的输出端。本设计使用 HX711 内部时钟振荡器(引脚 XI 接地),10Hz 的输出数据速率(引脚 RATE 接地)。芯片供电电压取用 5V。片内稳压电源电路通过片外 PNP 管 8550 和分压可调电阻 R_2 向传感器提供稳定的低噪声模拟电源(图中 E+和 E−)。通道 A 与传感器相连,通道 B 接地。

13.3.4　WT588D 语音模块相关电路设计

WT588D 语音模块封装有 DIP16、DIP28、DIP18、SSOP20 和 LQFP32 等多种封装形式。它根据外挂或者内置 SPI-Flash 的不同,播放时长也不同,支持 2~32Mb 的 SPI-Flash

存储器,并且内嵌了 DSP 高速音频处理器,处理速度快。WT588D 语音模块内置了 13b/DA 转换器和 12b/PWM 输出,音质较好。PWM 输出可直接推动 0.5W/8Ω 扬声器,推挽电流充沛,且支持 DAC/PWM 两种输出方式及加载 WAV 音频格式。

WT588D 语音模块支持加载 6～22kHz 采样率音频,可通过专业上位机操作软件,随意组合语音,可插入静音,插入的静音不占用内存的容量,一个已加载语音可重复调用到多个地址。它含有 20 段可控制地址位,单个地址位最多可加载 128 段语音,最多可加载 500 段用于编辑的语音。

WT588D 语音模块的结构如图 13-8 所示。

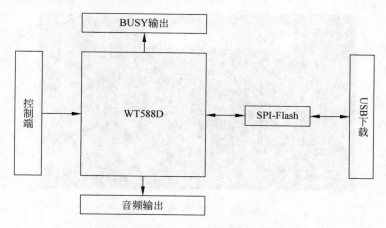

图 13-8　WT588D 语音模块结构

WT588D 与主控芯片的硬件连接如图 13-9 所示。

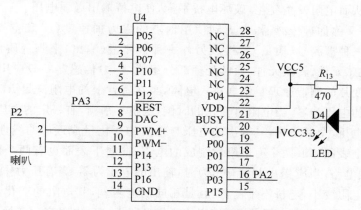

图 13-9　WT588D 与主控芯片的硬件连接图

图 13-9 中 P2 为扬声器,与模块的正负 PWM 输出连接,该模块可直接驱动 P2 为 0.5W/8Ω 扬声器。该模块的复位引脚接主控芯片的 PA3IO 口,本设计使用该模块的一线串口模式,所以只需使用模块的 P03 引脚即可,这里连接 PA2IO 口。该模块的 VDD 供电

为 DC2.8~5.5V,VCC 为 DC2.8~3.6V。采用 DC3.3V 供电时,可以直接短接 VDD 跟 VCC,但考虑到使用环境声音嘈杂,故 VDD 供 5V 以提供较大的音量。BUSY 连接发光二极管指示模块的工作状态,当模块发音时二极管亮,不发音时不亮。

13.3.5 称重传感器相关电路设计

称重传感器是一种将质量信号转变为可测量的电信号输出的装置。本设计所使用的称重传感器为 YZC-1B 型传感器,该传感器是 10kg 量程的电阻应变片式传感器,在激励电压为 5V 的条件下输出,满量程输出为 10mV,该称重传感器的实物如图 13-10 所示。

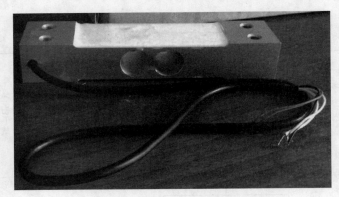

图 13-10 称重传感器实物图

其结构为由电阻应变片搭接的惠更斯电桥贴于铝块载体上。外接的 5 根线分别是一根屏蔽线,两根输出线,两根供电线。当载物时铝块发生微小形变,致使贴在上面的电阻应变片也发生形变,从而电阻发生变化,破坏电桥平衡,使电桥输出微弱电压。

压力传感器又称称重传感器,考虑到使用地点的重力加速度(g)和空气浮力(f)的影响,通过把其中一种被测量(质量)转换成另外一种被测量(输出)来测量质量的力传感器。压力传感器由敏感元件、转换元件、后续处理部分组成,压力传感器一般应用应变片来实现压力的测量,应变片的制造原理是依据桥式电路,当在桥臂上的电阻满足 $R_1R_3 = R_2R_4$ 时电桥平衡,则输出的电压为零,当电阻有变化的时候,电桥不平衡,有一定的电压输出。可分为单臂电桥、双臂电桥、全臂电桥,其输出的电压与电阻的变化量成近似的线性变化。应变片是很薄的薄片,上表面镶嵌两个有电阻丝制成的电阻,同时下表面也有两个同样的电阻,在连接上形成桥式电路,当应变片上没有压力时,输出的电压为零,当有压力作用时,上边的电阻变大,下面的电阻变小,电桥不平衡,而且是相同的电阻丝,其电阻的变化量相同,输出的电压与电阻的变化量呈线性关系,再经相应的测量电路把这一电阻变化转换为电信号(电压或电流),从而完成将外力变换为电信号的过程。这样就可以测量出压力的大小。

最后设计出的硬件实物电路如图 13-11 所示。

图 13-11　电子秤实物

13.4　软件设计思路及代码分析

软件设计主要包括 TFT 触屏软件设计、语音模块软件设计、传感器软件设计及数据计算等部分。

13.4.1　TFT 触控液晶模块部分

1. 设置 STM32 与 TFT 触控液晶模块相连接的 IO

本设计中使用 I/O 端口 PB0～15 作为液晶显示的数据接口,采用 16 位并行。当从模块读数据时设置为上拉输入模式,写数据时设置为上拉输出模式。其余并口信号线 CS、WR、RD、RS 和 SPI 通信接口 MOSI、SCK、CS 都设为推挽输出模式,SPI 的 MISO 和触控标志 PEN 设置为上拉输入模式。

2. 初始化 TFTLCD 模块

首先读取 TFTLCD 的控制芯片的型号,然后根据具体型号向芯片写入一系列的设置,来启动 TFTLCD 的显示,为后续显示字符和数字做准备。在程序工程中初始化函数为 void LCD_Init(void)。

3. 通过函数将字符和数字显示到 TFTLCD 模块上

本设计编写的各个功能函数如下:

```
void LCD_ShowNum(u16 x,u16 y,u32 num,u8 len,u8 size,u8 mode);    //数字显示函数
void LCD_ShowString(u16 x,u16 y,const u8 * p);                    //显示一个字符串
void Show_Str(u16 x,u16 y,u8 * str,u8 mode);                      //汉字显示函数
```

```
void LCD_DrawRectangle(u16 x1,u16 y1,u16 x2,u16 y2);        //画矩形函数
```

界面如图 13-12 所示。

图 13-12　(左)开机前的初始化界面,(右)使用时的主界面

13.4.2　WT588D 语音模块部分

　　一线串口只通过一条数据通信线控制时序,依照电平占空比不同来代表 0 或 1。先拉低 RESET 复位信号 5ms,然后置高电平等待大于上下居中 17ms 的时间,再将数据信号拉低 5ms,最后发送数据。高电平与低电平数据占空比 1:3,即代表数据位 0;高电平与低电平数据位占空比为 3:1,代表数据位 1。高电平在前,低电平在后,数据信号先发低位再发高位。发送数据时,无须先发送命令码再发送指令。一线串口模式详细时序如图 13-13所示。

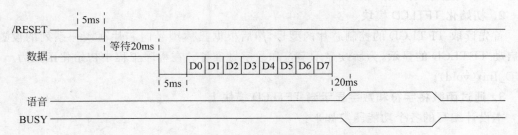

图 13-13　WT588D 时序图

　　D0～D7 表示一个地址或者命令数据,数据中的 00H～DBH 为地址指令,E0H～E7H

为音量调节命令,F2H 为循环播放命令,FEH 为停止播放命令。

(1) 设置 STM32 与 WT588D 模块相连接的 IO。

WT588D 模块的 SDA、REST 设置为上拉推挽输出模式,BUSY 设置为上拉输入模式。

(2) 根据 WT588D 模块的时序图编写写数据函数 void send_dat(u8 addr)(由于该模块与主控芯片的连接为单向,所以无须编写读数据函数),具体代码如下:

```
void send_dat(u8 addr)
{
    u8 i;
    rst = 0;
    delay_ms(5);                //复位信号保持低电平 5ms
    rst = 1;
    delay_ms(17);               //复位信号保持低电平 17ms
    sda = 0;
    delay_ms(5);                //数据信号置于低电平 5ms
    for(i = 0; i < 8; i++)
    {
        sda = 1;                //无论是 1 还是 0,sda 都是先高电平
        if(addr & 1)
        {
        //高电平比低电平为 600μs: 200μs,表示发送数据 1
        delay_us(600);
            sda = 0;
            delay_μs(200);
        }
        else
        {
        //高电平比低电平为 200μs: 600μs,表示发送数据 0
        delay_μs(200);
            sda = 0;
            delay_μs(600);
        }
        addr >> = 1;
        sda = 1;
    }
}
```

(3) 将语音合成软件合成的语音碎片通过程序组织起来,形成语音。各函数功能如下:

```
void pronounce_num(u16 t);          //播报 0～9999 任意整数
void pronounce_point3num(u16 t);    //播报小数点后三位数
void pronounce_point2num(u8 t);     //播报小数点后两位数
```

13.4.3　HX711 芯片部分

HX711 芯片的数据输入输出和增益选择时序如图 13-14 所示。

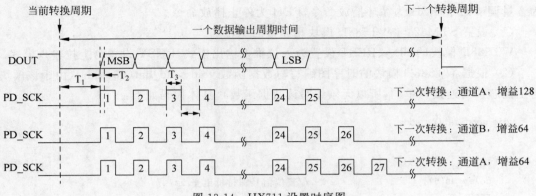

图 13-14　HX711 设置时序图

其中，T1 为 DOUT 下降沿到 PD_SCK 脉冲上升沿的时间，最小值为 0.1μs。T_2 为 PD_SCK 脉冲上升沿到 DOUT 数据有效。

(1) 设置 STM32 与 HX711 芯片相连接的 IO。

HX711 芯片的 PD_SCK 设置为推挽输入，DOUT 设置为上拉输入。

(2) 根据 WT588D 模块的时序图编写写数据函数 void send_dat(u8 addr)(由于该芯片只需发数据给主控芯片，所以无须编写写入数据函数)，具体函数代码如下：

```
u32 Read_HX711(void)
{
    u32 count = 0;
    u8 i;
    AD_sck = 0;
    while(AD_dout);                //AD_dout 为 1 时,表明 A/D 转换器还未准备好
    for(i = 0; i < 24; i++)
    {
        AD_sck = 1;                //上升沿
        count = count << 1;
        AD_sck = 0;
        if(AD_dout)
            count++;
    }
    AD_sck = 1;
    count = count ^ 0x800000;
    AD_sck = 0;
    return count;
}
```

(3) 滤波部分设计采用中位值平均滤波法，具体代码如下：

```
u32 HX711_val_filtered(void)
{
    u32 Sam[n],tmpmax,tmpmin,sum = 0,Average;
    u8 i;
```

```
for(i = 0; i < n; i++)
{
    Sam[i] = Read_HX711();
    if(i == 0)
    {
        tmpmax = Sam[0];
        tmpmin = Sam[0];
    }
    if(i > 0)
    {
        if(Sam[i] > tmpmax) tmpmax = Sam[i];
        if(Sam[i] < tmpmin) tmpmin = Sam[i];
    }
}
for(i = 0; i < n; i++)
{
    if(!(Sam[i] == tmpmax||Sam[i] == tmpmin))//去掉最大值和最小值
    {
        sum = sum + Sam[i];
    }
}
Average = sum/(n - 2);
return Average;
}
```

13.4.4 DS18B20 芯片部分

DS18B20 通过单总线和主控芯片连接,时序比较复杂。检测 DS18B20 是否存在的时序如图 13-15 所示。

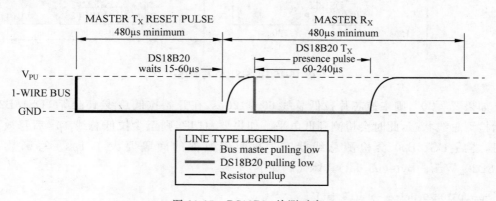

图 13-15 DS18B20 检测时序

首先由主控芯片拉低总线 $480\sim960\mu s$,然后等待 $15\sim60\mu s$,之后芯片自己会拉低总线,主控芯片通过检测是否低电平来判断是否有 DS18B20 在总线上。具体代码如下:

```
u8 DS18B20_Check(void)
{
    u8 retry = 0;
    DS18B20_IO_IN();                    //设置 PAO 输入
    while (DS18B20_DQ_IN&&retry < 200)
    {
        retry++;
        delay_us(1);
    };
    if(retry >= 200)return 1;
    else retry = 0;
    while (!DS18B20_DQ_IN&&retry < 240)
    {
        retry++;
        delay_us(1);
    };
    if(retry >= 240)return 1;
    return 0;
}
```

该函数返回 1,则总线上没有 DS18B20;返回 0,则有。

DS18B20 的写时序如图 13-16 所示。

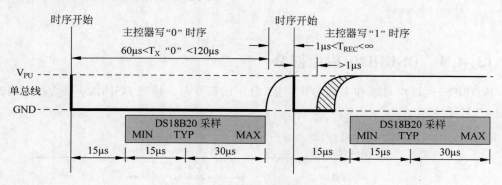

图 13-16   DS18B20 写时序

如果要写"0",则主控芯片拉低总线 $60\sim120\mu s$,在开始拉低总线 $15\mu s$ 后,DS18B20 会开始检测总线状态,此时会检测到低电平。如果要写"1",则至少拉低总线 $1\mu s$ 后释放总线即可,之后 DS18B20 会检测总线状态。写两位数据的间隔要大于 $1\mu s$。写函数 void DS18B20_Write_Byte(u8 dat)具体代码如下:

```
void DS18B20_Write_Byte(u8 dat)
{
    u8 j;
    u8 testb;
    DS18B20_IO_OUT(); //设置 PAO 输出
```

```
for (j = 1; j <= 8; j++)
{
    testb = dat&0x01;
    dat = dat >> 1;
    if (testb)
    {
        DS18B20_DQ_OUT = 0; //写 1
        delay_us(2);
        DS18B20_DQ_OUT = 1;
        delay_us(60);
    }
    else
    {
        DS18B20_DQ_OUT = 0; //写 0
        delay_us(60);
        DS18B20_DQ_OUT = 1;
        delay_us(2);
    }
}
```

DS18B20 的读时序如图 13-17 所示。

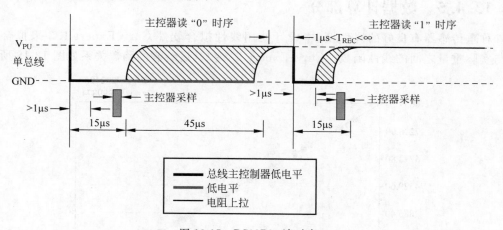

图 13-17 DS18B20 读时序

首先主控芯片先拉低总线至少 1μs,然后释放总线并检测总线状态。如果是低电平,则读到的是"0";高电平,则读到的是"1",读两个值之间间隔至少 1μs。本例中读函数 u8 DS18B20_Read_Bit(void)和 u8 DS18B20_Read_Byte(void)代码如下:

```
u8 DS18B20_Read_Bit(void)                //读 1b
{
    u8 data;
    DS18B20_IO_OUT();                     //设置 PA0 输出
    DS18B20_DQ_OUT = 0;
```

```
        delay_us(2);
        DS18B20_DQ_OUT = 1;
        DS18B20_IO_IN();                    //设置 PA0 输入
        delay_us(12);
        if(DS18B20_DQ_IN) data = 1;
        else data = 0;
        delay_us(50);
        return data;
}
u8 DS18B20_Read_Byte(void)              //读 1B
{
        u8 i,j,dat;
        dat = 0;
        for (i = 1; i <= 8; i++)
        {
            j = DS18B20_Read_Bit();
            dat = (j << 7)|(dat >> 1);
        }
        return dat;
}
```

13.4.5 数据计算部分

称重传感器有良好的线性度,本设计使用线性拟合软件 CurveExpert 1.3 来拟合 AD
值与实际重量之间的线性函数。CurveExpert 1.3 拟合后绘制的函数关系如图 13-18 所示。

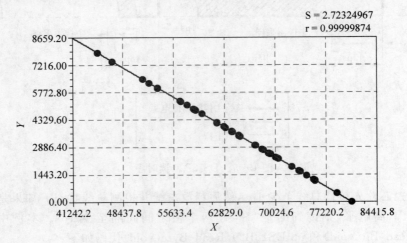

图 13-18　AD 值与实际重量之间的函数关系图

拟合函数为 $y=a+bx$,其中 $a=17\,668.847$, $b=-0.218\,605\,77$, y 是实际重量, x 是当
前重量的 AD。只需将采集的 AD 值代入函数中运算,即可求出相对应重量。相应函数代
码如下:

```
u32 Weight_Get(s16 zero_point, u32 AD_val)
{
    u32 weight;
    //AD_val 舍弃最后两位
    AD_val = AD_val/100;
    //经拟合的函数
    weight = (u32)( - 0.21860577 * (AD_val + zero_point) + 17668.847);
    return weight;
}
```

　　通过函数 Weight_Get 计算后所得的重量与实际重量还是有所差距,差距表现为随着实际重量的增加,越来越大,且均偏小。针对此微小的非线性问题,本设计采用分段补偿的方法,即以 500 克为单位,每增加 500 克补偿 1 克。

习题

　　(1) 传感器选型的依据及注意事项是什么?
　　(2) DS18B20 采用单总线采集数据,说明单总线传输的基本方法和步骤。
　　(3) TFT 触屏初始化的步骤和控制方法是什么?

第 14 章

井下通信分站设计

煤矿的安全生产一直是煤矿产业主要的问题,虽然煤矿生产的安全性相比前十年以前有了很大的提高,但是近几年来煤矿事故仍然频繁,所以目前煤矿生产过程中的监控系统还存在着不少问题要继续研究。由于安装的监控设备过于老化,不能对超过报警门限监测数据和采取实时且严格断电控制,而导致事故发生;监测数据反映在监控主机上只是列表显示,监测数据不够直观。

本通信监控分站设计方案采取 32 位 STM32 内核处理器,该处理器的主频 72MHz,速度快,且多任务执行能力强,只要采用分步方式、中断方式就能达到多个任务处理的效果,其性能较目前监控分站使用的处理器有了质的提高。而且以 STM32 为核心的处理器内部的功能模块 LCD、以太网、串口、CAN、USB 等,都是 STM32 级别处理器必备的功能。方便了硬件电路设计与调试。

14.1 硬件电路设计

监控分站既担任数据采集工作,同时也担任向基站传送数据,在数据采集和传送过程中,涉及多种总线的数据结构。本分站设计的核心就是多种总线的接口设计。

14.1.1 监控分站主要设计目标及参数

1. 设计目标

(1) 具有本机初始化和初始化参数掉电保护功能。

(2) 具有 CAN 接口、485 接口及无线通信接口。

(3) 具有数据发送和接收功能,能接收并储存上级计算机的命令。

(4) 根据上级计算机的命令,采集、处理各传感器或下一级数据采集站的信号,并向上传输。

(5) 具有控制功能,如下:

① 按上一级计算机的命令发出开关量控制信号。

② 根据设定对传感器的输入进行自动判断,并输出相应的开关量控制信号。

2．监控分站主要设计参数

（1）防爆型式：矿用本质安全型。

（2）通信方式：CAN 接口、485 接口及无线通信接口。

（3）下级模拟量装置：模拟量 4～20mA 电流输入信号。

（4）RS485 总线传输参数。

① 方式：RS485，半双工，速率：9600bps。

② 信号电平：3～5V，最大输出电流≤25mA。

③ 距离：分站到调制解调器不小于 1.5km。

（5）供电电源：直流 18V。

14.1.2 硬件电路设计方案

硬件电路设计处理器采用 STM32 以上处理器，系统总体方案如图 14-1 所示。

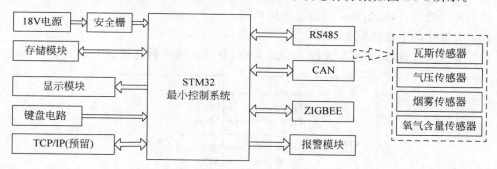

图 14-1 系统总体设计方案

主要模块介绍如下：

1．主处理器

STM32F 系列处理器的主要特点：

该处理器核心是 Cortex-M3 核，Cortex-M3 内核采用了基于哈佛架构的 3 级流水线内核，指令和数据各使用一条总线，而与 Cortex-M3 不同，ARM7 系列处理器采用冯·诺依曼架构，指令和数据需要共享总线及存储器。Cortex-M3 处理器的指令、数据的读取可以同时在存储器中进行，通过这种并行执行操作，使得应用程序的执行效率得到提高。

STM32Fl07XX 主要功能特点：

（1）集成 Cortex-M3 core 的 ARM 32 位处理器，工作频率可倍频到 72MH。

（2）3 种省电模式：睡眠、停机和待机。

（3）内嵌 128KBFlash，20KB SRAM。

（4）含有 I^{2}C、UART、SPI、CAN、USB 及以太网接口，便于扩展。

（5）I/O 接口丰富，含有两个 12 位 ADC 转换接口。

2. ZigBee 模块

利尔达科技 Z04 系列 ZigBee 标准模块主要实现串口转 ZigBee 功能。本模块以最新 ZigBee 芯片为载体,配合专业的功放芯片,运行最新 ZigBee2007/PRO 协议栈,具有 ZigBee 协议全部特性。用户无须了解 ZigBee 协议,只需通过串口和 PC 软件简单配置,就可实现 ZigBee 组网、数据收发及网络管理,极大降低研发难度,提升产品面市速度。同时 ZigBee 标准模块采用 Mesh 拓扑,增大了网络容量,并具有自组网、自愈性、多跳等优点,使其适用于各种应用场合,例如路灯、抄表、大棚、智能家居及工业领域等。

主要特性:

(1) 发射功率大,最大 20dBm(100mW),传输距离远。

(2) 成本优势。

(3) 采用成熟芯片,TI 相关协议栈更新比较快,工作稳定、抗干扰能力强。

(4) 产品尺寸小,支持 2.0mm 邮票孔贴片和 2.0mm 直插。

(5) 灵活的串口转 ZigBee 的数据透传功能。

(6) 人性化的上位机配置软件。

(7) 多种天线选择:SMA 天线、IPXE 天线、导线天线 3 种选择。

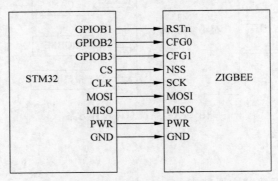

图 14-2　接口连接示意图

3. 485 模块

STM32F 内置专门的同步/异步收发器通信模块,通过至少两个引脚与收发器相连:接收数据串行输入(RX)、发送数据串行输出(TX)。

USART 模块支持半双工通信和全双工通信。本设计中采用半双工的 RS485 通信方式。

因此,在已有的两个数据收发引脚之外,还需要定义一个 GPIO 接口为方向控制引脚,通过在 GPIO 接口上输出控制信号,用于控制 RS485 通信数据传输的方向。

STM32F 微控制器的 UART/USART 的 RX、TX 引脚,通过 6N137 光电隔离芯片连接至 SN65LBC184D 芯片的 D、R 引脚。由微控制器输出的控制信号 DE 控制收发器的数据传输方向:当 DE 引脚输出高电平时,激活发送器,禁止接收器,微控制器可以向 RS485 总线发送数据字节;当 DE 引脚输出低电平时,激活接收器,禁止发送器,微控制器可以接收来自 RS485 总线的数据。

SN65LBC184D 芯片既可以做发送器又可以做接收器,但是在同一时刻只能处于一种工作状态。电路板上备有 120Ω 的终端电阻,可通过 P5 选择是否接入电路中。用跳线帽插在 P5 上时,电阻接入电路中,如图 14-3 所示。

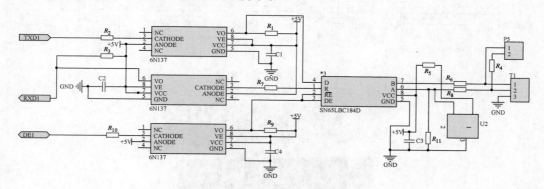

图 14-3 485 通信模块电路

4. CAN 通信

CAN 主要用于各种过程监测及控制,具有可靠性高、成本低、实时性等优点。其特征可概括为以下几点:

(1) CAN 为多主工作方式,CAN 网络中的任意节点都可以在任意时刻主动地向网络中的其他节点发送信息。

(2) 报文分为不同的优先级,根据其优先权进行总线访问控制。

(3) 发生总线冲突时,采取非破坏性的仲裁技术。当发生总线冲突时,优先级较低的主动退出,优先级较高的可以继续传输而不受影响,保证了优先级较高的报文的实时性。

(4) CAN 通过报文滤波可实现多种传输方式,包括点对点、点对多及全局广播等。

(5) CAN 总线的最长直线通信距离可达到 10 千米(传输速率在 5Kb/s 以下时),最高通信速率可达到 1Mb/s(此速率下最长通信距离为 40 千米)。

(6) 总线驱动电路决定了 CAN 总线上的节点数目,现在最多可达到 110 个节点。

(7) 通信错误严重时,CAN 节点具有自动关闭的功能,不影响总线上其他的节点。

另外,CAN 采用短帧结构传输数据,并且每帧数据都有 CRC 校验等检错措施,从而保证了数据信息的高可靠性传输。

STM32F4 微控制器内部集成了专门的 CAN 控制器,支持 CAN 协议 2.0A 和 CAN 协议 2.0B 主动模式。同时,它具有配置邮箱和定时邮递的功能,不但使得串口数据平稳灵活传输,也使得外围电路大大简化。通过两个引脚与外部收发器相连,接收数据输入和发送数据输出,接口电路如图 14-4 所示。

最终把设计好的电路放置在经过本安测试的壳体内,如图 14-5 所示。

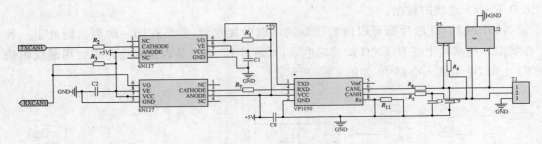

图 14-4　CAN 接口电路

图 14-5　井下通信分站外壳

14.2　软件方案设计

软件设计主要包括 RS485 接口、CAN 接口、OLED、键盘及数据的处理几个部分,完成上下位机的通信和数据的传输。

14.2.1　软件总体程序的思路

1. 软件实现的功能

(1) 具有本机初始化和初始化参数掉电保护功能。

(2) 具有 CAN 接口、485 接口及无线通信接口。

(3) 具有数据发送和接收功能,能接收并储存上级计算机的命令。

（4）根据上级计算机的命令，采集、处理各传感器或下一级数据采集站的信号，并向上传输。

（5）按上一级计算机的命令发出开关量控制信号。

（6）根据设定对传感器的输入进行自动判断，并输出相应的开关量控制信号。

2. 整体设计思路

分机通过 485 接口或 CAN 接口与多路传感器进行通信，对煤矿井下的情况进行数据采集。分机通过 CAN 或 485 与 PC 机通信，将所有传感器的数据传入，在 PC 机界面上进行实时显示，同时分机也可通过按键实现对单路传感器的数据进行 OLED 显示实时观察。如果多路传感器数据出现超标线性，分机可自行切断电源，实现保护，同时报警。PC 机也可通过 485 通信，发送控制信号对分机进行操作，分机接收到控制信号可执行相应的操作，例如切断电源，等等。分机软件总体框图如图 14-6 所示。

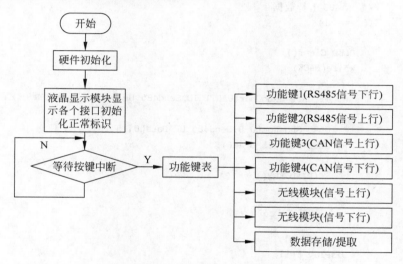

图 14-6　分机软件总体框图

主程序部分代码如下：

```c
int main (void)
{
    API_Init();
    OLED_Init();
    KEY_GPIO_INIT();
    RS485_Init();
    CAN_Init();
    USART_Init();
    while(1)
    {
    Send_Char();
    CAN_Test();
```

```
if(FIND_KEY() == 10)                //液晶显示选择,向上翻滚,B键
{
  i-- ;
      if(i < 1)
        i = 1;
      DisPlay_F(i); }
if(FIND_KEY() == 11)                //液晶显示选择,向下翻滚,A键
{
  i++;
    if(i > 6)
      i = 6;
    DisPlay_F(i); }
if (FIND_KEY() == 12)               //显示所选中的功能下的数据,C键
{
    //显示 485 上行数据
    if(i == 1)
    {
        OLED_Clear();
        while(BACK)
        {
            if(Uart_SendChar(UART1_ID,Send485_UP_Data[0]) == ERR_OK)
            {
            OLED_ShowNum(0,0,Send485_UP_Data[0],5,16);
            OLED_Refresh_Gram();
            }
            if(FIND_KEY() == 13)
            {
                BACK = 0;
            } }
            BACK = 1;
          DisPlay_F(i);
    }
    //显示 485 下行数据
    if (i == 2)
    {
        OLED_Clear();
        while(BACK)
        {
        if(Uart_RecvChar(UART1_ID,Read485_DOWN_Data) == ERR_OK)
        OLED_ShowNum(0,0,Read485_DOWN_Data[0],5,16);
        OLED_Refresh_Gram();}
        if(FIND_KEY() == 13)
            {
                BACK = 0; } }
        BACK = 1;
        DisPlay_F(i); }
    //显示 CAN 上行数据
```

```
        if(i == 3)
        {
            OLED_Clear();
            while(BACK)
            {
OLED_ShowNum(0,16,CanTx.Data[0],5,16);
OLED_Refresh_Gram();
                if(FIND_KEY() == 13)
                {
                    BACK = 0; }
            BACK = 1;
            DisPlay_F(i);}
//显示CAN下行数据
        if (i == 4)
        {
            OLED_Clear();
            while(BACK)
            {
            CAN_Test();
            val = CAN_Ctrl(CAN1_ID, CMD_CAN_GetMsgRxBuf, 0);
            if(val > 0)
            {
            if(CAN_Read(CAN1_ID,(CAN_RX_MSG * )&CanRx) == ERR_OK)
            {
            OLED_ShowNum(0,16,CanRx.Data[0],5,16);
            OLED_Refresh_Gram();
                }}
            if(FIND_KEY() == 13)
                {
                    BACK = 0; }}
        BACK = 1;
        DisPlay_F(i);
}
    //显示无线上行数据
    if(i == 5)
    {
        OLED_Clear();
        while(BACK)
        {
            if(Uart_SendString(UART2_ID,WuXian_UP) == ERR_OK)
            {
        OLED_ShowNum(0,16,WuXian_UP[0],5,16);
        OLED_Refresh_Gram();
            }
            if(FIND_KEY() == 13)
                {
                    BACK = 0; }}
```

```
                        BACK = 1;
            DisPlay_F(i);}
//显示无线下行数据
if(i == 6)
{
    OLED_Clear();
    while(BACK)
    {
    if( Uart_Read(UART2_ID, WuXian_DOWN, 0) == ERR_OK)
        {
    OLED_ShowNum(0,16,WuXian_DOWN[0],5,16);
    OLED_Refresh_Gram();
        }
        if(FIND_KEY() == 13)
        {
            BACK = 0;
        }}
        BACK = 1;
    DisPlay_F(i);
}} } }
```

14.2.2　RS485 接口的使用及程序流程

本节主要介绍 RS485 的通信部分,包括 RS485 的对上行数据及下行数据的控制。

1. RS485 程序流程图思路

1) USART 的初始化

(1) 配置对应 USART 的 IO;

(2) 设置通信波特率;

(3) 设置传输数据长度;

(4) 设置停止位;

(5) 设置奇偶校验位;

(6) 使能相应 USART。

2) 程序思路

初始化相应的 USART 判断是否有执行相应 RS485 通信的命令。如果有下行通信命令,则传感器采集相应的数据;如果选择上行通信,则将采集数据通过 RS-485 发送给 PC 机。

如果 PC 机有下行通信命令,则将 PC 机要发送的数据发送给下位机,下位机执行数据命令。RS485 程序流程图如图 14-7 所示。

2. RS485 部分程序函数说明

1) INT32S Uart_Read(INT8U id, INT8U * p, INT16U len)

读取接收的数据,如果有数据接收,该函数会返回接收一定长度的数据块,否则将返回错误代码。

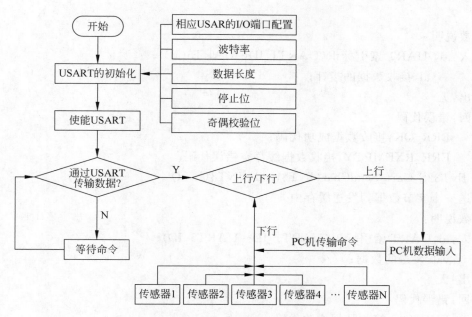

图 14-7　RS485 程序流程图

函数说明：

输入：id,UART 索引标识(UART1_ID～UART5_ID)；

　　 *p,接收数据块指针；

　　 len,接收数据块长度；

输出：*p,接收数据块指针；

返回：错误代码

　　 ERR_OK ：接收数据成功代码；

　　 ERR_RXEMPTY：接收数据最后缓存空错误代码。

2) INT32S Uart_Write(INT8U id, INT8U ＊p, INT16U len)

发送一个数据块到发送缓存中。

函数说明：

输入：id,UART 索引标识(UART1_ID～UART5_ID)；

　　 *p,发送数据块指针；

　　 len,发送数据块长度；

返回：错误代码

　　 ERR_OK ：发送数据成功代码；

　　 ERR_RXEMPTY：发送数据缓存满错误代码。

3) INT32S Uart_RecvChar(INT8U id, INT8U ＊val)

接收一个字节数据,如果有数据接收,该函数会返回一个接收数据,否则将返回错误代码。

　　函数说明：

　　输入：id，UART 索引标识(UART1_ID～UART5_ID)；

　　　　* val,接收数据的指针；

　　输出：无

　　返回：错误代码

　　　　ERR_OK：接收数据成功代码；

　　　　ERR_RXEMPTY：接收数据缓存空错误代码。

4）INT32S Uart_SendChar(INT8U id，INT8U val)

发送一个字节数据到发送缓存中。

　　函数说明：

　　输入：id，UART 索引标识(UART1_ID～UART5_ID)；

　　　　val,发送的数据；

　　输出：无

　　返回：错误代码

　　　　ERR_OK：接收数据成功代码；

　　　　ERR_TXFULL：发送缓存已满错误代码。

5）INT32S Uart_SendString(INT8U id，INT8U * p)

发送一个字符串数据到发送缓存中。

　　函数说明：

　　输入：id，UART 索引标识(UART1_ID～UART5_ID)；

　　　　* p,发送字符串数据块指针；

　　输出：无

　　返回：错误代码

　　　　UART_ERR_OK：发送数据成功代码；

　　　　UART_ERR_RXEMPTY：发送数据缓存满错误代码。

6）INT32S Uart_Ctrl(INT8U id，INT8U Cmd，INT32U Para)

UART 命令控制函数。

　　函数说明：

　　输入：id，UART 索引标识(UART1_ID～UART5_ID)；

　　　　Cmd，UART 控制命令：

　　　　CMD_UART_GetCharsRxBuf：读取接收数据缓存中数据长度；

　　　　CMD_UART_GetCharsTxBuf：读取发送数据缓存中空闲空间长度；

　　　　CMD_UART_ChangeBaud：改变波特率；

　　　　CMD_UART_ClearRxBuffer：清除接收缓存中数据；

　　　　CMD_UART_ClearTxBuffer：清除发送缓存中数据；

Para,DMA 命令控制参数;

输出:无

返回:无返回的命令,返回 ERR_OK;有返回的命令返回相应参数。

14.2.3 CAN 数据传输

本节主要说明 CAN 的数据传输及如何在本款产品中用到 CAN 通信。

1. CAN 配置思路文字流程

(1) 配置 CAN 对应的 I/O 端口;

(2) 模式选择(选择正常模式);

(3) 配置波特率;

(4) 配置滤波器;

(5) 使能 CAN。

2. CAN 配置思路流程图

CAN 配置思路流程如图 14-8 所示。

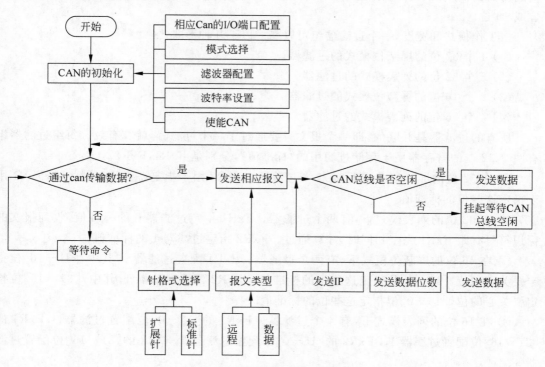

图 14-8 CAN 配置思路流程图

3. CAN 滤波器的设置方法

STM32 普通型芯片的 CAN 有 14 组过滤器组(互联型有 28 组过滤器组),用以对接收到的帧进行过滤。每组过滤器包括了两个可配置的 32 位寄存器:CAN_FxR0 和 CAN_

FxR1。对于过滤器组,可以将其配置成屏蔽位模式,这样 CAN_FxR0 中保存的就是标识符匹配值,CAN_FxR1 中保存的是屏蔽码,即 CAN_FxR1 中如果某一位为 1,则 CAN_FxR0中相应的位必须与收到的帧的标志符中的相应位吻合才能通过过滤器;CAN_FxR1 中为 0的位,表示 CAN_FxR0 中的相应位可不必与收到的帧进行匹配。过滤器组还可以被配置成标识符列表模式,此时 CAN_FxR0 和 CAN_FxR1 中的都是要匹配的标识符,收到的帧的标识符必须与其中的一个吻合才能通过过滤。

根据配置,每 1 组过滤器组可以有 1 个,2 个或 4 个过滤器。这些过滤器相当于关卡,每当收到一条报文时,CAN 要先将收到的报文从这些过滤器上"过"一下,能通过的报文是有效报文,收进 FIFO,不能通过的是无效报文(不是发给"我"的报文),直接丢弃。所有的过滤器是并联的,即一个报文只要通过了一个过滤器,就算有效。每组过滤器组有两种工作模式:标识符列表模式和标识符屏蔽位模式。标识符列表模式下,收到报文的标识符必须与过滤器的值完全相等才能通过。标识符屏蔽位模式下,可以指定标识符的哪些位为何值时就算通过。这其实就是限定了处于某一范围的标识符能够通过。在一组过滤器中,整组的过滤器都使用同一种工作模式。另外,每组过滤器中的过滤器宽度是可变的,可以是 32位或 16 位。

按工作模式和宽度,一个过滤器组可以变成以下几种形式之一。

(1) 1 个 32 位的屏蔽位模式的过滤器。

(2) 2 个 32 位的列表模式的过滤器。

(3) 2 个 16 位的屏蔽位模式的过滤器。

(4) 4 个 16 位的列表模式的过滤器。

所有的过滤器是并联的,即一个报文只要通过了一个过滤器,就算有效。每组过滤器组有两个 32 位的寄存器用于存储过滤用的"标准值",分别是 FxR1,FxR2。

① 在 32 位的屏蔽位模式下,有 1 个过滤器。FxR2 用于指定需要关心哪些位,FxR1 用于指定这些位的标准值。

② 在 32 位的列表模式下,有两个过滤器。FxR1 指定过滤器 0 的标准值,收到报文的标识符只有跟 FxR1 完全相同时,才算通过。FxR2 指定过滤器 1 的标准值。

③ 在 16 位的屏蔽位模式下,有两个过滤器。FxR1 配置过滤器 0,其中,[31-16]位指定要关心的位,[15-0]位指定这些位的标准值。FxR2 配置过滤器 1,其中,[31-16]位指定要关心的位,[15-0]位指定这些位的标准值。

④ 在 16 位的列表模式下,有 4 个过滤器。FxR1 的[15-0]位配置过滤器 0,FxR1 的[31-16]位配置过滤器 1。FxR2 的[15-0]位配置过滤器 2,FxR2 的[31-16]位配置过滤器 3。

STM32 的 CAN 有两个 FIFO,分别是 FIFO0 和 FIFO1。为了便于区分,下面 FIFO0写作 FIFO_0,FIFO1 写作 FIFO_1。每组过滤器组必须关联且只能关联一个 FIFO。复位默认都关联到 FIFO_0。所谓"关联"是指假如收到的报文从某个过滤器通过了,那么该报文会存到该过滤器相连的 FIFO。从另一方面,每个 FIFO 都关联了一串的过滤器组,两个

FIFO 刚好瓜分了所有的过滤器组。每当收到一个报文,CAN 就将这个报文先与 FIFO_0 关联的过滤器比较,如果匹配,就将此报文放入 FIFO_0 中。如果不匹配,再将报文与 FIFO_1 关联的过滤器比较,如果被匹配,该报文就放入 FIFO_1 中。如果还是不匹配,此报文就丢弃。每个 FIFO 的所有过滤器都并联,只要通过了其中任何一个过滤器,该报文就有效。如果一个报文既符合 FIFO_0 的规定,又符合 FIFO_1 的规定,显然,根据操作顺序,它只会放到 FIFO_0 中。每个 FIFO 中只有激活了的过滤器才起作用,换句话说,如果一个 FIFO 有 20 个过滤器,但是只激活了 5 个,那么比较报文时,只拿这 5 个过滤器作比较,一般要用到某个过滤器时,在初始化阶段就直接将它激活。

　　需要注意的是,每个 FIFO 必须至少激活一个过滤器,它才有可能收到报文。如果一个过滤器都没有激活,那么所有报文都报废。一般,如果不想用复杂的过滤功能,FIFO 可以只激活一组过滤器组,且将它设置成 32 位的屏蔽位模式,两个标准值寄存器(FxR1,FxR2)都设置成 0。这样所有报文均能通过。

　　STM32CAN 中,另一个较难理解的就是过滤器编号。过滤器编号用于加速 CPU 对收到报文的处理。收到一个有效报文时,CAN 会将收到的报文及它所通过的过滤器编号,一起存入接收邮箱中。CPU 在处理时,可以根据过滤器编号,快速地知道该报文的用途,从而做出相应处理。不用过滤器编号其实也可以,这时候 CPU 就要分析所收报文的标识符,从而知道报文的用途。由于标识符所含的信息较多,处理起来就慢一点。STM32 使用以下规则对过滤器编号:

　　(1) FIFO_0 和 FIFO_1 的过滤器分别独立编号,均从 0 开始按顺序编号。

　　(2) 所有关联同一个 FIFO 的过滤器,不管有没有激活,均统一进行编号。

　　(3) 编号从 0 开始,按过滤器组的编号从小到大,按顺序排列。

　　(4) 在同一过滤器组内,按寄存器从小到大编号。FxR1 配置的过滤器编号小,FxR2 配置的过滤器编号大。

　　(5) 同一个寄存器内,按位序从小到大编号。[15−0]位配置的过滤器编号小,[31−16]位配置的过滤器编号大。

　　(6) 过滤器编号是弹性的。当更改了设置时,每个过滤器的编号都会改变。

　　在设置不变的情况下,各个过滤器的编号相对稳定。这样,每个过滤器在自己的 FIFO 中都有编号。

　　① 在 FIFO_0 中,编号从 0~(M−1),其中 M 为它的过滤器总数。

　　② 在 FIFO_1 中,编号从 0~(N−1),其中 N 为它的过滤器总数。

　　一个 FIFO 如果有很多的过滤器,可能会有一条报文,在几个过滤器上均能通过,这时候,这条报文算是从哪儿过来的呢? STM32 在使用过滤器时,按以下顺序进行过滤:

　　(1) 位宽为 32 位的过滤器,优先级高于位宽为 16 位的过滤器。

　　(2) 对于位宽相同的过滤器,标识符列表模式的优先级高于屏蔽位模式。

　　(3) 位宽和模式都相同的过滤器,优先级由过滤器号决定,过滤器号小的优先级高。

　　按这样的顺序,报文能通过的第一个过滤器,就是该报文的过滤器编号,被存入接收邮箱中。

1) INT32S CAN_Write(INT8U id，CAN_TX_MSG ＊Para)

发送 CAN 数据。

函数说明：

输入：id，CAN 识别号(CAN1_ID、CAN2_ID)；

  ＊Para，发送数据块指针；

输出：无

返回：错误代码

  ERR_OK ：发送数据成功代码；

  ERR_RXEMPTY：发送数据缓存满错误代码。

2) INT32S CAN_Read(INT8U id，CAN_RX_MSG ＊Para)

接收 CAN 数据。

函数说明：

输入：id，CAN 识别号(CAN1_ID、CAN2_ID)；

  ＊Para，接收数据块指针；

输出：无

返回：错误代码

  ERR_OK ：发送数据成功代码；

  ERR_RXEMPTY：发送数据缓存满错误代码。

3) INT32S CAN_Ctrl(INT8U id，INT8U Cmd，INT32U Para)

CAN 命令控制函数。

函数说明：

输入：id，CAN 识别号(CAN1_ID，CAN2_ID)；

  Cmd，CAN 控制命令；

  Para，CAN 命令控制参数；

输出：无

返回：无返回的命令，返回 ERR_OK；有返回的命令返回相应参数。

14.2.4　OLED 显示

OLED 模块使用思路框图如图 14-9 所示。

1. OLED_Refresh_Gram(void)

函数功能：更新显存函数；

返回值：无；

函数的使用：每次对 OLED 屏幕进行更新时，需要调用该函数对 OLED 数据进行刷新。

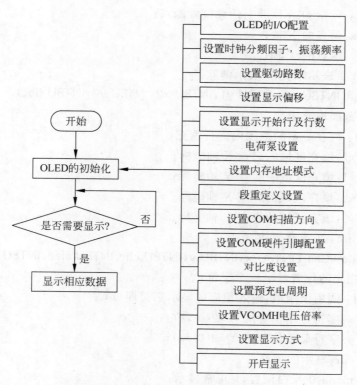

图 14-9 OLED 模块使用思路框图

2. OLED_WR_Byte(INT8U dat,INT8U cmd)

函数功能：对 OLED 行写操作；

函数的使用：对 OLED 进行写操作时,需要对其进行调用；

函数输入值：dat：写入的数据/命令；

　　　　　　cmd：0 表示命令,1 表示数据。

3. OLED_Display_On(void)

函数功能：开启 OLED 显示；

函数的使用：对 OLED 进行初始化时需要用到,用户不需要修改。

4. OLED_Display_Off(void)

函数功能：关闭 OLED 显示；

函数的使用：不需要使用 OLED 时,可以调用该函数将 OLED 关闭,起到节能作用。

5. OLED_Clear(void)

函数功能：清除 OLED 数据,即清屏；

函数的使用：当要跟换显示时,可对 OLED 进行清屏。

6. OLED_DrawPoint(INT8U x,INT8U y,INT8U t)

函数功能：画点函数；

函数的使用:可在 OLED 屏上任意位置画点;

函数输入: x:画点的 X 轴;

　　　　　y:画点的 Y 轴;

　　　　　t:1 表示填充,0 表示清除。

7. OLED_Fill(INT8U x1,INT8U y1,INT8U x2,INT8U y2,INT8U dot)

函数功能:范围填充函数;

函数的使用:可在一定的范围内进行填充;

函数输入:x1:填充区域的起点 X 轴坐标;

　　　　　y1:填充区域的起点 Y 轴坐标;

　　　　　x2:填充区域的终点 X 轴坐标;

　　　　　y2:填充区域的终点 Y 轴坐标;

　　　　　dot: 0-清空,1-填充。

8. OLED_ShowChar(INT8U x,INT8U y,INT8U chr,INT8U size,INT8U mode)

函数功能:指定的位置显示一个字符;

函数的使用:调用该函数,输入相应的显示字符即可;

函数输入: x:字符显示位置的 X 轴(0-127);

　　　　　y:字符显示位置的 Y 轴(0-63);

　　　　　chr:显示的字符;

　　　　　mode:0-反白设置,1-正常显示;

　　　　　size:选择字体大小,16 或 12。

9. mypow(INT8U m,INT8U n)

函数功能:m^n 函数;

函数的使用:例如 3 的 2 次方则输入 m=3,n=2 即可;

函数输入: m;

　　　　　n。

10. OLED_ShowNum(INT8U x,INT8U y,INT32U num,INT8U len,INT8U size)

函数功能:显示数字函数;

函数输入: x:数字显示的 X 轴坐标;

　　　　　y:数字显示的 Y 轴坐标;

　　　　　num:显示的数字;

　　　　　len:显示数据的位数;

　　　　　size:显示数字的字体大小。

11. OLED_ShowString(INT8U x,INT8U y,const INT8U * p)

函数功能:显示字符串函数;

函数输入: x:字符串的起点 X 轴坐标;

　　　　　y:字符中的起点 Y 轴坐标;

　　* P：字符串的起始地址。

12. china(INT8U x,INT8U y,INT8U num,INT8U size ,INT8U mode)

函数功能：显示一个汉字函数；

函数输入：x:汉字起点 X 轴坐标；

　　　　　y：汉字起点 Y 轴坐标；

　　　　　num：显示汉字在汉字数组中的位置；

　　　　　size：汉字大小；

　　　　　mode：0-反白,1-正常。

13. china_string(INT8U x,INT8U y,INT8U num,INT8U len,INT8U size,INT8U mode)

函数功能：显示多个汉字函数；

函数输入：x：汉字的起点 X 轴坐标；

　　　　　y：汉字的起点 Y 轴坐标；

　　　　　num：显示汉字在汉字数组中的位置；

　　　　　len：显示汉字个数；

　　　　　size：汉字大小；

　　　　　mode：0-反白,1-正常。

14.2.5　键盘输入

键盘模块使用思路框图如图 14-10 所示。

1. INT32S IO_Init(INT8U IOx，INT8U Mode，INT8U Speed);

IO 初始化函数。

函数说明：

输入：IOx,输出 IO 的序号：IO1~IO140；

　　　Mode，IO 模式设置如下：

　　　　　　　输出模式:IO_OUT_PP,通用推挽输出模式；

　　　　　　　　　　IO_OUT_OD,通用开漏输出模式；

　　　　　　　　　　IO_OUT_AF_PP,复用功能推挽输出模式；

　　　　　　　　　　IO_OUT_AF_OD,复用功能开漏输出模式；

　　　　　　　输入模式:IO_AIN,模拟输入模式；

　　　　　　　　　　IO_IN_FLOATING,浮空输入模式(复位后的状态)；

　　　　　　　　　　IO_IN_IPD,内部下拉输入模式；

　　　　　　　　　　IO_IN_IPU,内部上拉输入模式；

　　　Speed，IO 输出速度：

如果 IO 模式是输入模式,则该参数设置为：IO_INPUT,输入模式(复位后的状态)；

如果 IO 模式是输出模式,则该参数设置为速度选择：

　　IO_SPEED_10MHz,最大速度 10MHz；

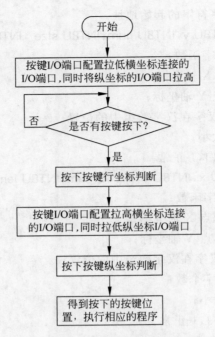

图 14-10　键盘模块使用思路框图

IO_SPEED_2MHz,最大速度 2MHz;

IO_SPEED_50MHz,最大速度 50MHz;

输出:无;

返回:操作错误码。

2. INT32U IO_Read(INT8U IOx);

读取输入 IO 输入值。

函数说明:

输入:IOx,输入 IO 的序号: IO1～IO140;

输出:无;

返回:输入 IO 的序号是 IO1～IO140,则返回值是 1,高电平;是 0,低电平。

3. void IO_Write(INT8U IOx, INT16U val);

写入 DOUT 输出的值。

函数说明:

输入:IOx,输出 IO 的序号: IO1～IO140;

　　　val,如果 IOx 是 IO1～IO140,则 1 输出高电平;0,输出低电平;

输出:无;

返回:无。

4. INT32S IO_Ctrl(INT8U IOx, INT8U Cmd, INT32U Para);

IO 命令控制。

函数说明：

输入：IOx，输入 IO 的序号：IO1～IO140；

   Cmd，IO 控制命令：

     IO_NEG，IO 取反；

     IO_ON_T，IO 置 1 后并延时一段时间再置 0；

     IO_OFF_T，IO 置 0 后并延时一段时间再置 1；

Para，延时参数，单位 ms；

输出：无；

返回：错误代码。

习题

（1）监控分站使用的场合特殊，在设计时该注意什么问题？

（2）CAN 总线的配置方法和流程是什么？

（3）通过键盘的功能键完成数据的采集和传输，说明软件设计的流程和方法。

第 15 章

无线电能功率传输系统的设计

随着科技的发展和生活质量的提高,人们对电能传输需求越来越高。电能给人类带来便捷的同时也存在着很多麻烦之处。

本章利用谐振理论和 PWM 技术研制一种无线短距离电能传输系统。用电设备与电源无须电气连接,使得用电具有良好的安全性和便捷性。

系统采用 STM32F103 控制器,控制全桥逆变器将整流后的直流电进行斩波处理,产生高频交变电能供 LC 谐振电路使用,LC 谐振电路将电能变成磁场能发射出去。相同频率的 LC 谐振电路进入磁场后将磁场能转化成电能存储并供负载使用。发射和接收部分的通信采用 2.4G 无线通信模块。

本系统功率为 100W,效率为 81%,具有金属异物检测、过温、过压保护功能,采用传输距离为 10cm 的无线电能传输,可点亮 4 个 25W 的灯泡。

15.1 设计内容与实现指标

15.1.1 设计内容

本章利用谐振理论和电力电子技术,通过多次实验研究一种给负载供电的无线电能功率传输系统。考虑到系统的实用性,系统将传输效率作为第一指标,以增强稳定性为前提,尽可能地增大传输距离。具体研究包括下面三个方面。

(1) 系统原理的分析与研究。分析研究磁场共振传输方式中,磁场发射强度、频率对传输距离的影响;研究磁场发射频率和接收端 LC 谐振固有频率的匹配程度对系统传输效率的影响;研究怎样匹配谐振频率,降低感抗和容抗带来的损耗。

(2) 硬件平台的构建。硬件平台是实现系统原理的依托,对硬件平台的研究是实现无线传输必不可少的一项内容。硬件平台主要包括怎样实现高频磁交变场的产生、线圈在实际的制作中怎样才能达到损耗最小、一些电压电流的检测和对设备的保护措施以及对控制平台需要搭建的硬件。

(3) 系统控制机制的研究。主要研究系统的控制机制控制流程,比如有异物进入磁场时要停止磁场的输出、接收线圈到达最佳距离进行提示等等。还需要加入合理的散热结构,确保系统能够长时间稳定工作。

15.1.2　系统设计指标

系统具有以下指标和功能。

(1) 保持发射线圈与接收线圈间距离 $x=10cm$，输入直流电压 $U_1=110V$ 时，调整负载使接收端输出直流电流 2A，输出直流电压 $U_2 \geqslant 200V$，提高该无线电能传输装置的效率到 80%。

(2) 输入直流电压 $U_1=110V$，输入直流电流不大于 3A，接收端负载为 4 只并联灯泡(25W)。

(3) 加入显示器的供电接入电路和手机充电接入电路，并添加过压保护、过流保护、接入设备检测以及 MOS 管温度检测等。

15.2　无线电能传输的基本原理分析

15.2.1　无线电能传输的耦合方式

无线供电能有效地解决供电电源的安全接入问题，解决导体接插式连接带来的打火、积碳、不易维护和磨损等问题。无线电能传输技术是电能在传输和接入问题上的革命和创新。根据无线供电的供电方式不同，可将其分为 3 大类：电磁感应耦合式、磁谐振耦合式和微波辐射式。

1. 电磁感应耦合式

利用电磁感应耦合方式实现电能的无线传输是将能量从发射端传送到接收端的一种无线供电方式，其能量变换类似于变压器的变换原理，主要是将工频交流电经整流滤波后进行斩波处理，也就是经过高频逆变器产生高频交流电。逆变器产生的交流电流经过原边送给一次发射绕组，一次绕组在高频电流的激励下产生的磁链与副边接收绕组交链，根据电磁感应原理，在副边产生感应电动势。该模型可以等效成一个可分离的磁松耦合变压器，原边一次绕组通以高频电流后在负边二次绕组产生同频电功率，利用耦合方式将电能从一侧输送到另一侧，实现电能的无线传输。

这种传输方式中，电能发射线圈和电能接收线圈存在极强的方向性。当两个线圈垂直时，两线圈的耦合性最差，两线圈平行时耦合性最强。另外，二者的距离对该系统的传输效率也有极大的影响，即负载的位置对传输效率、功率都有极大影响。图 15-1 是这项技术的一种应用，该技术的传输功率可以达到几百千瓦，传输效率能达到 90%，缺点就是传输距离短。

2. 磁谐振耦合式

磁谐振耦合也叫磁场共振耦合，其供电方式是通过近场强耦合技术将电能从一边传到另一边，简单的说就是共振原理。两个相同谐振频率的物体之间能量交换是很强的，不同频率的物体之间几乎不能交换能量。

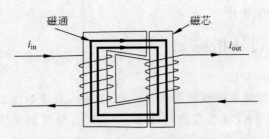

图 15-1 煤矿设备使用的防爆插头结构简图

图 15-2 所示的是无线电能功率传输基于谐振耦合方式的原理框图。电能的发射部分和接收部分采用两个具有相同频率的感应线圈,电能发射装置产生交变的磁场,有相同频率的感应线圈进入该场时,就会在接收端产生磁谐振,把电聚集在电容中为负载供电,电能就这样从一端传输到另一端了。

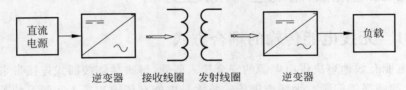

图 15-2 无线电能传输基于谐振耦合方式的原理框图

这种方式能在数百米范围实现无线供电,遇到障碍物时也不用担心,传输效率高,功率等级一般是在百瓦,适用于小功率传输。

3. 微波辐射式

微波辐射式供电技术的原理如图 15-3 所示,由电源提供电力,通过微波转换器将交变电流变换成微波,再通过发射站的微波发射天线送到空间,然后传输到地面微波接收站,转换器将接收到的微波变换成交流电供用户使用。

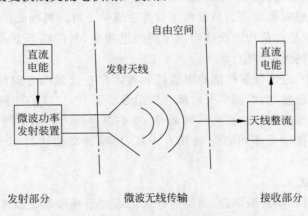

图 15-3 微波辐射式无线电能传输原理框图

利用微波进行无线供电主要分为两部分：能量发送部分和能量接收部分。整个传输过程类似于大功率信号传输，与梯板的无线通信系统相比，其存在以下优点。

（1）方向的灵活性。在传输过程中，传输方向可以任意改变。

（2）快速性。能量以光速传播。

（3）低损耗。能量在太空中传播是没有损耗的，在大气层传输较长波长的能量损耗也是微弱的。

4．其他方式的无线电能传输

除了上述传输方式外，无线电能传输还有很多方式，比如超声波传输、激光传输等等。超声波式的无线传输是利用超声波作为媒介将电能传输出去的一种方式，由电压效应产生的超声波的频率范围在 20 千赫兹到数兆赫兹。利用超声波传输电能的系统同样也包括波形发射部分和接收部分。发射部分主要是将电能转换为超声波发射出去，接收部分就是将接收到的超声波能量转化为高频电能，再经过整流、滤波和稳压供负载使用。

激光式无线电能传输同其他方式原理类似，发射再接收。激光的危害比较大，巨大的电能对人体的伤害也是无法想象的，如何控制好激光让其为人类服务，该技术还在研发中。

15.2.2 磁谐振耦合式无线电能传输的基本原理

利用磁谐振耦合方式实现无线电能传输的实质是两个频率相同的谐振线圈放在一起实现的磁场共振现象。如共振音叉实验一样，两个振动频率相同的物体能高效传输能量。当电源发送端的磁场振荡频率和接收端的固有频率相同时，接收端产生共振，实现能量的无线传输。

1．音叉共振实验的基本原理

如图 15-4 所示，具有相同固有频率的两个音叉，在一方音叉被敲打时，另一方的音叉与之发生共振，能量从一方传到另一方。宏观上，电能的传输方式与此相似。

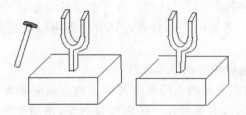

图 15-4　音叉共振实验原理图

2．LC 谐振的基本原理

LC 谐振分为串联和并联两种，虽然它们的结构不同，但是依然存在一些共同的特性，图 15-5 给出了两种谐振方式电路模型图。

1）串联 LC 谐振基本原理

如图 15-5(a)所示，根据相量法，电路的输入阻抗表示为

$$Z(j\omega) = R + j\left(\omega L - \frac{1}{\omega C}\right)$$

(15-1)

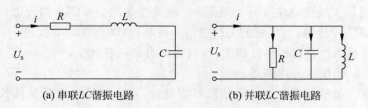

(a) 串联LC谐振电路　　　　　(b) 并联LC谐振电路

图 15-5　LC 谐振电路模型图

频率特性表示为

$$\varphi(\mathrm{j}\omega) = \arctan\left[\frac{\omega L - \dfrac{1}{\omega C}}{R}\right] \tag{15-2}$$

$$\mid Z(\mathrm{j}\omega)\mid = \frac{R}{\cos[\varphi(\mathrm{j}\omega)]} \tag{15-3}$$

当 $\omega = \omega_0$ 时,电路发生串联谐振,能够发生串联谐振的条件为

$$\mathrm{Im}[Z(\mathrm{j}\omega_0)] = X(\mathrm{j}\omega_0) = \omega_0 L - \frac{1}{\omega_0 C} = 0 \tag{15-4}$$

只有电感和电容同时存在时,上述条件才能满足。由式(15-4)可知谐振电路的角频率 ω_0 和固有频率 f_0 分别为

$$\omega_0 = \frac{1}{\sqrt{LC}} \quad f_0 = \frac{1}{2\pi\sqrt{LC}} \tag{15-5}$$

可以看出 RLC 串联电路只有一个谐振频率 f_0,仅与 L、C 有关,与 R 无关。只有输入信号 U_s 的频率与固有频率 f_0 相同(合拍)时,才能在电路中产生谐振。

2) 并联 LC 谐振基本原理

并联 LC 谐振的电路图如图 15-5(b)所示,基本原理与串联的基本一样,它是用导纳推导的,所以这里不再赘述。重要的一点是通过调节电阻可以改变并联 LC 谐振电路的固有频率。

3) 谐振式耦合无线电能传输的基本原理

本节主要研究基于磁场谐振的无线电能传输。耦合线圈是无线能量传输的核心,匹配调谐电路与耦合线圈相配合,实现共振。在电能发射端,电路产生 LC 谐振,电感会在这种谐振的情况下产生以谐振点频率为频率的交变磁场,就像单只音叉被敲击后,音箱传出声波一样。当固有频率为谐振频率的 LC 电路接近谐振磁场产生共振,能量就从原端传到副端了。

15.2.3　磁场谐振式无线电能传输系统的组成

基于磁场谐振的无线电能传输系统主要由两部分组成,一个是电能发射部分,另一个是电能接收部分。发射部分如图 15-6 所示,主要有整流、滤斩波、LC 谐振三个环节。

工频交流电通过整流后输出直流电,然后经过 MOS 管斩波形成高频交流电后通过电

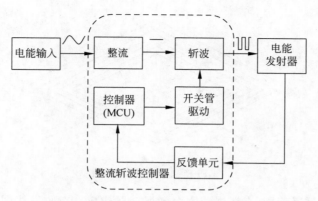

图 15-6　无线电能发射部分框图

感线圈以磁场的形式发散出去。MCU 的作用是控制 MOS 管进行斩波,这里的反馈单元主要是反馈线圈中的电压、电流以及温度等信息。

接收部分如图 15-7 所示,也是由 *LC* 谐振线圈、整流和变换器组成。电能通过线圈接收回来,经过整流、变换器处理后为设备供电。

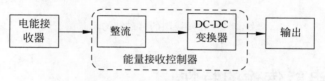

图 15-7　无线电能接收部分框图

15.2.4　实现传输的关键装置

1. 能量收发线圈

收发线圈是无线电能传输系统的组成核心,如图 15-8 所示。收发线圈直接影响到无线电能功率传输的性能,例如传输的功率和效率。线圈的尺寸、大小、线径、材质和周长不仅要满足相同的固有频率以及较高的 Q 值,同时也影响它的传输性能。高频电感的主要特性是电感量、分布电容和损耗电阻。线圈中的总的损耗电阻包括直流电阻、高频电阻和介质损耗电阻。直流电阻很显见,高频电阻是由趋肤效应造成的。高频电流流过铜线,线圈有效面积减小,引起导线电阻增大。高频情况下有分布电容存在,这是导线与导线之间、导线与绝缘介质之间存在的电容特性。低频的情况下可以忽略这种效应,但是在高频的电路中分布电容对系统的影响就不可忽略。

2. 电磁屏蔽

无线电能功率传输系统中的电磁屏蔽也是至关重要的。在大功率传输的过程中会产生数十万毫高斯的磁通,即使设备的主磁通只有 0.1% 的漏磁,也有数百毫高斯的辐射产生,这远远高于国际非电离辐射委员会标准规定的磁通值。为了防止漏磁污染环境,可在收发

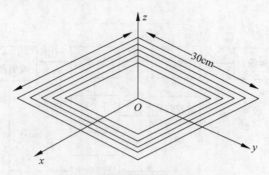

图 15-8   收发线圈结构图

线圈的边界安装金属屏蔽刷,金属屏蔽刷由多根金属构成。在收发线圈的顶层加盖一层铝箔片来屏蔽磁场,其装置实验图如图 15-9 所示。

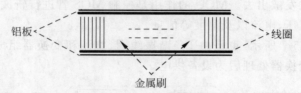

图 15-9   收发线圈的屏磁结构示意图

15.3   无线电能传输的特性

15.3.1   频率特性对无线电能传输系统的影响

研究无线电能传输系统的频率特性为提高无线电能传输效率和距离提供有益的参考。为了分析问题的简便,将激磁线圈的电路反射到发射线圈,相当于向发射线圈中加入一个感应电动势,而将负载线圈反射到接收线圈相当于接收线圈增加了一个反射阻抗。其等效电路如图 15-10 所示,U_s、R_1 分别为激磁线圈等效到发射线圈的感应电动势和阻抗,R_4 为负载线圈反射到接收线圈的等效阻抗,R_2、R_3 分别为发射线圈、接收线圈的损耗电阻和辐射电阻之和。

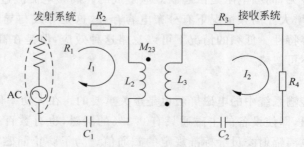

图 15-10   无线供电系统的简化图

设流过发射线圈和接收线圈的电流分别为 I_1、I_2，根据基尔霍夫电压定律（KVL），由图 15-10 可得

$$\dot{U}_s = \left(R_1 + R_2 + j\omega L_2 + \frac{1}{j\omega C_1}\right)\dot{I}_1 - j\omega M_{23}\,\dot{I}_2 \tag{15-6}$$

$$0 = \left(R_3 + R_4 + j\omega L_3 + \frac{1}{j\omega C_2}\right)\dot{I}_2 - j\omega M_{23}\,\dot{I}_1 \tag{15-7}$$

令负载阻抗和激励源内阻相同，那么他们的反射阻抗也相同，即 $R_1 = R_4$。因为发射线圈和接收线圈结构相同，所以 $R_2 = R_3$，$L_2 = L_3$，$C_1 = C_2$。为了便于分析，令

$$R_1 + R_2 = R_3 + R_4 = R$$
$$L_2 = L_3 = L$$
$$C_1 = C_2 = C$$
$$M_{23} = M$$

将式（15-7）代到式（15-6）中即可得

$$\dot{U}_s = \left(R + j\omega L + \frac{1}{j\omega C}\right)\dot{I}_1 - j\omega M_{23}\,\dot{I}_2 \tag{15-8}$$

$$0 = \left(R + j\omega L + \frac{1}{j\omega C}\right)\dot{I}_2 - j\omega M_{23}\,\dot{I}_1 \tag{15-9}$$

引入广义失谐因子 $\xi = Q\left(\dfrac{\omega}{\omega_0} - \dfrac{\omega_0}{\omega}\right)$，其中 Q 为品质因数，$Q = \dfrac{\omega_0 L}{R} = \dfrac{1}{\omega_0 CR}$，同时因为

$$\begin{aligned}
R + j\omega L + \frac{1}{j\omega C} &= R\left(1 + \frac{j\omega L}{R} + \frac{1}{j\omega CR}\right) \\
&= R\left(1 + \frac{j\omega_0 L}{R}\cdot\frac{\omega}{\omega_0} + \frac{1}{j\omega CR}\cdot\frac{\omega_0}{\omega}\right) \\
&= R\left[1 + jQ\left(\frac{\omega}{\omega_0} - \frac{\omega_0}{\omega}\right)\right] \\
&= R(1 + j\xi)
\end{aligned} \tag{15-10}$$

将式（15-10）分别带入式（15-8）和式（15-9）中可得

$$\dot{U}_s = R(1 + j\xi)\,\dot{I}_1 - j\omega M_{23}\,\dot{I}_2 \tag{15-11}$$

$$0 = R(1 + j\xi)\,\dot{I}_2 - j\omega M_{23}\,\dot{I}_1 \tag{15-12}$$

联立式（15-11）和式（15-12），解方程组得出

$$\dot{I}_2 = \frac{j\dfrac{\omega M}{R}\dot{U}_s\dfrac{1}{R}}{(1 + j\omega)^2 + \left(\dfrac{\omega M}{R}\right)^2} \tag{15-13}$$

设定耦合因数 $\eta = \dfrac{\omega M}{R}$，由公式（15-13）可得到接收线圈的电压及其模

$$\dot{U} = \dot{I}_2 R = \frac{j\dfrac{\omega M}{R}\dot{U}_s}{(1 + j\omega)^2 + \left(\dfrac{\omega M}{R}\right)^2} = \frac{j\eta\dot{U}_s}{(1 + j\omega)^2 + \eta^2} \tag{15-14}$$

$$|U| = \frac{\eta U_s}{\sqrt{(1 - \xi^2 + (\eta)^2)^2 + 4\xi^2}} \qquad (15\text{-}15)$$

对接收线圈电压模值求导,令$\dfrac{\mathrm{d}|U|}{\mathrm{d}\xi} = 0$,可知在$\xi_1 = 0$和$\xi_{2,3} = \pm\sqrt{\eta^2 - 1}$处得到电压绝对值的最大值

$$|U_{\max}| = \frac{U_s}{2} \qquad (15\text{-}16)$$

接收线圈归一化电压

$$\alpha = \frac{U}{U_{\max}} = \frac{2\eta}{\sqrt{(1 + \eta^2)^2 + 2(1 - \eta^2)\xi^2 + \xi^4}} \qquad (15\text{-}17)$$

由式(15-17)得到如图15-11所示的归一化电压的频率响应曲线。由归一化电压α与失谐因子ξ和耦合因数η的关系可知:

(1) 在$\eta > 1$处存在频率分裂现象,随着耦合因数η的减小,频率分裂也减小并收敛在谐振频率处,在该点$\eta = 1$,称之为临界耦合。

(2) 在$\eta > 1$处,虽然存在频率分裂现象,但是不管在哪个谐振频率处,系统均能实现最大传输效率。耦合因数大于临界耦合称之为过耦合。在$\eta < 1$处,即耦合因数小于临界耦合时称之为欠耦合,在欠耦合处,系统传递电能的效率急剧下降。

(3) 临界耦合点代表着系统最大传能距离,即在该点系统仍能实现电能的最大传输效率。

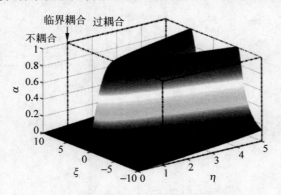

图 15-11　归一化电压频率曲线

通过对磁耦合谐振式无线电能传输系统频率特性的分析,得出了频率分裂现象的规律和出现条件,即频率分裂现象仅在过耦合区域中存在,并且当发射和接收线圈参数一致时,分裂具有对称性。利用频率分裂规律有利于促进频率跟踪技术的发展,从而进一步提高无线电能传输效率。

15.3.2　能量发射线圈设计对无线电能传输系统的影响

无线电能传输系统中的振荡器一般是由不同材质导线绕制而成的一对线圈。其中,电磁耦合谐振式系统为了获得更高的品质因数一般采用匝数不等的空心线圈。如何设计发射

线圈结构以保证能够从电源处获取足够大的功率并在空间产生足够大的磁场强度是该系统设计时要考虑的问题之一。采用不同线圈半径及匝数时,其等效电感、谐振频率与空间磁场强度分布均不相同,可以通过分析不同半径的单匝空心线圈的电气特性,定性地把握在实际中无线电能传输系统线圈设计规律。

如图 15-12 所示,首先建立线圈的轴对称模型,以线圈半径为参数扫描选项,从 0.01m 到 0.3m,步长 0.01m,共 30 组,给定固定集中补偿电容的值为 $0.33\mu F$,并对其进行频域分析以计算等效电感及谐振频率。然后将电路等效为电压源激励,对线圈半径及谐振频率两参数同时扫描求解,从而得到线圈在相同电压幅值激励并保持谐振状态时的空间磁场变化。

图 15-13 描述了不同半径线圈的中轴线上,点$(0,-0.3m)$至点$(0,0.3m)$处的磁场强度分布,其中磁场强度坐标轴采用对数形式显示。由解析公式可知,线圈平面上方边沿处磁场强度随线圈半径的变化规律与中心处的变化规律相似,因此只需讨论后者变化情况。由图中曲线可知,线圈半径越小,中心轴处磁场强度越大,反之磁场强度越小。当线圈半径较小时,随着空间坐标远离中心,磁场强度迅速衰减;当线圈半径较大时,虽然中心磁场强度较小,但随观测点的远离衰减较缓慢。

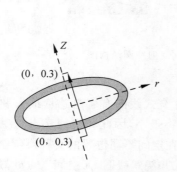

图 15-12　单匝线圈示意图

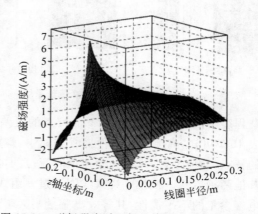

图 15-13　磁场强度随坐标及线圈半径的变化关系

图 15-14 展示了谐振频率及点$(0,0.3m)$处的磁场强度随线圈半径的变化规律。由图中曲线可知,一方面,随着半径的增加,线圈的自然谐振频率迅速下降,等效电感量逐步上升,对于电压源驱动电路而言,需要合理选择电路参数以使发射线圈获得足够的驱动电流;另一方面,中心轴线处磁场强度并非始终随着线圈半径的增加而增大,而是在半径小于 0.2m 时保持正比关系,在大于 0.2m 时磁场强度逐步趋近于稳定而不再增加。因此在该种驱动模式下,发射线圈最大半径不应超过 0.2m。

图 15-15 给出了三种不同发射线圈结构图与纵剖面绕组关系图,分别为螺旋并绕式、换位并绕式、盘式并绕三种结构。线圈统一采用线径为 10mm、厚度为 0.8mm 的紫铜管绕制,并通过环氧绝缘板固定导线以固定匝间距离。为保证三组线圈的可比性,在制作过程中内层线圈半径为 0.04m,中间层线圈半径为 0.07m,最外层线圈半径为 0.12m。由于各线圈加

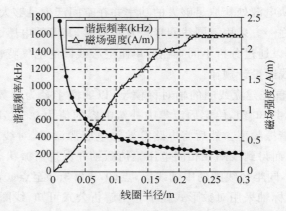

图 15-14　点(0,0.3m)处磁场强度及谐振频率随线圈半径的变化规律

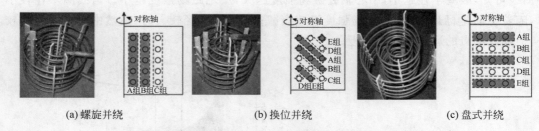

(a)螺旋并绕　　　　　　　(b)换位并绕　　　　　　　(c)盘式并绕

图 15-15　无线电能传输系统三种不同发射线圈结构图

工的复杂程度不同,手工加工存在 3‰~5‰ 的误差。

　　由表 15-1 可知,在上面的三种绕线方式中,螺旋并绕式线圈有着电感量最大和谐振频率最小的特点,对应地,加入高频交流电时流过的电流将最小,因此其空间三点处磁场强度均小于其他两种方式。换位并绕式线圈通过 5 组线圈在空间不同位置的交替换位以降低每匝线圈电气参量的不平衡性,其等效电感量略大于盘式并绕式线圈,而空间三点处磁场强度均略小于后者。盘式并绕式线圈采用 5 组线圈并绕的方式绕制,每组线圈均为平面盘型渐开结构,正常工作时最外层线圈与最内层线圈将会由于等效电感量小的原因而电流增大,保证了在最外层线圈上方磁场强度不至于过低,同时加工难度小于换位并绕式线圈,而且空间磁场分布与换位并绕式线圈基本相同,因此该种结构适合作为电压源激励型电磁耦合谐振式无线电能传输系统的发射线圈结构。

表 15-1　线圈参数计算值与测量值

类型	螺旋并绕式		换位并绕式		盘式并绕式	
结构	3 组并绕		5 组并绕		5 组并绕	
	每组 5 匝		每组 3 匝		每组 3 匝	
电感量/μH	计算值	测量值	计算值	测量值	计算值	测量值
	1.43	1.70	0.65	0.78	0.64	0.68

谐振频率/kHz	212		297		313	
1 点磁场	计算值	测量值	计算值	测量值	计算值	测量值
强度/(A/m)	66.3	61.7	77.5	69.0	83.5	85.0
2 点磁场	计算值	测量值	计算值	测量值	计算值	测量值
强度/(A/m)	3.7	6.1	16.7	16.0	17.5	20.5
3 点磁场	计算值	测量值	计算值	测量值	计算值	测量值
强度/(A/m)	16.5	12.1	36.4	34.2	38.1	36.2

在确定补偿电容的容值下,为获得较高的传输效率和较远的传输距离,要求线圈的设计需具有较好的磁场聚集度和尽量高的谐振频率以增加自身的品质因数。线圈半径越小,其中心磁场强度随着观测点的远离衰减越迅速;当线圈半径大于 0.2m 时,该点场强将趋于稳定而不再增长。在采用检测发射频率的方法获得触发电路控制信号的大功率电磁耦合谐振式无线电能传输系统中,需要严格控制发射线圈的电感量。螺旋并绕、换位并绕及盘式并绕线圈通过并联的方式在增大了空间磁场强度幅值情况下降低了等效电感的量值。通过数值分析与测量表明,盘式并绕线圈具有更低的电感量,其在电压源激励的无线电能传输系统中工作时能够获得更好的磁场聚集度与更高的品质因数,分析数据和图形能够较为准确地反映磁场强度的变化趋势,因此可以作为无线电能传输系统有效的分析手段以减小设计的盲目性。

15.3.3 电容补偿对无线能量传输系统性能的影响

无线能量传输系统是基于松耦合电磁感应来传输能量的,存在大量漏感,使得系统无功功率增加。为了提高系统的有功功率,一般采用电容补偿,让回路发生谐振,提高系统的传输效率和功率。电容补偿方式有两种,串联补偿和并联补偿,所以存在四种电容的补偿拓扑结构,如图 15-16 所示,分别为串-串补偿、并-并补偿、串-并补偿、并-串补偿。

为了研究初、次级回路电容补偿对系统性能的影响,实验装置采用铁芯变压器。初、次级绕组铁芯气隙(轴向距离)为 10mm。实验使用频率为 100kHz,保持负载输出功率不变,该无线能量传输系统松耦合变压器的电路参数为初级电感 $L_1 = 110.76H$,次级电感 $L_2 = 92.44H$,互感 $M = 35.5H$,内阻 $R_1 = 1.68\Omega$,$R_2 = 1.23\Omega$,负载电阻为 51Ω。补偿电容的参数如下表 15-2 所示。

表 15-2 补偿电容的实验选取参数

	串-串补偿	串-并补偿	并-串补偿	并-并补偿
初级补偿电容(μH)	13.8	14.8	13.7	14.9
次级补偿电容(μH)	27.2	27.2	27.2	27.2

实验过程中,保持负载电压不变,分别测量初级回路输入电压、初级绕组电流和功率因数,具体实验数据见表 15-3。

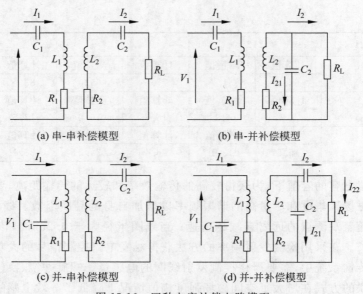

(a) 串-串补偿模型   (b) 串-并补偿模型

(c) 并-串补偿模型   (d) 并-并补偿模型

图 15-16　四种电容补偿电路模型

表 15-3　初、次级同时补偿后输入电压、初级绕组电流和功率因数

	串-串补偿	串-并补偿	并-串补偿	并-并补偿
输入电压/V	26.5	18.9	20.6	21.8
初级电流/I	27.2	27.2	27.2	27.2
功率因数	0.785	0.964	0.086	0.072

　　从表 15-3 中可以看出,在初、次级均补偿情况下,发射端输入电压和输入电流均下降,功率因数增加,在串-并补偿中,串-并补偿发射端输入电流相差不大,但输入电压比其他两种情况时低很多,功率因数提高很多,在串-并补偿情况下输入电压最小,功率因数最高。

15.4　系统方案确定及电路设计

15.4.1　系统结构组成

　　磁场耦合串-并式无线电能功率传输系统的总体设计方案如图 15-17 所示。系统是由整流调压器、逆变器、补偿网络、电磁收发线圈、高频整流和通信控制网络组成。其中整流调压器把工频交流电进行处理得到直流电,电流经斩波之后送给 LC 谐振补偿网络,电能由线圈转化成磁场分布在线圈周围。进入磁场内的线圈发生谐振,将电能送给电容存储起来。微控制器驱动逆变驱动器,具有软开关功能,控制驱动器进行零占空比渐进开通,对 MOS 进行保护。

　　2.4G 的无线通信系统主要是对接收端进行管理检测而进行通信设计的。接收端的电压值、电流值、温度值都要由经无线通信系统传回并显示,通过这些信息加以参考,对发射系

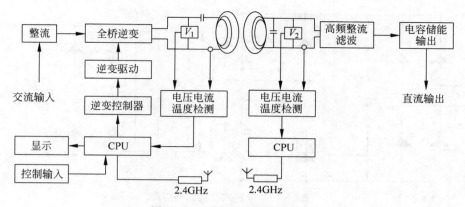

图 15-17 系统方案整体设计图

统进行控制。

15.4.2 主要拓扑电路的选择与设计

在 15.3 小节中,我们已经得出结论,在初、次级均补偿情况下,输入电压和初级绕组电流均下降,功率因数都有提高,但在串-并补偿情况下输入电压最小,功率因数最高。所以谐振系统选用串并式的电容补偿结构。理想情况下,电容补偿就是电容与电感间交替传递电能,电能在电感端被转化成磁场能。LC 谐振系统需要高频的交流电来周期性地不间断地供电,以补充电感消耗的电能,而市电的频率则是 50Hz,这就需要一个频率变换装置,也就是主要的拓扑电路。

1. 拓扑电路的选择

高频逆变就是一个斩波的过程,将直流电转化与谐振频率一致的交流电送到 LC 谐振系统中,所以高频逆变电路的设计将很大程度上影响系统工作的稳定性和高效性。

高频逆变电路的设计条件如下:

(1) 电路工作频率能达到 300kHz,满足实验设计要求;

(2) 拓扑电路具有功率转换、高效率、低损耗的特点;

(3) 有较高的安全性和稳定性;

(4) 具有抗干扰能力强、控制简单等特点。

目前,根据逆变器主回路拓扑结构的不同,可分为全桥拓扑、半桥拓扑、推挽式拓扑、能量注入型谐振式拓扑、自激振荡式谐振拓扑、E 类谐振拓扑等。

全桥变换器的拓扑结构如图 15-18 所示,其输入和半桥结构的输入相同,采用倍压或者全桥切换整流电路。其主要优点是:变换器的初级输入电压是 $\pm V_{dc}$ 的方波,而不是半桥结构初级输入电压 $\pm V_{dc}/2$,晶体管承受的关断电压和半桥的完全相同,就是输入的最大直流电压,因此晶体管在承受相同的峰值电压和电流的条件下,全桥变换器的输出功率是半桥的两倍。为以后实现大功率传输做准备,这里忽略两个开关管的成本,选用全桥式拓扑结构。

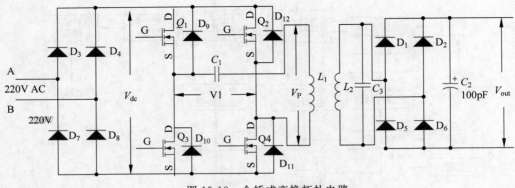

图 15-18　全桥式变换拓扑电路

2. 基本工作原理

设全桥的四个 MOS 管 $Q_1 \sim Q_4$ 对应的 G 极为 $G_1 \sim G_4$，电感 L_1 的电压 V_P 如图 15-18 所示。图 15-19 是全桥变换器的工作波形图，开关管是采用 PWM 方式进行控制的。在每个周期内，MOS 管 Q_2、Q_3 和 Q_1、Q_4 交替导通，为防止开关管直通，加以一定的死区时间，所以导通时间应控制小于半个周期导体时间。在一个开关周期 T 的前半周中，开关管 Q_1、Q_4 导通，导通时间 T_{on}，在这段时间内，LC 谐振系统的电压为 $V_1 = V_{dc}$，在一个开个周期 T 的后半周中，开关管 Q_2、Q_3 导通，导通时间 T_{on}，在这段时间内，LC 谐振系统的电压为 $V_1 = -V_{dc}$。

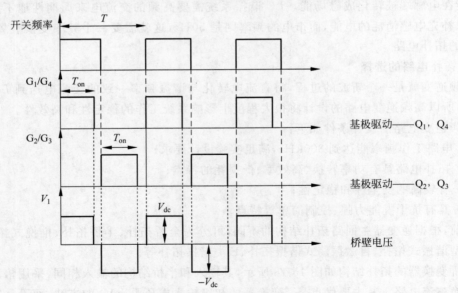

图 15-19　全桥拓扑波形

3. 开关管的选取

开关管的选取有很多讲究，主要是由开关管的特性决定的。常用的开关管主要有 MOS 管和 IGBT。同 MOS 管相比，IGBT 同时具有 GTR 饱和压降、耐高压和大电流的特点，完全可以选用它,但是它的成本是 MOS 的两倍甚至更高,并且开关频率相对低些。所以这里选用 MOS 管做开关管。根据电路要求选择 MOS 管的参数,主要关注耐压值、通态电阻和可承受的最大电流。耐压值要大于电流要求的三分之一,就是留出三分之一的余量,通态电阻越小越好,关键是最大电流的选择。

由公式(15-2)知,发射系统中的阻抗为

$$Z(j\omega) = R + j\left(\omega L - \frac{1}{\omega C}\right) + R_L$$

谐振发生时,$\left(\omega L - \frac{1}{\omega C}\right) = 0$,发射电路中仅仅有线圈和线路中可以忽略不计的阻抗 R_L,因此这个电路中,电流是很大的。

根据指标要求,使得 4 只 25W 的灯泡正常工作,至少需要 100W 的输出功率。这里留出三分之一余量,输出功率 $P_o = 135$W,预期效率是 $\eta = 80\%$,则输入功率 $P_{in} = P_o/\eta = (35/0.8)$W $= 168.75$W,取 170W,所以流过 MOS 管的电流是 $I = P_{in}/V_{dc} = (170/110) = 1.54$A。由于谐振电路中电流很大,所以 MOS 管的可承受的电流值要取得大些,这里取 20A,至于怎么把电流降下来,将在 15.5 节调试部分作详细说明。这里选取 IRFP250,电压为 200V,电流为 18A,功率为 180W,就够用了。开关管旁边的二极管是防止管子发热、增加容性的,选取 1N5822 就可以。

15.4.3　MOS 管驱动设计

控制芯片需要提供图 15-19 所示的波形,然而控制器驱动 MOS 管的能量不够,需要设计驱动电路来增强驱动能力。目前,开关管的驱动设计电路主要采用集成芯片,配合外围电路将控制器输出的 PWM 信号转换为同步高压、强能力的驱动信号。

IR2110 芯片是半桥拓扑电路专用功率器件的集成驱动电路,2 片 IR2110 可合成 H 全桥功率 MOS 管驱动器。它的高端悬浮通道采用外部自举电容产生悬浮桥壁上端的驱动电压 V_{ba},与低端通道共用一个外接驱动电源。若采用光耦,这个电源是不可缺少的,这里节约了成本。IR2110 芯片的高压引脚在一侧,低压控制信号在另一侧,具有独立的逻辑地和功率地。栅极门电压范围在 10~20V,高端悬浮电压最高可以被举到 500V。IR2110 的欠压锁定功能非常实用,方便控制器对设备的启动和停止,它的工作电压为 7.4~9.6V,使能欠压锁定功能后,无论控制器给定什么信号,驱动器的输出均是低电平。

1. H 全桥驱动电路

H 全桥驱动电路如图 15-20 所示,它的输出对应连接在全桥拓扑电路中 MOS 管 $Q_1 \sim Q_4$ 上,对应的自举电容是 C_1、C_5,D_1、D_6 是自举快恢复二极管,作用是防止 Q_1、Q_2 导通时高压串入损坏芯片。C_3、C_7 是功率电源 V_{cc} 的滤波电容。R_2、R_{13} 是限流自举电阻,防止自举电容过充或出现低于地电位的情况发生。

电阻 R_5、R_8、R_{16}、R_{19} 是 IR2110 输出通道到 MOS 管栅极间的限流电阻,防止栅极电流过大损坏 MOS 管,取值往往很小,为几欧姆。C_2、C_4、C_6、C_8 是滤波电容,与电阻 R_5、R_9、

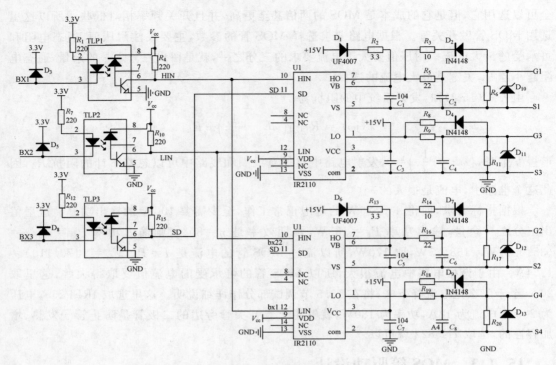

图 15-20　H 全桥驱动电路

R_{16}、R_{19} 组成 RC 低通滤波电路,对 IR2110 输出信号进行低通滤波。功率场效应管 IRF640 的栅-源电压容限为 ±20V,而 IR2110 内部没有连接于栅极的限压元件,MOSFET 漏极产生的浪涌电压会通过漏栅极之间的米勒电容耦合到栅极上击穿栅极的氧化层,所以在 MOS 管栅-源极之间加分压电阻和稳压二极管来箝位栅-源极电压,同时防止 IR2110 被 MOS 管短路高压串入损坏。稳压二极管 D_{10}∼D_{13} 稳压在 18V 左右,分压电阻 R_6、R_{11}、R_{17}、R_{20} 能有效降低栅极电压。快恢复二极管 D_2、D_4、D_7、D_9 是当 IR2110 输出低电平时,给 MOS 管的 G 极电荷提供一个快速释放通道。快恢复二极管可以加快 MOS 管的关断时间,增强桥臂开关管断开后的死区周期,防止桥臂上下直通烧毁管子。电阻 R_5、R_9、R_{16}、R_{19} 是限流电阻,用于限制 MOS 管 G 极释放电流,防止大电流损坏芯片。

2. 自举电容参数的计算

要想让 MOS 管正常工作,自举电容必须提供足够的电荷,让 MOS 管的 G 极导通,并且在高端主开关器件开通期间保持一定的电压。工程上有一个估算公式

$$C_{bs} \geqslant \frac{2Q_g}{V_{cc} - V_{min} - V_{ls} - V_f} \tag{15-18}$$

其中,Q_g 为 MOS 管门极电荷,在 MOS 管手册中可查到;V_{cc} 为充电电源电压;V_{ls} 是下半桥 MOS 管栅源极电压阈值,一般是 4∼15V;V_{min} 是 IR2110 芯片的 5 脚和 6 脚之间的最小电压,在芯片 IR2110 手册上可查到,取值 7.4V;V_f 为自举快恢复二极管的正向压降,为 1.5V。

在这里,驱动电源提供 $V_{cc}=15\text{V}$,$Q_g=146\text{nC}$,$V_{min}=7.4\text{V}$,则

$$C_{bs} \geqslant \frac{2\times146\times10^{-9}}{15-7.4-2-1.5}\mu\text{F} = 0.071\,22\mu\text{F}$$

在实际工程应用上要留出 1～3 倍的余量,$C_{bs}=0.07122\mu\text{F}$。

自举电阻 R_{bs} 应满足 $C_{bs}R_{bs}>t$,由 IR2110 数据手册可知 $t=100\text{ns}$。

$$R_{bs} > \frac{t}{C_{bs}} = \frac{10\times10^{-9}}{0.07122\times10^{-9}}\Omega = 0.14\Omega$$

在实际工程上取两倍的余量,$R_{bs}=3.3\Omega$。

为了防止上桥 MOS 管导通时母线高压反串到电源 V_{cc} 烧毁芯片,自举二极管 D_1、D_6 的设计条件应满足反相耐压大于母线高压峰值,电流大于 G 极电荷与开关频率的乘积,即 $I>fQ_g$。设频率是 200kHz,自举二极管的正向电流 $I>(200\times103\times146\times10^{-9})\text{mA} = 29.2\text{mA}$,选取快恢复自举二极管 1N4148 即可。

15.4.4　线圈和电容的设计

谐振电容和电感决定整个电路的工作频率,对系统的传输效率也有着至关重要的影响,因此对谐振线圈和补偿电容的设计显得尤为重要。电能传输的频率在 50kHz 到 1MHz 之间,频率越高对系统的要求越高,选定系统频率为 180kHz。

1. 线圈的设计

频率一定的情况下,由公式(15-5)$f_0 = \dfrac{1}{2\pi\sqrt{LC}}$知,如果电感线圈的感值大,补偿电容的容值就必须小,然而感值太小,传输的电能的功率就小,所以设计电感的时候一定要保证电感有足够的感值,能够传输一定的能量。发射电感选取 $70\mu\text{H}$。由于电容容量的限制,在市场上仅有标称容值的电容,特殊的电容难以购买,所以将接收线圈的电感减小到 $20\mu\text{H}$,方便补偿电容值的匹配。

电感线圈通以高频电流,存在寄生电容 C 同时自身还带有内阻。寄生电容 C 和内阻 R 越小、电感 L 越大,能量传输效率越高,但随着频率的增加,线圈的寄生电容和内阻会变大,对能量传输效率造成很大影响。所以在设计线圈时必须对谐振线圈进行优化。由 15.4 小节研究得知,选用盘式并绕式线圈的效率高些。电感的设计还需考虑趋肤效应,LC 谐振电路中,谐振电流远远大于输入电流,所以除了考虑铜线的线径之外,还需采用多股并绕的方式设计线圈。

在绕制线圈时,其电感量的大小主要取决于线圈的匝数及绕制方式。线圈匝数越多,线径越大,互感线圈电感量就越大。一般来说,系统所需的线圈电感量大小是由具体系统所决定的。高频谐振电路对互感线圈等效电感量的精度要求较高。图 15-21 是线圈设计实物图。

2. 补偿电容的设计

补偿电容的容值是设计补偿电容的主要参数,频率确定为 $f_0=180\text{kHz}$,接收端电感感值为 $L=70\mu\text{H}$,根据公式 $f_0 = \dfrac{1}{2\pi\sqrt{LC}}$知,发射端补偿电容值为

图 15-21　线圈设计实物图

$$C_p = \frac{1}{4\pi^2 f_0^2 L} = \frac{1}{4 \times 3.14^2 \times 180^2 \times 10^6 \times 70 \times 10^{-6}} \text{F} = 1.117\,989 \times 10^{-8} \text{F}$$

取 $C_p = 10 \times 10^3 \text{pF}$。

由于各种误差，发射端的补偿电容不是那么准确，那么接收端电感也不可能达到 $20\mu\text{H}$，则接收端补偿电容值为

$$C_s = \frac{1}{4\pi^2 f_0^2 L} = \frac{1}{4 \times 3.14^2 \times 180^2 \times 10^6 \times 20 \times 10^{-6}} \text{pF} = 3.912\,963 \times 10^{-8} \text{pF}$$

取 $C_s = 39 \times 10^3 \text{pF}$。

补偿电容器的选择主要体现在额定电量及容量允许的误差、额定工作电压、工作频率。要求电容器在交流电压下工作时必须给出工作频率上限，以检查其发热情况；在脉动电压下工作时，要给出脉动电压交流分量的振幅和频率。特殊场合应用的电容器还应考虑相应工作条件及量值和工作温度范围，便于进行电容器的发热计算，主要考虑电容器的电容温度系数或电容量的温度特性。

除此之外，电容必须选取无极性的电容。这里发射端电容选取工业的回路吸收电容，接收部分选取普通的聚丙烯电容，要用多个不同容值的聚丙烯电容并接到接收端处。发射部分的电容是不变的，可以焊接到板子上，接收电容是要在调试过程中进行电容的匹配的。

15.4.5　接收端高频整流的设计

接收端输出高频整流设计选取桥式全波整流，与半波整流电路相比，相同的谐振输出下，对二极管的参数要求相同，但是具有输出电压高、脉动小的特点。

与工频整流不同，由于谐振频率相对较高，二极管的反向恢复时间通常较长，1N4007不适用。

快恢复二极管的反相恢复时间很短，在 $5\mu\text{s}$ 以下，反相电压一般都在 1200V 以下，功率不大，这个损耗可忽略不计。二极管 UF4007，反向重复峰值电压为 1000V，正向浪涌电流 30A，正向峰值电压 1.7V，正向平均电流 1A，反向恢复时间 70ns，满足要求。

15.4.6　控制电路的设计

控制系统主要是对拓扑进行 PWM 波信号给定、对线圈的电压、电流、MOS 管的温度进行检测，必要的时候采取断电保护，如图 15-22 所示。

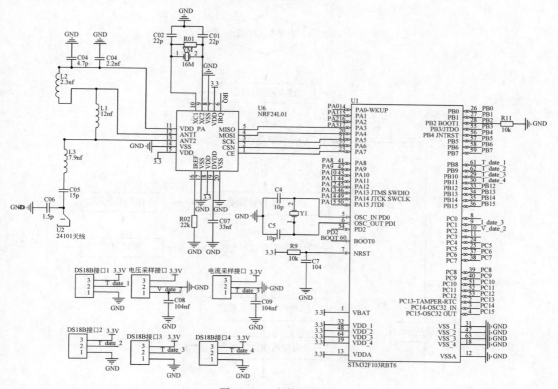

图 15-22　主控电路图

控制系统采用 STM32 控制芯片，和传感器的通信是利用 2.4G 通信芯片 IRF24L01 实现的，温度传感器采用 DS18B20，连接如图 15-22 所示，无线模块的 1～5 脚分别接在 STM32 的 PA3～PA7，温度传感器接在 PB8～PB11，电压电流的采集连接在控制器 STM32 提供的 12 位 AD 的 2 个通道 PC1、PC2 上，其他显示液晶屏和按键很容易设计，图中没有给出。除此之外，接收部分的控制器与图 15-22 一样，区别在于没有温度部分。

15.4.7　程序的设计

硬件部分是躯干，软件设计是灵魂，控制器软件的设计决定整个系统的运行状况。系统的程序设计主要包括发射端程序设计和接收端程序设计。

1. 发射端程序设计

发射端程序设计主要包括 PWM 波形的程序设计、24L01 无线模块的程序设计、AD 采集的程序设计和其他辅助程序设计。发射端控制器运行的流程如图 15-23 所示。

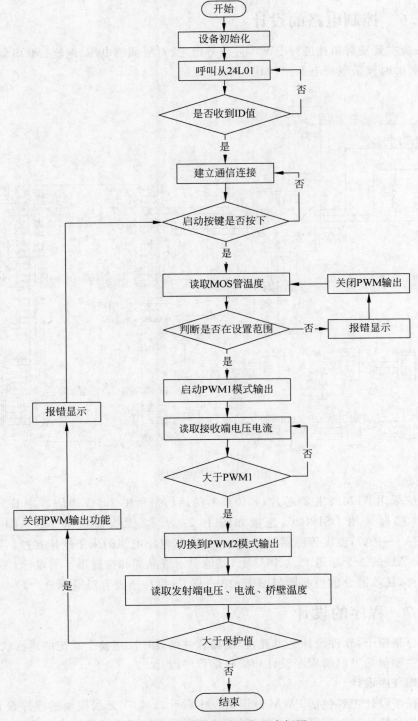

图 15-23　系统发射端运行程序框图

首先检测接收线圈是否在位,有没有工作,通过2.4G无线通信模块和接收端的控制器进行通信。获得ID值后,等待启动按钮,若按钮按下,开始检测桥壁的温度是否达到设定值,若温度过高,则控制器不开通PWM。为了减少损耗,系统设置两种功率传输状态,桥壁低于极限温度时控制器才开启第一种状态PWM1,低功率电能输出。之后读取接收端的电压电流数据,根据数值判断负载是否需要提供高功率输出。若是读取的数据高于阈值,则切换到高功率输出状态PWM2,然后读取发射端的电压电流数据与阈值作比较,必要时关闭PWM功能,防止由于金属异物进入磁场,引起电流突增,烧毁桥壁MOS管。

初始化程序设计包括各种模块的初始化,如温度传感器初始化、PWM初始化、ADC初始化、24L01初始化和显示屏初始化。具体流程如图15-24所示。

2. 接收端程序设计

与发射端相比,接收部分的程序设计没有PWM的程序设计部分。同样,接收端也是用IRF24L01和发射控制器进行通信。接收端运行程序框图如图15-25所示。

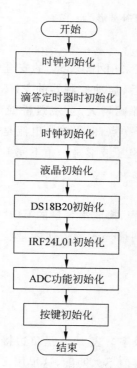

图15-24　发射端系统初始化流程图

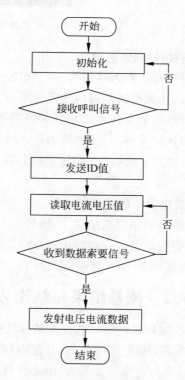

图15-25　系统接收端运行程序框图

15.5 调试与验证

15.5.1 系统的调试

1.控制板 PWM 波的调试

控制器测 PWM 波的频率决定了系统的传输频率,为了调试方便,配置控制器 2 路互补带四驱的 PWM 波形,必须具有频率可变功能,变化范围是 50～200kHz,占空比设置为 30%～40%。波形如图 15-26 所示。

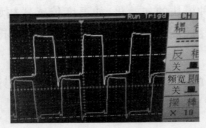

图 15-26　控制器带四驱的 2 路 PWM 互补波形

2. 主干拓扑电路的调试

为了避免高压对人体的伤害,对拓扑电路的输入电压先采用小于 36V 的安全电压。调节线圈距离,达到可调范围内的目标距离。接入 24V 电压后,启动控制器的 PWM,占空比不变,调节频率,如果频率和发射端的固有频率一致,电流瞬间增大,会烧毁桥壁 MOS 管,为了保证输入功率够用,让电源的输入频率与谐振频率错开一点,使得输入电流是设定输入电流的三分之二。此时,电路处于刚失谐状态,线圈两端的电压波形是一条不完美的正弦波曲线。

3. 补偿电容匹配的调试

至此,电路的粗调就结束了,摘掉一个接收端的补偿电容,换成小容量的 CBB 电容一个个并上去,进行微调。观察输出电压电流表让整个系统达到最佳效率传递能量状态。最后用调压器缓慢地将 15V 直流电调到 110V。

15.5.2 测量结果与结论分析

1. 接收端补偿电容的匹配与效率的关系

除了线圈的设计影响效率,补偿电容的设计同样影响效率。表 15-4 是负边接收端补偿电容容值匹配与效率的关系表,由于计算得出的补偿电容容值不太匹配,这里用多个标称电容并接,本表是为了测试接收边补偿电容匹配达到最佳传输效率而记录的电容容值数据。系统的测试条件为:原边电感值 70μH,负边 20μH,频率是 180kHz,原边电容为 103 聚丙烯高压电容,输入电压 15V。

表 15-4　系统最佳传输效率与最佳补偿电容数据

输入电压(V)	输入电流(A)	负边补偿电容(pF)	输出电流(A)	输出电压(V)	效　率
14.6	0.46	3.87×10^4	0.16	35.2	0.808 59
14.6	0.40	3.89×10^4	0.15	32.5	0.814 76
14.6	0.45	3.90×10^4	0.15	34.6	0.816 27
14.6	0.39	3.91×10^4	0.15	31.7	0.847 74
14.6	0.41	3.92×10^4	0.15	32.9	0.834 45
14.6	0.40	3.93×10^4	0.16	32.3	0.814 96
14.6	0.56	3.94×10^4	0.15	39.3	0.803 34

由此表可知,效率最好的补偿电容容值为 3.91×10^4 pF,这个容值在市场标称电容中比较好找,可找多个聚丙烯电容并接,其分别为:103×3 个、472×1 个、333×1 个、102×1 个、101×1 个。

2. 系统传输距离及效率分析

系统谐振频率为 180kHz,驱动电压为 110V,负载为四只 25W 灯泡时,测得两线圈在不同距离下的传输效率如下表 15-5 所示:

表 15-5　传输距离 d 与收发功率 P_{in}、P_{out} 和传输效率 η 实验数据

传输距离(cm)	发射功率(W)	接收功率(W)	传输效率 η(%)
2	170.3	19.1	11.2
4	170.5	41.1	24.1
6	170.6	54.8	32.1
8	171.1	94.7	55.4
10	172.1	139.6	81.2
12	170.9	102.7	60.1
14	169.6	62.3	36.7
16	169.3	39.3	23.2
18	169.4	31.4	18.5

由表 15-5 可得出:在发射功率基本不变时,接收功率和传输效率会随着距离的增加变化为先增加后减小,与上述理论研究保持一致。其所对应的效率曲线如图 15-27 所示。传输效率在 10cm 处最高,为 81%。

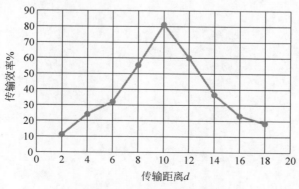

图 15-27　对应的效率曲线

习题

(1) 常用无线电能传输方式有哪些? 各自的特点是什么?

(2) 全桥逆变电路的基本工作原理是什么?

(3) 影响无线传输效率的因素主要包含哪些?

## 第 16 章

四旋翼飞行器设计

16.1 四旋翼飞行器的结构

四旋翼飞行器是螺旋桨提供全部动力的飞行运动装置,由 4 个可以独立控制转速的外转子直流无刷电机驱动。4 个固定仰角的螺旋桨分别安装在两个十字相交的刚性碳素杆的两端,如图 16-1 所示。

对于绝大多数四旋翼飞行器来说,飞行器的两根碳素杆的交点是对称的,并且两个相邻的螺旋桨旋转方向相反。正是由于这种独特的结构,使四旋翼飞行器抵消了飞机的陀螺效应,更加方便建模。与传统的单旋翼飞行器特别是直升机相比,四旋翼飞行器没有尾桨,这使它具有更高的能量利用率。

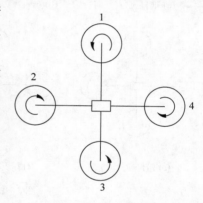

图 16-1　四旋翼飞行器结构示意图

另外,四旋翼飞行器的四个旋翼的转速比直升机的螺旋桨转速明显低很多,因此,它可以近距离地靠近目标物体,适合室内飞行和近地面飞行。

16.2 四旋翼飞行器的运动控制方法

四旋翼飞行器系统共有 4 个输入,分别为一个上升力和三个方向的转矩,但是飞行器在空间中却有 6 个自由度的输出坐标,可以进行 3 个坐标轴方向的平动运动和围绕 3 个坐标轴方向的转动运动。

如果沿着任意给定方向的独立运动,飞行器没有给予足够多的运动驱动,那么该飞行器就是欠驱动的。可见,四旋翼飞行器是欠驱动和动力不稳定的系统。因此,针对该系统实现全部的运动控制目标必然存在旋转力矩与平移系统的耦合。传统的纵列式直升机为了平衡反扭矩,须借助尾桨来实现。

　　四旋翼飞行器采用 4 个旋翼的机械结构,4 个电机作为飞行的直接动力源,通过改变 4 个螺旋桨的转速,进而改变螺旋桨产生的升力来控制飞行器姿态和运动,这种设计理念使飞行器结构和动力学特性得到了大大的简化。

　　四旋翼的前桨 1 和后桨 3 逆时针旋转,左右 2、4 两桨顺时针旋转,这种反向对称结构代替了传统直升机的尾旋翼。如图 16-2 所示,在飞行过程中,改变四个旋翼螺旋桨的转速,可使四旋翼产生各种飞行姿态,也可使四旋翼飞行器向预定方向运动,完成任务。

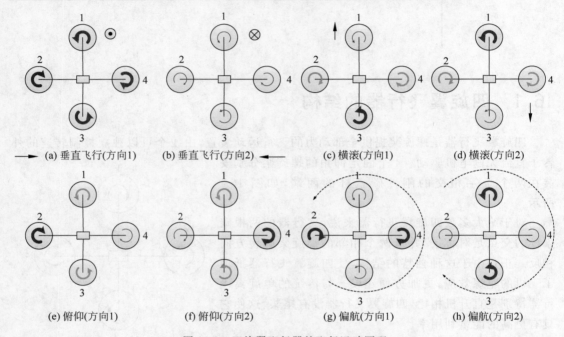

图 16-2　四旋翼飞行器的飞行运动原理

　　根据四旋翼飞行器的运动方式的特点,将其飞行控制划分为四种基本的方式:(1)垂直飞行控制;(2)横滚控制;(3)俯仰控制;(4)偏航控制。

16.3　四旋翼飞行器各部分的工作原理

16.3.1　飞行姿态与升力关系

　　为便于对四轴飞行器进行运动分析,建立刚体三轴坐标系,将四轴飞行器置于刚体坐标系中进行分析。如图 16-3 所示,飞行器运动过程中的飞行姿态与各螺旋桨所产生升力之间的关系借助此坐标轴进行分析。

1. 飞行器绕 y 轴旋转 α 角度与升力之间的关系

　　如图 16-4 所示,飞行器与 y 轴之间夹角 α 主要通过左右螺旋桨产生升力差控制,其控制关系为

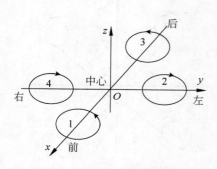

图 16-3 飞行器坐标轴建立

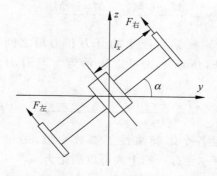

图 16-4 飞行器绕 y 轴的角度 α 与 $F_左$、$F_右$ 的关系

$$\sum M = I_x \ddot{\alpha} \tag{16-1}$$

式中：M——力矩；

I_x——转动惯量；

$\ddot{\alpha}$——飞行器与 y 轴夹角二阶导数，及角加速度。

$$l_x(F_右 - F_左) = I_x \ddot{\alpha} \tag{16-2}$$

式中：$F_右$——右侧螺旋桨旋转产生升力；

$F_左$——左侧螺旋桨旋转产生升力；

l_x——螺旋桨与飞行器中心轴距。

$$\ddot{\alpha} = \frac{l_x(F_右 - F_左)}{I_x} \tag{16-3}$$

2. 飞行器绕 x 轴旋转 β 角度与升力之间的关系

如图 16-5 所示，飞行器与 x 轴夹角 β 主要通过前后两个螺旋桨所产生升力差值进行控制，其控制关系为

$$\sum M = I_y \ddot{\beta} \tag{16-4}$$

$$l_y(F_前 - F_后) = I_y \ddot{\beta} \tag{16-5}$$

$$\ddot{\beta} = \frac{l_y(F_前 - F_后)}{I_y} \tag{16-6}$$

3. 飞行器绕 z 轴旋转 γ 角度与升力之间的关系

如图 16-6 所示，飞行器绕 z 轴旋转 γ 角度，受螺旋桨产生扭矩及升力与旋转角度之间的关系为

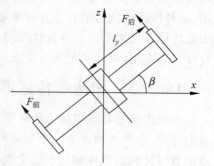

图 16-5 飞行器绕 x 轴的角度 β 与 $F_前$、$F_后$ 的关系

$$\sum M = I_z \ddot{\gamma} \tag{16-7}$$

$$M_右 + M_左 - M_前 - M_后 = I_z \ddot{\gamma} \tag{16-8}$$

$$\ddot{\gamma} = \frac{M_{右} + M_{左} - M_{前} - M_{后}}{I_z} \quad (16\text{-}9)$$

由于螺旋桨所产生的升力和力矩之间存在关系 $M = cF$，所以上式可以表示为 γ 与升力之间的关系：

$$\ddot{\gamma} = \frac{c_{右}F_{右} + c_{左}F_{左} - c_{前}F_{前} - c_{后}F_{后}}{I_z} \quad (16\text{-}10)$$

假定各个螺旋桨性能参数一致，则可以认为 $c_{前} = c_{后} = c_{左} = c_{右} = c$，上式可以简化为

$$\ddot{\gamma} = \frac{c(F_{左} + F_{右} - F_{前} - F_{后})}{I_z} \quad (16\text{-}11)$$

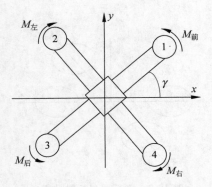

图 16-6 飞行器绕 z 轴旋转角度 γ 与 $M_{前}$、$M_{后}$、$M_{左}$、$M_{右}$ 之间的关系

4. 飞行器飞行速度与螺旋桨升力之间的关系

根据牛顿第二定律：

$$\sum F = \ddot{z}m_l \quad (16\text{-}12)$$

$$F_{前} + F_{后} + F_{左} + F_{右} - m_t g = \ddot{z}m_l \quad (16\text{-}13)$$

$$\ddot{z} = \frac{F_{前} + F_{后} + F_{左} + F_{右} - m_t g}{m_l} \quad (16\text{-}14)$$

16.3.2 飞行姿态的测量

飞行姿态是一个真实的飞行物体与参考坐标系之间角度关系。如 16.3.1 节中分析使用到的 α、β、γ 角，这三个角度也称为欧拉角，对应 pitch、yaw、roll。常用姿态测量传感器有加速度传感器、角速度传感器、磁力传感器、气压传感器、超声波及 GPS 等。若需要获取比较精确的姿态定位数据，则需要融合计算上述多个传感器的测量数据。对于嵌入式平台应用，多种传感器数据融合计算对微处理器运算能力要求较高，选择与实际开发平台相符合的姿态传感器尤为重要。本设计采用加速度与角速度测量飞行器姿态，两种测量数据互补融合计算姿态角，可以满足飞行姿态的稳定性要求。

16.3.3 加速度传感器工作原理及角度测量

加速度传感器是测量由物体重力加速度引起的加速度量。物体静止或运动过程中，受重力作用，会产生相对于三个坐标轴方向上的重力分量，通过对重力分量进行量化，运用三角函数可计算出物体相对于三个坐标轴的倾角。

如图 16-7 所示，加速度传感器测量值为重力惯性矢量的三轴分量 R_x、R_y、R_z，利用三角函数即可求出重力加速度与三个坐标轴夹角 α、β、γ。

$$\alpha = \arccos \frac{R_y}{R} \quad (16\text{-}15)$$

$$\beta = \arccos \frac{R_x}{R} \quad (16\text{-}16)$$

$$\gamma = \arccos \frac{R_z}{R} \qquad (16\text{-}17)$$

$$R = \sqrt{R_x^2 + R_y^2 + R_z^2} \qquad (16\text{-}18)$$

式中：

α——重力矢量与 y 轴夹角；

β——重力矢量与 x 轴夹角；

γ——重力矢量与 z 轴夹角；

R_x——加速度计测量的重力加速度 x 轴分量；

R_y——加速度计测量的重力加速度 y 轴分量；

R_z——加速度计测量的重力加速度 z 轴分量；

R——重力矢量。

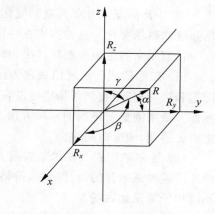

图 16-7　加速度测量

16.3.4　陀螺仪传感器工作原理及角度测量

角速度传感器（陀螺仪）是用来测量一段时间内角度变化速率的仪器。对两次测量时间差值进行积分可得到角度增量值。增量值可正可负，正值表示向角度增大方向旋转，负值表示向原角度减小方向旋转，积分后与测量前初始角度求和可计算出当前角度。

$$\theta = \theta_0 + \int_0^t \omega\, \mathrm{d}t \qquad (16\text{-}19)$$

式中：

θ——旋转角度值；

θ_0——上一次旋转角度值；

ω——角速度测量值；

t——测量间隔时间。

实际使用中，需要得到更加精确的角速度值，可以使角速度测量值 ω 取前一次测量值与后一次测量值的平均，且两次测量时间应尽量短。但是角速度测量值在多次积分之后会引入很大的误差，误差一部分为积分时间间隔误差，另一部分即陀螺仪本身的误差（漂移）。为尽量减小误差可采取两个措施：减小测量时间间隔和一段时间间隔内重新校准陀螺仪。

16.3.5　磁力计传感器工作原理及测量方法

地球的磁场就像一个偶极子，地球的南北极为这个偶极子的两极。在地球的极地处，地球磁场的磁场强度为 0.6 高斯，赤道处的磁场强度为 0.3 高斯。

但是，偶极子只是对地球磁场的简单比喻。对于地球磁场来说，国际参考磁场是一个更加准确的模型，此模型中包含一系些列的球谐函数，根据球谐函数相对应的系数可以计算出当地的磁场强度，由于地球磁场随着时间发生漂移，所以这些系数每五年被国际地磁与高空物理学协会更新一次。

一些情况下地球磁场会发生变化，由日常的太阳辐射产生的电离层会导致地球磁场发生 0.0001 高斯至 0.001 高斯的变化。每个月发生几次的太阳耀斑磁暴可产生高达 0.01 高斯强度的磁场变化。这些因素在一定程度上使地球磁场的强度和方向发生变化。

目前用来测量地球磁场的磁力计主要有三种:

(1) 磁通门式。磁通门式磁力计在 1928 年问世,一直沿用至今。磁通门式磁力计基于磁饱和法,是利用被测磁场中磁芯在交变磁场的饱和励磁下其磁感应强度与磁场强度的非线性关系来测量弱磁场的一种方法。这些设备往往是笨重的,而且不坚固耐用,作为较小的集成传感器,响应时间缓慢。

(2) 霍尔效应式。霍尔效应磁力计的工作原理为通过感测附近的交变磁场而产生输出电压。这种磁力计的设计简单,价格低廉,适用于对强磁的测量,但由于灵敏度低、噪声大而不适用于测量地磁场。

(3) 磁阻式。磁阻效应的传感器利用电阻组成惠斯登电桥测量磁场。磁阻式传感器的灵敏度高、体积小、响应时间快。

磁力计作为测试磁场密度的传感器被广泛地应用于科研和工程等领域,在导航领域中,磁力计被用于求取载体姿态中的航向角估计,航向角由磁力计的测量信息在水平方向上的分量求得。三轴磁力计在地球磁场坐标系下的测量值为 $\boldsymbol{h}^b=\begin{bmatrix} h_x^b & h_y^b & h_z^b \end{bmatrix}^T$,其中上标 b 表示向量 $\boldsymbol{h}$ 为地球磁场坐标系下的向量,下标 x、y、z 表示三轴磁力计各轴的分量。当磁力计水平放置于水平面上时,可以利用向量 $\boldsymbol{h}$ 在水平方向上的两个分量航向 h_x 和 h_y 求出磁力计坐标系 x 与地球磁场北极的夹角,即航向角推导公式为

$$\psi = \arctan\left(\frac{h_y^b}{h_x^b}\right) \tag{16-20}$$

单独地使用磁力计测量航向角时,由于磁力计非水平放置,导致磁力计倾斜角有误差,因此磁力计常与加速度计一起组成电子罗盘。当磁力计与惯性传感器组合使用进行姿态测试时,磁力计用来估算运动目标的航向角,用以校正陀螺仪漂移误差。当外界磁场发生突变时,磁力计对载体的航向角估算值有失真。

16.4 硬件设计

从本节开始,主要介绍四旋翼飞行器的硬件设计,硬件设计主要包括 2 大部分:飞行器主控电路设计和遥控器电路设计。其中数据通信使用 SPI、I2C、USART 三种串行通信协议的最多,这几部分内容中的硬件和软件部分都有交叉,特别是 I2C 协议,使用频率高,很多器件的读写都是采用这种方式。

16.4.1 总体设计

飞控板是四轴飞行器的核心设备,目前市面上适合初学者使用的飞控板有 KK 飞控板、FF 飞控板、玉兔二代飞控板、MWC 飞控板、APM 飞控板、NAZA 飞控板等,它们有各自的特征,满足大部分初学者的要求。遥控器的种类也很多。本书硬件飞控板采用自制核心板,

配合常用的集成块的设计理念完成设计,给产品升级留出很大的设计空间,遥控器没有采用现成的遥控器,而是通过无线模块和微控制器自制了简易的遥控器。

1. 遥控器电路基本框架

遥控器模块电路主要包括显示模块、无线收发模块、AD 采集模块和微控制器模块等,硬件框图如图 16-8 所示。

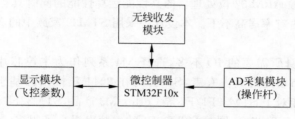

图 16-8　遥控器电路框图

其中,无线收发模块用来和四轴飞行器进行通信,实现对飞行器的实时控制;AD 采集模块获取操作杆数据,用来完成四轴飞行器的一系列动作;显示模块可以显示飞行器的实时参数变化情况,方便用户操控,如果显示模块选择触摸屏,用户还可以实时互动;微控制器 STM32F10x 是遥控器的核心,它采用 M3 和处理器主控芯片,型号为 STM32F103C8T6,48 个引脚即可满足设计的需要。

2. 飞行器主控电路基本框架

飞行器主控电路主要包括气压计模块或超声波模块(二选一)、无线收发模块、陀螺仪和加速度计模块、微控制器模块、无刷电机的电子调速器等,硬件框图如图 16-9 所示。

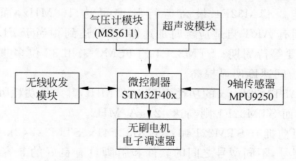

图 16-9　飞行器主控电路框图

其中,气压计模块用于测量高度;超声波模块用于测量高度;无线收发模块用来和四轴飞行器进行通信,实现对飞行器的实时控制;轴传感器模块采用 InvenSense 第二代传感器,集成了加速度计、陀螺仪和磁力计;微控制器模块选用 STM32 家族的 M4 核作为主控芯片,完成对飞控的数据采集和处理;无刷电机的电子调速器中,电机是四轴飞行器飞行控制器的执行机构,通过电子调速器对电机的控制,电机将飞行控制器的输出转换为旋翼的转速,改变各旋翼的升力与反扭矩,以起到调节飞行器姿态的作用。

16.4.2 飞行器主控电路最小系统设计

微控制器是飞行控制器的核心单元,对四轴飞行器的控制实现起着至关重要的作用。世界知名的半导体公司意法半导体所开发的 STM32 系列单片机是高性能单片机的杰出代表。STM32 系列单片机基于 ARM 的 IP 核设计,加上意法半导体自有特色的外设与总线优化,使得 STM32 兼顾 ARM 32 位处理器的高性能运算性能的同时具有高度的可扩展性,在嵌入式系统市场中的占有率居高不下。本设计中采用 STM32 家族中的 M4 核作为主控芯片。

1. 基本原理

四旋翼飞行器本身所需要的 IO 不多,选择 M4 系列作为主控芯片还是考虑到它的速度,作为 Cortex-M3 市场的最大占有者,ST 公司在 2011 年推出的基于 Cortex-M4 内核的 STM32F4 系列产品,相对于 STM32F1/F2 等 Cortex-M3 产品,STM32F4 最大的优势就是新增了硬件 FPU 单元以及 DSP 指令,同时 STM32F4 的主频也提高了很多,达到 168MHz(可获得 210DMIPS 的处理能力),这使得 STM32F4 尤其适用于需要浮点运算或 DSP 处理的应用。

STM32F4 相对于 STM32F1 的主要优势如下:

(1) 更先进的内核。STM32F4 采用 Cortex-M4 内核,带 FPU 和 DSP 指令集,而 STM32F1 采用的是 Cortex-M3 内核,不带 FPU 和 DSP 指令集。

(2) 更多的资源。STM32F4 拥有多达 192KB 的片内 SRAM,带摄像头接口(DCMI)、加密处理器(CRYP)、USB 高速 OTG、真随机数发生器、OTP 存储器等。

(3) 增强的外设功能。对于相同的外设部分,STM32F4 具有更快的模数转换速度、更低的 ADC/DAC 工作电压、32 位定时器、带日历功能的实时时钟(RTC)、大大增强的 IO 复用功能、4KB 的电池备份 SRAM 以及更快的 USART 和 SPI 通信速度。

(4) 更高的性能。STM32F4 最高运行频率可达 168MHz,而 STM32F1 只能到 72MHz;STM32F4 拥有 ART 自适应实时加速器,可以达到相当于 FLASH 零等待周期的性能,STM32F1 则需要等待周期;STM32F4 的 FSMC 采用 32 位多重 AHB 总线矩阵,相比于 STM32F1 总线访问速度明显提高。

(5) 更低的功耗。STM32F40x 的功耗为 $238\mu A/MHz$,其中低功耗版本的 STM32F401 更是低到 $140\mu A/MHz$,而 STM32F1 则高达 $421\mu A/MHz$。

STM32F4 家族目前拥有 STM32F40x、STM32F41x、STM32F42x 和 STM32F43x 等几个系列、数十个产品型号,不同型号之间的软件和引脚具有良好的兼容性,可方便客户迅速升级产品。其中,STM32F42x/43x 系列带了 LCD 控制器和 SDRAM 接口,对于想要驱动大屏或需要大内存的用户来说,是个不错的选择。目前 STM32F4 的这些芯片型号都已量产,可以方便地购买到,不过目前来说,性价比最高的是 STM32F407。

2. 硬件电路设计

最小系统设计和一般的单片机最小系统设计区别不大,主要包含晶振电路、复位电路、JTAG 等。图 16-10 给出了飞控板的最小系统电路。STM32F407 引脚较多,主要 IO 引脚接口如图 16-10(a)所示,电源及晶振接口如图 16-10(b)所示,复位电路和下载电路如图 16-10(c)所示。

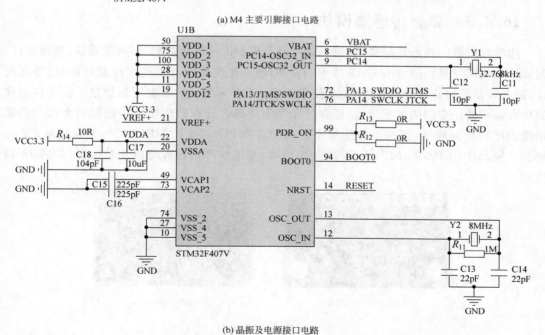

(a) M4 主要引脚接口电路

(b) 晶振及电源接口电路

图 16-10 飞控板核心控制电路（M4 最小系统）

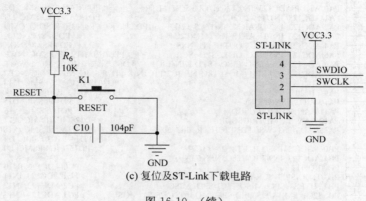

(c) 复位及ST-Link下载电路

图 16-10 （续）

　　从图 16-10(a)中可以看出,对于四轴飞行器设计,实际系统的 IO 不是特别多,该最小系统在设计时把所有的 IO 口都预留了,方便以后的扩展使用,不建议用户做成型的调试,采用杜邦线连接的稳定性还是要差很多,尽量把所有的功能集成到一块 PCB 上,后文的键盘设计就是这样的思路。

　　图 16-10(b)是电源和晶振电路的接口电路设计,STM32 均采用双晶振设计,即 8MHz和 32kHz,电源则是通过稳压芯片得到 3.3V 的电压给芯片供电。

　　该最小系统预留了下载调试电路,方便使用者调试代码,另外读者可根据实际需要保留Jlink 接口。

16.4.3　姿态传感器模块

　　四轴飞行器的核心就是姿态的控制,按姿态控制的功能模块划分,有陀螺仪、加速度计、磁强计和气压计等。随着 MEMS 技术的发展,通常把陀螺仪和加速度计或陀螺仪、加速度计、磁强计都集成在一个模块上,一是使用方便;二是采集到的数据更加稳定。在某些特殊的场合需要使用专门的加速度计、磁强计和气压计等。现在的四轴飞行器控制大部分都采用集成度较高的器件,近两年使用频率较高的有 MPU6050 和 MPU9250,也就是常说的 6轴和 9 轴,MPU9250 是 MPU6050 的升级版本,集成块外观设计得也比较接近,如图 16-11所示。

(a) MPU9250模块

(b) MPU6050模块

图 16-11　陀螺仪模块

1. 基本原理

本书使用的姿态传感器模块为 MPU9250，MPU9250 是全球首例整合 9 轴运动姿态检测的数字传感器，它消除了多传感器组合的轴间差问题，并减少了传感器的体积，降低了系统的功耗。MPU9250 内部集成有 3 轴陀螺仪、3 轴加速度计和 3 轴磁力计，输出信号都是 16 位的数字量，可以通过集成电路总线(I2C)接口和单片机进行数据交互，传输速率可达 400kHz/s。陀螺仪的角速度测量范围可高达 $\pm 2000°/s$，具有良好的动态响应特性。

MPU-9250 作为 I2C 的主控有局限性，这取决于系统对传感器的初始配置。I2C 的 SDA 和 SCL 是复用口，主控芯片可以通过它直接和辅助传感器通信(AUX_DA 和 AUX_CL)。

当 MPU-9250 与主控芯片使用 SPI 通信时，可以通过 I2C 配置辅助传感器。一旦外部传感器被配置成功，MPU-9250 就可以通过 I2C 来进行单字节或多字节的配置了。读取的结果可以通过从机的 0～3 控制器写入 FIFO 缓冲区。中断引脚 INT 建议与主控芯片连接，以便唤醒主芯片。

1) 三轴加速度计

加速度计是一种用来测量运载体线性加速度的传感系统。加速度计的主要部件由检测质量(或敏感质量)、支承、阻尼系统、弹簧、电位系统以及壳体组成。由于受到支承的约束，检测质量只能沿着固定轴线运动，该固定轴线称为输入轴或敏感轴。当仪表壳体运动时，检测质量与壳体之间将产生相对运动。在惯性力的作用下，加速度计内部的弹簧发生形变，对检测质量作用，使其进行加速运动。最终，弹簧力与检测质量的惯性力会达到平衡状态，检测质量与壳体之间的相对运动随之停止。此时根据弹簧的形变可以计算出运载体的加速度大小。加速度信号通过内部的电位系统被转换为电信号，输出至微控制系统。常用加速度计类型有微机械加速度计、重锤式加速度计、液浮摆式加速度计、挠性摆式加速度计等。

MPU9250 内置的加速度计具有输出稳定、抗冲击能力强、过电保护等优点。加速度计具有以下性能指标。

(1) 三轴加速度计可编程精度范围为 $\pm 2g$、$\pm 4g$、$\pm 8g$ 和 $\pm 16g$，内置 16 位 ADC 产生三轴数字信号输出；

(2) 加速度计正常工作电流：$450\mu A$；

(3) 加速度计低功耗模式：0.98Hz 时 $8.4\mu A$，31.25Hz 时 $19.8\mu A$；

(4) 具有用户可编程中断功能；

(5) 应用处理系统低功耗模式可被运动中断唤醒；

(6) 具有自检功能。

2) 三轴陀螺仪

陀螺仪是用来测量运载体角速度的仪器系统，三轴陀螺仪可以通过角速度计量同时测量运载体六个方向的位置、运动轨迹和加速度。三轴陀螺仪具有轻质量、小体积等优点。陀螺仪的主要构成部分为位于轴心的一个可旋转轮子。根据角动量守恒原理，当运载体进行旋转动作时，陀螺仪会产生抗拒运载体方向改变的趋势。MEMS 陀螺仪不同于机械陀螺仪，它的原理是科里奥利力。当运载体来回做径向运动时，受到科里奥利力的影响，运动轨迹就不是简单地横向往返变换。运载体进行旋转运动时,同时受到科里奥利力和离心力的共同作用。当质点相对于惯性坐标系做直线运动时,质点的运动轨迹相对于旋转体系而言是一条直线。然而若以旋转体系为参考系,质点的直线运动轨迹会与原有方向呈现一定角度的偏差,形成弧形运动轨迹,这便是科里奥利力的作用。科里奥利力并非真实作用在物体上的力,而是在非惯性系中惯性作用力的表现。科里奥利力计算公式如下:

$$\vec{F_C} = -2m(\vec{\omega} \times \vec{v})$$

式中$\vec{F_C}$为科里奥利力,m为质点质量,$\vec{\omega}$为旋转体系角速度,$\vec{v}$为质点运动速度,$\times$取两个矢量的外积。科里奥利力在自然的表现可体现为北半球的河流右侧被流水冲刷程度更严重,自由落体运动轨迹会向东倾斜等。

MPU9250采用MEMS三轴陀螺仪,配合加速度计可以对物体的线性运动和旋转运动进行很好地描述。陀螺仪性能参数如下:

(1) 16位ADC产生X-、Y-、Z-三轴数字输出,可编程精度调节范围为$\pm250°/s$、$\pm1000°/s$、$\pm2500°/s$;

(2) 内置可编程低通滤波系统;

(3) 陀螺仪工作电流:3.2mA;

(4) 睡眠模式电流:$8\mu A$;

(5) 灵敏度校准可调。

3) 三轴磁力计

磁力计又叫高斯计,磁力计可测量磁场方向和磁场强度,在惯性导航中起着确定物体方向的作用。MPU9250封装了日本Asahi Kasei Microsystems公司的AK8963三轴磁力计,该芯片具有大量程、低功耗的特点。输出数据可为14位($0.6\mu T/LSB$)或16位($15\mu T/LSB$),最大量程为$\pm4800\mu T$。重复率为8Hz时工作电流为$280\mu A$。

2. 硬件电路设计

MPU9250姿态传感器采用I2C接口,与飞控板主控器的PB10(SCL)、PB11(SDA)连接,如图16-12所示,接口电路简单,使用方便。

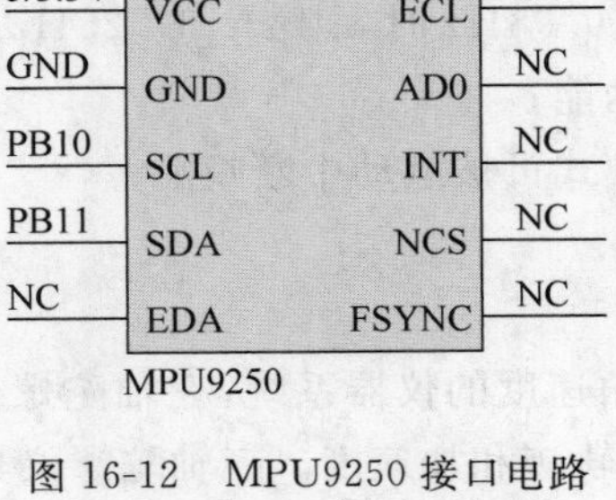

图 16-12   MPU9250 接口电路

MPU9250接口电路引脚功能名称如表16-1所示。

表 16-1 MPU9250 集成模块引脚

引脚序号	引脚名称	引脚用途
1	VCC	电源(3.3V 或 5V)
2	GND	地
3	SCL	I2C 协议时钟引脚
4	SDA	I2C 协议时数据引脚,SPI 协议时数据输出
5	EDA	辅助 I2C 时钟引脚
6	ECL	辅助 I2C 数据引脚
7	AD0	I2C 协议时地址引脚,SPI 协议时数据输出引脚
8	INT	中断信号输出引脚
9	NCS	SPI 协议片选引脚
10	FSYNC	帧同步数字输入(不使用时接至 GND)

16.4.4 无线通信模块

无线通信模块主要用于遥控器和飞行控制器之间的数据传输,实现指定的动作和数据的实时回传,在飞控系统中是非常重要的一个模块。在本飞控系统中采用的是美国 SILABS 公司的 SI4463 无线芯片作为主控芯片的无线收发集成块,型号为 AS10-M4463D-SMA。外观如图 16-13 所示。

图 16-13 无线收发模块外观图

主要参数:

(1) 频率范围:119~1050MHz;

(2) 最大数据速率:1Mb/s;

(3) 调制格式:4-FSK,4-GFSK,ASK,FSK,GFSK,GMSK,MSK,OOK;

(4) 输出功率:20dBm;

(5) 工作电源电压:1.8~3.6V;

(6) 接口类型:SPI;

(7) 灵敏度:-126dBm。

1. 基本原理

SI4463 芯片是高性能的低电流无线收发器,它覆盖了 119MHz 至 1050MHz 的 Sub-1GHz 频段。灵敏度达到-126dBm,同时实现了极低的活动和休眠电流消耗。

SI4463 有 20 个引脚,主要引脚功能可以分为两大类:硬件引脚和软件引脚。硬件引脚主要由电源、射频部分组成,软件引脚主要由 SPI、芯片使能以及 GPIO 等组成。具体引脚号和功能简述如表 16-2 所示。

表 16-2　SI4463 引脚简述

引脚	引脚名称	功　　能
1	SDN	关断输入引脚。0-VDD V 数字输入,SDN 应该是 0,除了关断模式下,所有的模式当 SDN＝1 时,芯片将被彻底关闭,寄存器的内容将丢失
2,3	RXp,RXn	差分 RF 输入的低噪声放大器的引脚
4	TX	发射输出引脚,它的输出是一个开漏连接,所以在 LC 匹配必须提供 VDD(＋3.3 VDC 标称值)
5	NC	空
6,8	VDD	＋1.8～＋3.6V 电源电压输入到内部稳压器,建议 VDD 电源电压为＋3.3V
7	TXRAMP	可编程偏差输出与斜坡能力的外部 FET 功率放大器
9,10,19,20	GPIO0,GPIO1 GPIO2,GPIO3	通用数字 I/O
11	nIRQ	中断状态输出
12	SCLK	串行时钟输入
13	SDO	0～VDD V 数字输出
14	SDI	串行数据输入,0～VDD V 数字输入,该引脚提供了 4 线串行数据流串行数据总线
15	nSEL	串行接口选择输入,0～VDD V 数字输入,此引脚提供了选择/启用功能的 4 线串行数据总线
16,17	XOUT,XIN	晶体振荡器的输出/晶体振荡器的输入
18, PADDLE_GND	GND	地

2．硬件电路设计

无线通信模块硬件电路分为两部分,一部分是放在飞控板上,另一部分是放在遥控器手柄上,两部分接口电路如图 16-14 所示。

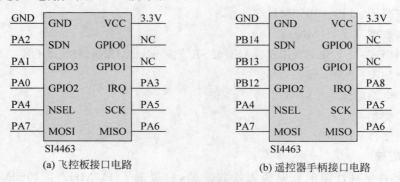

(a) 飞控板接口电路　　　　　　(b) 遥控器手柄接口电路

图 16-14　无线模块接口电路

表 16-3 给出了 AS10-M4463D 集成模块的引脚,一共 12 个引脚,采用 SPI 总线完成数据传输,引脚的功能含义和芯片本身功能一致。

表 16-3　AS10-M4463D 集成模块引脚

引脚序号	引脚名称	引脚功能
1	GND	连接到电源参考地
2	SDN	低电平开启
3	GPIO3	模块信息输入引脚
4	GPIO2	模块信息输入引脚
5	nSEL	模块 SPI 片选引脚,低电平有效
6	MOSI	模块 SPI 数据输入引脚
7	MISO	模块 SPI 数据输出引脚
8	SCK	模块 SPI 时钟引脚
9	IRQ	模块中断引脚
10	GPIO1	模块信息输出引脚
11	GPIO0	模块信息输出引脚
12	VDD	1.8~3.6V

该模块在使用时,厂家给出的建议如下:

(1) 高频模拟器件具有静电敏感特性,应尽可能避免人体接触模块上的电子元件。

(2) 焊接时,电烙铁需要良好接地。

(3) 电源品质对模块性能影响较大,请保证模块供电电源具有较小纹波,务必避免电源频繁大幅度抖动。推荐使用 π 型滤波器(钽电容＋电感)。

(4) 模块地线使用单点接地方式,推荐使用 0Ω 电阻或者 10mH 电感,与其他部分电路参考地分开。

(5) 模块天线安装结构对模块性能有较大影响,务必保证天线外露,最好垂直向上。当模块安装于机壳内部时,可使用优质的天线延长线,将天线延伸至机壳外部。天线切不可安装于金属壳内部,否则将导致传输距离极大削弱。

(6) 同一产品内部若存在其他频段无线设备,由于谐波干扰的可能性,请尽可能加大与本模块之间的直线距离,并尽可能使用金属材料将二者分开。

(7) 若本模块所在之电路板附近存在晶振,请尽可能加大与晶振之间的直线距离,晶振尽可能采用带金属壳封装的石英晶体,晶振布线应该采用"铺地"方式进行包裹。

16.4.5　定高模块

常用的定高模块有超声波模块和气压计模块,两种模块各有特色。下面两节分别介绍这两种模块的基本原理和使用方法。

1. 超声波定高模块

本书使用的超声波测距模块型号为 US-016,该模块可实现 2cm～3m 的非接触测距功能,供电电压为5V,工作电流为3.8mA,支持模拟电压输出,工作稳定可靠。本模块根据不同应用场景可设置成不同的量程(最大测量距离分别为1m和3m);当Range(量程)管脚悬空时,量程为3m。US-016能将测量距离转化为模拟电压输出,输出电压值与测量距离成正比。主要技术参数如表16-4所示。本模块实物图如图16-15所示。

表16-4 超声波模块主要参数

电气参数	US-016超声波测距模块
工作电压	DC 5V
工作电流	3.8mA
工作温度	0~+70℃
输出方式	模拟电压(0~V_{cc})
感应角度	小于15度
探测距离	2~300cm
探测精度	0.3cm+1%
分辨率	1mm

图16-15 超声波模块实物图

1) 接口说明

本模块有一个接口:4Pin供电及通信接口。4Pin接口为2.54mm间距的弯排针,从左到右依次编号1、2、3、4。它们的定义如表16-5所示。

表16-5 超声波模块引脚

引脚序号	功　能
1	接V_{cc}电源(直流5V)
2	量程设置引脚(Range),当模块上电时且此引脚为高电平时,量程为3m;当模块上电时且此引脚为低电平时,量程为1m。此引脚内带上拉电阻,当Range引脚悬空时,量程为3m
3	模拟电压输出引脚(Out),模拟电压与测量距离成正比,输出范围为0~V_{cc}
4	接外部电路的地

2) 测距工作原理

模块上电后,系统首先判断量程引脚的输入电平,根据输入电平状态来设置不同的量程。当量程引脚为高电平时,量程为 3m,当量程引脚为低电平时,量程为 1m。

然后,系统开始连续测距,同时将测距结果通过模拟电压在 Out 管脚输出。当距离变化时,模拟电压也会随之发生变化。模拟电压与测量距离成正比,模拟电压的输出范围是 $0 \sim V_{cc}$。

当系统量程为 1m 时,测量距离为: $L = 1024 \times V_{out}/V_{cc} (\text{mm})$。当输出电压为 0V 时对应距离为 0m,输出 V_{cc} 时对应为 1.024m。

当系统量程为 3m 时,测量距离为: $L = 3096 \times V_{out}/V_{cc} (\text{mm})$。当输出电压为 0V 对应距离为 0m,输出 V_{cc} 对应为 3.072m。

(1) 量程为 1m 时编程建议。

上电时,需要将量程引脚设置为低电平。测量时,可采用 ADC 对 Out 管脚的输出电压进行采样,根据 ADC 值换算出测量距离,可用如下公式计算:

$$L = (A \times 1024/2n) \times (V_{ref}/V_{cc})$$

其中 A 为 ADC 的值,n 为 ADC 的位数,V_{ref} 为 ADC 的参考电压,V_{cc} 为 US-016 的电源电压。

比如采用 10 位 ADC 进行采样,且 ADC 的参考电压为 V_{cc} 时,测量距离可用 ADC 的值来表示。举例:当 ADC 采样值为 345 时,测量距离为 345mm。

(2) 量程为 3m 时编程建议。

上电时,需要将量程设置引脚悬空或设置为高电平。测量时,可采用 ADC 对 Out 管脚的输出电压进行采样,根据 ADC 值换算出测量距离,可用如下公式计算:

$$L = (A \times 3072/2^n) \times (V_{ref}/V_{cc})$$

其中 A 为 ADC 的值,n 为 ADC 的位数,V_{ref} 为 ADC 的参考电压,V_{cc} 为 US-016 的电源电压。

比如采用 10 位 ADC 进行采样,且 ADC 的参考电压为 V_{cc} 时,测量距离可用 $3 \times ADC$ 的值来表示。举例:当 10 位 ADC 采样值为 400 时,测量距离为 $3 \times 400 = 1200 \text{mm}$。

2. 气压计定高模块

测量气压高度一般是依据大气压强变化的规律,即大气压强值随着海拔高度的增加而减小,从而可以通过检测大气静压间接获得海拔高度。在理想的气体环境下,实际高度约等于气压高度,而在实际的气体条件下,由于温度和空气密度等因素的差异始终存在,因此实际高度与气压高度间存在着差距。所以在实际的检测气压高度时,主要工作之一就是尽量减小其他环境因素对高度测量带来的影响,以便使得测量的气压高度尽可能多地逼近实际高度,同时还要有较好的分辨率。

1) 基本原理

MS5611-01BA 气压传感器是由瑞士 MEMS 推出的一款 SPI 和 I2C 总线接口的新一代高分辨率气压传感器,分辨率可达到 10cm。该传感器模块包括一个高线性度的压力传感器和一个超低功耗的 24 位 Σ 模数转换器。MS5611-01BA 提供了精确的 24 位数字压力值和温度值以及不同的操作模式,可以提高转换速度并优化电流消耗。高分辨率的温度输出无须额外传感器便可实现高度计/温度计功能,以便与微控制器连接,且通信协议简单,无须在设备内部寄存器编程。MS5611-01BA 模块如图 16-16 所示。

其各项参数如下：

(1) 分辨率：12μbar；

(2) 输出：24 位数字输出；

(3) 量程：10～1200mbar；

(4) 工作温度范围：-40～85℃；

(5) 精确度：25℃、750mbar 时，-1.5～+1.5mbar；

(6) 供电电源：1.8～3.6V。

特点：低功耗 1μA，集成数字压力传感器(24 位 $\Delta\Sigma$ 模数转换器)，I2C 和 SPI 接口，达 20MHz，无须外部元件(内部振荡器)。

2) 硬件电路设计

该模块与 M4 核心板接口电路如图 16-17 所示。

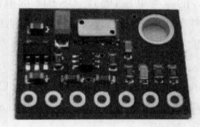

图 16-16　气压计 MS5611 模块

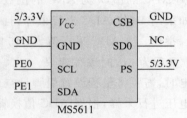

图 16-17　MS5611 接口电路

MS5611 接口电路引脚功能如表 16-6 所示。

表 16-6　MS5611 集成模块引脚

引脚序号	引脚名称	引脚功能
1	V_{CC}	电源(3.3V 或 5V)
2	GND	负极
3	PS	通信协议选择
		PS 为高时(V_{CC})→I2C 协议
		PS 为低时(GND)→SPI 协议
4	CSB	SPI 协议时片选引脚
		I2C 协议时地址引脚
		(接 GND 或 V_{CC})一般接 GND
5	SDO	SPI 协议时数据输出
6	SDA	SPI 协议时数据输入
		I2C 协议时数据线
7	SCLK	SPI/I2C 协议时时钟线

16.4.6 电机及驱动模块

电机是四轴飞行器飞行控制器的执行机构,电机将飞行控制器的输出转换为旋翼的转速,改变各旋翼的升力与反扭矩,以起到调节飞行器姿态的作用。本书在电机的选择上最终选用朗宇 X2204S 无刷直流电机,如图 16-18 所示。

图 16-18　朗宇 X2204S 无刷直流电机

主要参数:

(1) KV(rpm/v):2300;

(2) 适用电池节数(cell):2-S Li-poly;

(3) 重量:22.8g;

(4) 高度:34.6mm 含桨夹高度;

(5) 直径:27.5mm;

(6) 适用螺旋桨孔径:5mm。

其他指标如表 16-7 所示。

表 16-7　朗宇 X2204S 无刷电机尺寸与电压、电流、推力对应关系

支架(inch)	电压(V)	电流(A)	推力(g)	功率(W)
GWS5043 直驱桨	11.1	0.8	50	8.88
		1.7	100	18.87
		2.9	150	32.19
		4.0	200	44.40
		5.3	250	58.83
		6.9	300	76.59
		7.8	350	86.58

四旋翼飞行器的运动需要驱动设备供给能量,从而产生升力。驱动模块的功能即在主控制器的指令下给出相应的功率管触发控制信号,经逆变电路控制驱动电机的转速,带动螺旋桨产生升力,实现飞行器的飞行控制。根据电机的不同,驱动器分为有刷电调和无刷电调。本书采用的是无刷电机,因此使用的是无刷电调,如图 16-19 所示。

主要参数:

(1) 型号:XRotor 15A;

图 16-19　无刷电子调速器

（2）持续电流：15A；

（3）瞬时电流（10 秒）：20A；

（4）BEC：无；

（5）锂电节数：2-3S 进角（高/中）；

（6）质量：10.5g；

（7）尺寸：47mm×17mm×8.3mm；

（8）应用范围：XRotor 15A 250/300 级多轴。

1. 基本原理

（1）无刷电机：无刷电机采用无刷电子调速器实现电子换向,具有可靠性高、无换向火花、机械噪声低等优点。电机产品的型号一般以 KV 值为准,KV 值是指转速/V,指的是当输入电压增加 1V 时,无刷电机空转转速增加的转速值。对于同尺寸规格的无刷电机来说,绕线匝数多,KV 值低,最高输出电流小,但是扭力大；绕线匝数少,KV 值高,最高输出电流大,但是扭力小。

（2）无刷电子调速器：无刷电调输入的是直流,可以接稳压电源或者锂电池；输出是三相交流,直接与电机的三相输入端相连。电调还有三根线连出,用来与接收机连接,控制电机的运转。上电时,电机反转,只需要把电机输入端的三根导线中的任意两根对换位置。

2. 硬件电路设计

1）电路连接

电调参考手册给出的《使用向导》的接线方法如图 16-20 所示。

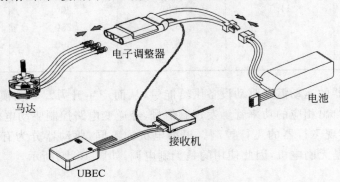

图 16-20　电调接线方法

实际电路图如图 16-21 所示,其中 pb6、pb7、pb8、pb9 作为信号控制线(与 STM32 连接)。

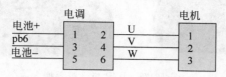

图 16-21　电调与电机连接电路图

电调在使用过程中,应严格按手册《使用向导》操作规程来操作,手册中给出的操作规程步骤如下,读者可以借鉴。

(1) 电调接入飞行系统后,每次上电会自动检测输入的油门信号,然后执行相应的油门模式;

(2) 普通油门模式可以进行油门行程校准及进角设定,one shot 125 油门模式不能进行油门行程校准及进角设定;

(3) 普通油门模式下首次使用 XRotor 无刷电调或更换遥控设备后需要进行油门行程校准;

(4) 当电调驱动盘式电机出现异常或者要求达到更高转速时,可尝试更改进角参数(电调出厂默认为中进角)。

2) 油门行程校准操作方法

3) 进角参数设定操作方法

16.4.7　遥控器模块

对于四轴飞行器来说,比较流行的是 2.4G 的遥控器,知名遥控器品牌主要有天地飞、JR、Futaba 等。这些遥控器的优点是遥控距离比较远、可靠性高、姿态调节比较柔和;缺点是体积大、耗电大、通道数量受限制等。对于一般简单的四轴飞行器控制,可以自制简易航模遥控器,原理简单,制作方便。遥控器设计成类似 PSP 游戏机,操作方便,如图 16-22 所示。

1. 基本原理

本章 16.4.1 节中图 16-8 已经介绍了遥控器的基本框图,主要包括三个功能模块:摇杆、无线模块和显示模块。电路整体结构简单,接口电路较少,基本和一个最小系统差不多。

图 16-22　PSP 与飞控手柄

无线模块在 16.4.4 节已经介绍,不再复述。

1) 摇杆电位器

摇杆电位器分为两种:油门控制和万向控制。

(1) 有弹油门:会自己回位,可推到任意位置,松手自动回位;

(2) 无弹油门:不自动回位,可停留在任意位置;

(3) 万向控制:自动回中。推上下左右都自动回中,如图 16-23 所示。

图 16-23　摇杆电位器及冒

2) 液晶

液晶采用串口屏 TFT 液晶显示模块,操作简单方便,适合数据的实时回传。操作界面如图 16-24 所示,通过触摸屏图标,可以直接读取运行参数和飞行控制。

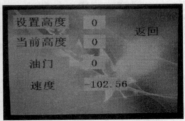

图 16-24　串口 TFT 液晶显示模块

对于产品研发者来说,产品研发初期可以选型的接口主要有三种类型:RGB 接口、MCU 总线接口、串口 HMI。串口 HMI 是最简单的显示方案。首先它跟 MCU 总线屏一样对用户的硬件没有任何要求;其次,它没有速度瓶颈,因为界面的显示是设备内部自己实现的,用户 MCU 只是发送指令,并不需要底层驱动;再次,针对显示的人机界面的布局和大多数的逻辑(比如界面背景、按钮效果、文本显示等),全部都不需要用户的 MCU 参与,使用设备提供的上位软件,在电脑上点几下鼠标就完成了。制作好资源文件以后下载到屏幕即可自动运行,剩下的就是 USART 交互了(运行中用户 MCU 通过简单的对象操作指令来修改界面上的内容)。图 16-25 为串口液晶软件开发界面,开发过程简单,具体指令参考其开发手册。

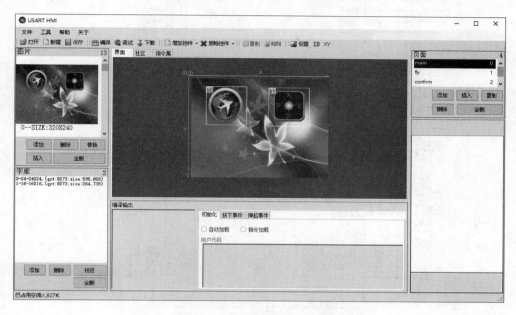

图 16-25　串口液晶软件开发界面

2. 硬件电路设计

1) 最小系统电路

最小系统主要包括晶振电路和复位电路,如图 16-26 所示。

2) 电源电路

电源采用 4 节 1.5V 干电池供电,经过 1117 稳压模块给系统各部分供电,方便实用。其中 P3 为预留外接电源和地接口,方便调试使用,D3 为电源指示灯,如图 16-27 所示。

3) 摇杆电路

摇杆电路如图 16-28 所示。

4) 液晶和串口电路

采用 TFT 串口液晶电路,接口简单,操作方便。TFT 串口液晶屏为 4 线制,分别为电源和地以及收发接口。如图 16-29 所示,它和串口公用 IO 口,通过串口把代码发送给 TFT 液晶屏,然后串口可继续用于调试程序,如图 16-30 所示。

5) 无线收发电路

无线收发电路接口如图 16-31 所示。

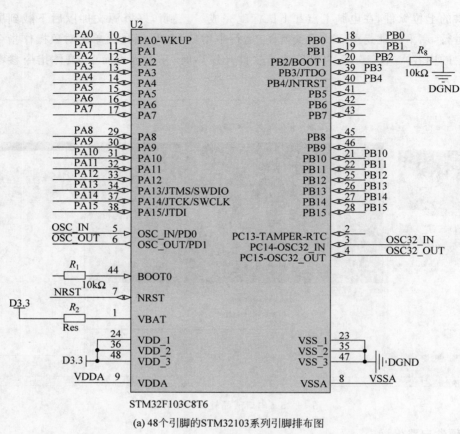

(a) 48个引脚的STM32103系列引脚排布图

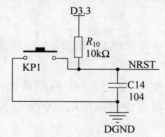

(b) 复位电路

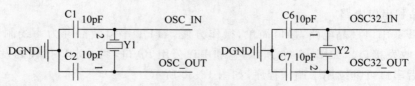

(c) 8MHz(Y1)和32kHz(Y2)晶振电路

图 16-26 最小系统电路

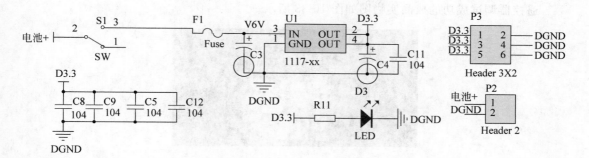

图 16-27 电源电路

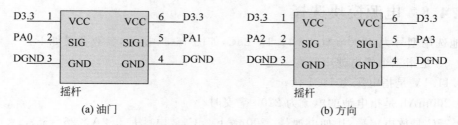

(a) 油门　　　　　　　　　　　　(b) 方向

图 16-28 摇杆电路

图 16-29 液晶电路　　　　　　　　图 16-30 串口电路

6）下载电路

下载电路接口如图 16-32 所示。

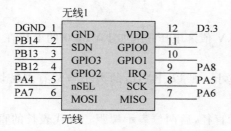

图 16-31 无线收发电路

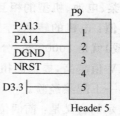

图 16-32 下载电路

遥控器调试成功的成品实物图如图 16-33 所示。

图 16-33 遥控器实物

16.4.8 电源模块选择

电池选用型号为 2200mAh 3S 11.1V 25C,如图 16-34 所示,参数含义如下:

(1) 3S 是指三个锂电池串联在一起;

(2) 11.1V 是指电压为 11.1 伏;

(3) 200mAh 是指电池的电流为 2200 毫安时;

(4) 25C 是放电倍率,比如电池是 2200mAh 25C,放电就是 2.2A×25=55A。

图 16-34 电池

16.4.9 四轴飞行器的组装

16.4.2 节～16.4.8 节主要是硬件电路的设计和常规模块的选择,本节主要涉及四轴飞行器的组装工作。

1. 电机、桨、电池、机型的相互关系

电机 KV 值:电机的转速(空载)=KV 值×电压;例如 KV1000 的电机在 10V 电压下它的转速(空载)就是 10000 转/分钟。

电机的 KV 值越高,提供的扭力就越小。所以,KV 值的大小与桨有着密切的关系,以下就这点提供一下配桨经验。

1060 桨表示的含义是:前两位数表示直径,后两位表示螺距;10 代表长的直径是 10 寸,60 表示桨角(螺距)。

电池的放电能力,最大持续电流是:容量×放电 C 数。例如:1500mA,10C,则最大的

持续电流就是 1.5A×10＝15A。

如果该电池长时间超过 15A 或以上电流工作,那么电池的寿命会缩短。还有电池的充满电压为单片 4.15～4.20V 合适,用后的最低电压为单片 3.7V 以上(切记不要过放电),长期不用的保存电压最好为 3.9V。

一般电机与桨配值如表 16-8 所示。

表 16-8　电机与桨的关系

电池	电机(KV 值)	桨
3S	900～1000	1060 或 1047 桨,9 寸桨也可
	1200～1400	9050(9 寸桨)至 8×6 桨
	1600～1800	7 寸至 6 寸桨
	2200～2800	5 寸桨或 6 寸桨
	3000～3500	4530
2S	1300～1500	9050
	1800	7060
	2500～3000	5×3
	3200～4000	4530

桨的大小与电流关系:因为桨相对越大,产生推力的效率就越高,例如同用 3S 电池,电流同样是 10 安(假设)用 KV1000 配 1060 桨与 KV3000 配 4530 桨它们分别产生的推力前者是后者的两倍。

机型与电机、桨的关系:一般来说,桨越大对飞机所产生的反扭力越大,所以桨的大小与机的翼展大小有着一定关系,但桨与电机也有着上面所讲的关系。例如用 1060 桨,机的翼展就得要在 80cm 以上为合适,否则飞机就容易造成反扭;又如用 8×6 的桨翼展就得在 60cm 以上。本书选择型号为 5040 和 6040 均能正常使用,如图 16-35 所示。

图 16-35　桨片

2. 机架的组装

机架是四轴飞行器的骨架,如图 16-36 所示,作为四轴的安装平台,支撑起整个飞行器。本书中使用的机架型号为 F330,主要特点:

(1) 层板为沉金 PCB,可以直接把电调焊接在板上;

(2) 马达轴距:330mm;

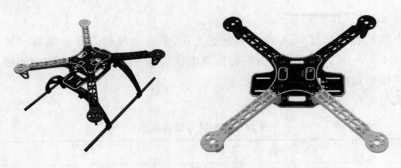

图 16-36   四轴飞行器支架

（3）机架质量：143 克；

（4）马达安装孔位：18mm×16mm。

支架配件如图 16-37 所示。

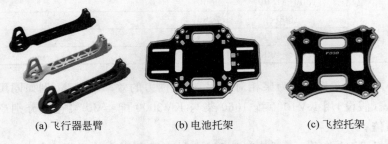

(a) 飞行器悬臂   (b) 电池托架   (c) 飞控托架

图 16-37   支架配件(部分)

16.5   软件设计

16.5.1   软件预备知识

1. 刚体的空间角位置描述

刚体在空间的角位置用运动的坐标系相对于所选用的参考坐标系的角度关系来描述，通常采用方向余弦法和欧拉角法。

两个重合的坐标系，当一个坐标系相对另一个坐标系做一次或多次旋转后可得到另外一个新的坐标系，不动的坐标系往往被称为参考坐标系或固定坐标系，旋转的坐标系被称为动坐标系，它们之间的相互关系可用方向余弦来表示。在某些应用场合，尤其是在研究两坐标系之间的运动特性时，方向余弦用矩阵的形式表示，也被称为旋转矩阵，或在某些应用场合称为姿态矩阵，其元素是两组坐标系单位矢量之间夹角的余弦值。

如

$$C = \begin{bmatrix} \cos a & \sin a \\ -\sin a & \cos a \end{bmatrix}$$

2．用欧拉角描述定点转动刚体的角位置

当描述一个三维空间刚体的转动角度时，就需要选用三个独立的角度来表示具有一个固定点的刚体的相对位置。最早是欧拉于 1776 年提出该方法，所以将这三个角称为欧拉角。

图 16-38 表示了共圆点 O 的两个坐标系 $Ox_n y_n z_n$ 和 $Ox_b y_b z_b$ 的相对位置。

这一相对位置可以看成是通过以下的转动过程而最后形成的：最初 $Ox_n y_n z_n$ 与 $Ox_b y_b z_b$ 完全重合而后经过三次简单的转动达到图示的位置，这三次简单的转动如下：

第一次绕 z_n 轴转一个 ψ 角，使 $Ox_b y_b z_b$ 由最初与 $Ox_n y_n z_n$ 重合位置转到 $Ox_1 y_1 z_1$ 的位置，如图 16-39 所示。

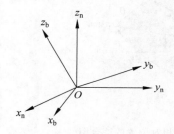

图 16-38　坐标系 $Ox_n y_n z_n$ 与 $Ox_b y_b z_b$ 的相对位置图

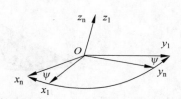

图 16-39　$Ox_b y_b z_b$ 绕 z_n 轴转一个 ψ 角图

这样 $Ox_n y_n z_n$ 与 $Ox_1 y_1 z_1$ 之间的方向余弦矩阵可写成式 16-21。

$$C_n^1 = \begin{bmatrix} \cos\psi & \sin\psi & 0 \\ -\sin\psi & \cos\psi & 0 \\ 0 & 0 & 1 \end{bmatrix} \tag{16-21}$$

第二次绕 x_1 轴转动 θ 角，使 $Ox_1 y_1 z_1$ 到达新的 $Ox_2 y_2 z_2$ 位置，如图 16-40 所示。

这样 $Ox_1 y_1 z_1$ 与 $Ox_2 y_2 z_2$ 之间的方向余弦矩阵可表示成

$$C_1^2 = \begin{bmatrix} 0 & 0 & 0 \\ 0 & \cos\theta & \sin\theta \\ 0 & \sin\theta & \cos\theta \end{bmatrix} \tag{16-22}$$

第三次是绕 z_2 轴转动 φ 角，使 $Ox_2 y_2 z_2$ 到达 $Ox_b y_b z_b$ 的最终位置，如图 16-41 所示。

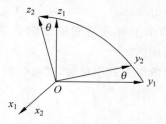

图 16-40　$Ox_1 y_1 z_1$ 到达新的 $Ox_2 y_2 z_2$ 位置图

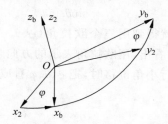

图 16-41　$Ox_2 y_2 z_2$ 到达 $Ox_b y_b z_b$ 的位置

这样 $Ox_2y_2z_2$ 与 $Ox_by_bz_b$ 之间的方向余弦矩阵为

$$C_2^b = \begin{bmatrix} \cos\varphi & \sin\varphi & 0 \\ -\sin\varphi & \cos\varphi & 0 \\ 0 & 0 & 1 \end{bmatrix} \tag{16-23}$$

三次转动的角 ψ,θ,φ 叫做欧拉角。将三个简单转动的图 16-39、图 16-40、图 16-41 合成叠加画在一起,就得到三个欧拉角表示两个坐标系相对位置的综合图,如图 16-42 所示。

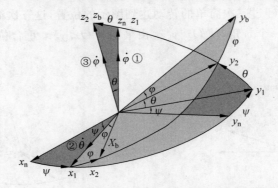

图 16-42 三个欧拉角表示两个坐标系相对位置的综合图

其中

$$\begin{bmatrix} x_b \\ y_b \\ z_b \end{bmatrix} = C_n^b \begin{bmatrix} x_n \\ y_n \\ z_n \end{bmatrix}$$

$$
\begin{aligned}
C_n^b &= \begin{bmatrix} \cos\varphi & \sin\varphi & 0 \\ -\sin\varphi & \cos\varphi & 0 \\ 0 & 0 & 1 \end{bmatrix} \begin{bmatrix} 1 & 0 & 0 \\ 0 & \cos\theta & \sin\theta \\ 0 & -\sin\theta & \cos\theta \end{bmatrix} \begin{bmatrix} \cos\psi & \sin\psi & 0 \\ -\sin\psi & \cos\psi & 0 \\ 0 & 0 & 1 \end{bmatrix} \\[2mm]
&= \begin{bmatrix} \cos\varphi & \sin\varphi & 0 \\ -\sin\varphi & \cos\varphi & 0 \\ 0 & 0 & 1 \end{bmatrix} \begin{bmatrix} 1 & 0 & 0 \\ 0 & \cos\theta & \sin\theta \\ 0 & -\sin\theta & \cos\theta \end{bmatrix} \begin{bmatrix} \cos\psi & \sin\psi & 0 \\ -\cos\theta\sin\psi & \cos\theta\cos\psi & \sin\theta \\ \sin\theta\sin\psi & -\sin\theta\cos\psi & \cos\theta \end{bmatrix} \\[2mm]
&= \begin{bmatrix} \cos\varphi\cos\psi - \sin\varphi\cos\theta\sin\psi & \cos\varphi\sin\psi + \sin\varphi\cos\theta\cos\psi & \sin\varphi\sin\theta \\ -\sin\varphi\cos\psi - \cos\varphi\cos\theta\sin\psi & -\sin\varphi\sin\psi + \cos\varphi\cos\theta\cos\psi & \cos\varphi\sin\theta \\ \sin\theta\sin\psi & -\sin\theta\cos\psi & \cos\theta \end{bmatrix}
\end{aligned} \tag{16-24}
$$

这样就得到用三个欧拉角 (ψ,θ,φ) 表示的任意两个坐标系之间的方向余弦矩阵。从式(16-24)看出,用欧拉角表示的方向余弦矩阵是很烦琐的。

当进行小角位移时,把 ψ,θ,φ 看成小量,并省略二阶以上的小量时,式(16-24)化简为

$$C_n^b = \begin{bmatrix} 1 & \gamma & -\beta \\ -\gamma & 1 & \alpha \\ \beta & -\alpha & 1 \end{bmatrix} \tag{16-25}$$

形式是简单了,但实际上不能应用。这是因为式(16-25)中元素 $\psi+\varphi$ 正好合二为一,故而阵中的九个元素只有两个独立参数,不能唯一地确定刚体的相对位置。

那么如何解决这个问题呢? 前面的欧拉角旋转顺序是 $z \to x \to z$,现在改变一下转动顺序为 $x \to y \to z$ 则得到的方向余弦矩阵为

$$
\begin{aligned}
C_n^b &= \begin{bmatrix} \cos\gamma & \sin\gamma & 0 \\ -\sin\gamma & \cos\gamma & 0 \\ 0 & 0 & 1 \end{bmatrix} \begin{bmatrix} \cos\beta & 0 & -\sin\beta \\ 0 & 1 & 0 \\ \sin\beta & 0 & \cos\beta \end{bmatrix} \begin{bmatrix} 1 & 0 & 0 \\ 0 & \cos\alpha & \sin\alpha \\ 0 & -\sin\alpha & \cos\alpha \end{bmatrix} \\
&= \begin{bmatrix} \cos\beta\cos\gamma & \sin\alpha\sin\beta\cos\gamma+\cos\alpha\sin\gamma & -\cos\alpha\sin\beta\cos\gamma+\sin\alpha\sin\gamma \\ -\cos\beta\sin\gamma & -\sin\alpha\sin\beta\sin\gamma+\cos\alpha\cos\gamma & \cos\alpha\sin\beta\sin\gamma+\sin\alpha\cos\gamma \\ \sin\beta & -\sin\alpha\cos\beta & \cos\alpha\cos\beta \end{bmatrix}
\end{aligned} \tag{16-26}
$$

按照这样的转动顺序得到的角为卡尔丹角 (α,β,γ),和欧拉角并没有本质上的区别,只是转动顺序和转动轴的选择不同而得到的,也称广义欧拉角。同理,舍去 (α,β,γ) 二阶以上的小量,可化简为

$$
C_n^b = \begin{bmatrix} 1 & \gamma & -\beta \\ -\gamma & 1 & \alpha \\ \beta & -\alpha & 1 \end{bmatrix} \tag{16-27}
$$

化简后的矩阵舍去高阶,存在一定的误差,同时用余弦矩阵进行姿态解算需要消耗 CPU 很大的资源,所以一般在单片机(嵌入式系统)上使用四元数进行姿态解算。

3. 四元数

介绍四元数前先简单的说下复数,平时接触到的简单的复数是由一个实部 a 和一个虚部 bi 组成,写作 $Z=a+bi$,那么四元数就是由一个实部和三个虚部组成的,写作式(16-28)。

$$
Q = q_0 + iq_1 + jq_2 + kq_3 \tag{16-28}
$$

它是一种超复数,对于 i、j、k 本身的几何意义可以理解成一种旋转。当 $|Q|^2$ 时则称 (Q) 为规范化四元数。所以每次更新四元数都要对其作规范化处理

$$
|Q|^2 = (q_0)^2 + (q_1)^2 + (q_2)^2 + (q_3)^2 \tag{16-29}
$$

其中:

$$
q_0 = q_0/Q
$$

$$
q_1 = q_1/Q
$$

$$
q_2 = q_2/Q
$$

$$
q_3 = q_3/Q
$$

为了计算和观察方便,还需要将四元数转化为欧拉角。转换的 C 语言代码为:

```
Yaw = atan2(2 × (q0 × q1 + q2 × q3),q0q0 - q1q1 - q2q2 + q3q3) × 57.3
Pitch = asin(-2 × (q1 × q3 + 2 × q0 × q2)) × 57.3
Rool = atan2(2 × (q1 × q2 + 2 × q0 × q3),q0q0 + q1q1 - q2q2 - q3q3) × 57.3
```

其中 Yaw、Pitch、Rool 就是相对于空间直角坐标系 xyz 三轴旋转的角度,可以看出经过四元数转化为欧拉角后可以更直观地显示出三轴的旋转角度。但是欧拉角同时存在着万向节

死锁以及量程的限制问题。

如果将四元数本身进行姿态解算则它具有以下优点:

(1) 四元数不会存在欧拉角的万向节死锁问题;

(2) 四元数由四个数组成,两个四元数之间更容易插值;

(3) 对四元数规范化正交化计算更加容易。

现在普遍使用的方法是将四元数转化为欧拉角进行姿态解算控制,而根据四元数的以上优点对其直接进行姿态解算控制也未尝不可。

4. 控制与滤波算法

首先介绍一下滤波算法,什么是滤波呢? 在模拟电路中通过设计的模拟滤波器,使特定频率的模拟信号通过滤波器而其他频率的信号被滤波器阻隔。对于数字滤波器来说,它是由数值 y 轴和时间 x 轴这两轴形成的数字信号波形,而设计一个数字滤波器可以等价于一个模拟滤波器通过特定频率的信号阻隔其他频率的信号(噪声)。

很多传感器的数值并不是绝对准确的,每个传感器都有属于它自己的精度范围,理想的状态下传感器的数值是在精度范围内随机分布的。但因为现实中外界环境或内部电路的干扰,使得传感器并不能在精度范围内稳定地输出一个值,会在原有的基础上叠加上一个或高频、或低频、或特殊频率的噪声,这时的传感器数据就被噪声干扰了。被噪声污染的数据考验的是系统的鲁棒性,轻微时会使控制系统产生振动,而严重时会使系统发散进而崩溃。所以读取传感器的数据并进行滤波处理去除无用的噪声给控制系统一个稳定而精确的数据,对于四轴飞行器整体的稳定性是非常重要的。

随着电子计算机技术的高速发展,我们的工作与生活越来越智能化自动化,而这些设备的核心就是自动控制算法,越是庞大而精密的系统所需的控制算法越是复杂。对于四轴飞行器来说不需要建立烦琐的数学模型,也不用复杂的控制算法,仅仅使用简单的 PID 控制就能使其飞上蓝天。

PID(比例、积分、微分)控制,是 20 世纪出现的一种至今广泛使用的经典控制方法。它是一种在线性时不变系统中,单输入单输出的一种控制方法。PID 控制方法有简单易实现、使用范围广、鲁棒性强、参数整定简单等优点,同时其缺点也很明显:对于多入多出、高阶、时变非线性的系统,PID 控制算法就无法依靠改变参数来达到预期的要求了。

下面介绍几种普遍运用在四轴飞行器上的控制滤波算法。

1. 互补滤波

对于传感器读出的数据角速度和加速度来说,角速度数值短时间内准确度高且受震动干扰小,但是长时间会随着本身噪声误差的微弱累积使数据变得不可信,所以不能直接将角速度积分为角度。角速度数值极易受到外界震动的噪声干扰,但长期数据相对可信。所以根据角速度和加速度的这种特性使用互补滤波对它们取长补短解算出角度,通过公式(16-30)实现。

$$\text{Angle} = 0.95 \times (\text{Angle} - \text{Angle\_gy} \times \mathrm{d}t) + 0.05 \times \text{AngleAx} \qquad (16\text{-}30)$$

其中 Angle_gy 是 y 轴的角速度,AngleAx 是 x 轴的加速度。

2. 卡尔曼滤波

传统的滤波方法只能是在有用信号与噪声具有不同频带的条件下才能实现,而对于白噪声就不是那么得心应手了。卡尔曼滤波器是一种基于时域的线性最优滤波器,在线性系统的状态空间表示基础上,从输出和输入观测数据来求系统状态的最优估计。通过对传感器数据和滤波器预测数据的动态加权来修正和滤除来自外界的噪声。

卡尔曼滤波五个重要的公式如下:

1) 时间更新

(1) 向前推算状态变量

$$\hat{X}_k^- = A\,\hat{X}_k + Bu_{k-1} \tag{16-31}$$

其中 A 为状态转移矩阵,B 为控制矩阵(一般为 1),$\hat{X}_k$ 为上一时刻值,$\hat{X}_k^-$ 为进行推测的值。

(2) 向前推算误差协方差

$$P_k^- = AP_{k-1}A^{\mathrm{T}} + Q \tag{16-32}$$

其中 A 为状态转移矩阵,P 为数据的协方差矩阵,Q 为过程噪声。

2) 测量更新

(1) 计算卡尔曼增益

$$K_k = P_K^- H^{\mathrm{T}}(HP_K^- H^{\mathrm{T}} + R)^{-1} \tag{16-33}$$

其中 H 为观察矩阵(当数据为 1 维时 H 为 1),R 为观测噪声。

(2) 由观测变量 Z_k 更新估计

$$\hat{X}_k = \hat{X}_k^- + K_k(Z_k - H\hat{X}_k^-) \tag{16-34}$$

Z 为传感器获取的有噪声的数据,在此确定输出值 $\hat{X}_k$。

(3) 更新误差协方差

$$P_k = (1 - K_k H)P_k^- \tag{16-35}$$

C 语言程序实现经典代码:

```
double KalmanFilter(double ResrcData,
double ProcessNiose_Q,double MeasureNoise_R)
{
    double R = MeasureNoise_R;
    double Q = ProcessNiose_Q;
    static double x_last;
    double x_mid = x_last;
    double x_now;
    static double p_last;
    double p_mid;
    double p_now;
    double kg;

    x_mid = x_last;
    p_mid = p_last + Q;
```

```
kg = p_mid/(p_mid + R);
x_now = x_mid + kg × (ResrcData − x_mid);
p_now = (1 − kg) × p_mid;
p_last = p_now;
x_last = x_now;
return x_now;
}
```

3. 单级 PID

PID 控制为比例、积分、微分控制,其为单输入单输出。那单级 PID 就是将数据进行一次比例、积分、微分控制,然后输出为控制量的 PID 控制。

比例控制指的是使用一个比例系数对输入量与期望量的差进行放大或缩小,不过单纯的比例控制会产生静态误差(误差不会收敛于 0),所以这时要加入积分控制,对误差进行积分再乘以积分系数,误差累计越大,积分控制的比重越大,其优点为可以消除静态误差,缺点是不稳定,会使系统产生振荡。微分控制是预测系统的变化趋势,当输入的数据缓慢变化时微分项不起作用,当一个阶跃响应瞬间发生变化时,微分项发挥作用,做"超前控制"。

单级 PID 公式为

$$y(n) = K_p e(n) + K_i \sum_{i=0}^{\infty} e(i) + K_d [e(n) - e(n-1)] \qquad (16\text{-}36)$$

输入量 $e(k)$ 为目标角度与当前角度的差,K_p、K_i、K_d 分别为比例项、积分项、微分项系数,用单级 PID 控制四轴飞行器正常飞行时,突遇外力(风等)干扰或姿态模块传感器采集数据失真,造成姿态解算出来的欧拉角错误,这些都会使控制系统产生震荡不能做到稳定的控制,所以只用角度单环情况下,使系统很难稳定运行。

4. 串级 PID 调节

串级控制系统指的是两调节器串联起来工作并且其中一个调节器的输出作为另一个调节器的给定值的系统。串级 PID 就是两单级 PID 串联起来,其中一级 PID 的输出作为另一级 PID 的输入,与简单的单级 PID 相比,串级 PID 在其结构上形成了两个闭环,一个闭环在里面,被称为内回路或者副回路;另一个闭环在外,被称为外回路或者主回路。副回路在控制过程中负责粗调,主回路则完成细调,串级控制就是通过这两条回路的配合控制完成普通单回路控制系统很难达到的控制效果。串级 PID 的数学表述为

$$y_1(n) = K_p e(n) + K_i \sum_{i=0}^{\infty} e(i) + K_d [e(n) - e(n-1)] \qquad (16\text{-}37)$$

$$y_2(n) = K_p y_1(n) + K_i \sum_{i=0}^{\infty} y_1(i) + K_d [y_1(n) - y_1(n-1)] \qquad (16\text{-}38)$$

当两个 PID 串联起来时,用第一个 PID 的输出量作为第二个 PID 的输入量,第一个 PID 的期望量为期望达到的角度,第二个 PID 的期望量为此时该轴的角速度,角度环为 1 级 PID,为外环,角速度环为 2 级 PID,为内环。串级 PID 相对于单级 PID 的优点是作为内环的角速度由陀螺仪采集数据输出,采集值一般不存在受外界影响的情况,抗干扰能力强,并

且角速度变化灵敏,当受外界干扰时,回复迅速,这样使四轴飞行器在飞行时抗干扰能力更强更稳定。

考虑到调试安全因素,在进行 PID 调节时,首先要将四轴的两侧固定在塑料管上,或用细绳拴住两侧,然后按着以下步骤调试。

(1) 估计大概的起飞油门。

(2) 调整角速度内环参数。

(3) 将角度外环加上,调整外环参数。

(4) 横滚俯仰参数一般可取一致,将飞机解绑,抓在手中测试两个轴混合控制的效果(注意安全),有问题回到"烤四轴"继续调整,直至飞机在手中不会抽搐。

(5) 大概设置偏航参数(不追求动态响应,起飞后头不偏即可),起飞后再观察横滚和俯仰轴向打舵的反应,如有问题回到"烤四轴"。

(6) 横滚和俯仰通过测试以后,再调整偏航轴参数以达到好的动态效果。

过程详解:

(1) 要在飞机的起飞油门基础上进行 PID 参数的调整,否则"烤四轴"的时候调试稳定了,飞起来很可能又会晃荡。

(2) 内环的参数最为关键,理想的内环参数能够很好地跟随打舵(角速度控制模式下的打舵)控制量。在平衡位置附近(±30°左右),舵量突加,飞机快速响应;舵量回中,飞机立刻停止运动(几乎没有回弹和震荡)。

① 首先改变程序,将角度外环去掉,将打舵量作为内环的期望。

② 加上 P,P 太小,不能修正角速度误差,表现为很"软",倾斜后难以修正,打舵响应也差。P 太大,在平衡位置容易震荡,打舵回中或给干扰(用手突加干扰)时会震荡。合适的 P 能较好地对打舵进行响应,又不太会震荡,但是舵量回中后会回弹好几下才能停止(没有 D)。

③ 加上 D,D 的效果十分明显,加快打舵响应,最大的作用是能很好地抑制舵量回中后的震荡,可谓立竿见影。太大的 D 会在横滚俯仰混控时表现出来(尽管在"烤四轴"时的表现可能很好),具体表现是四轴抓在手里推油门会抽搐。如果这样,只能回到"烤四轴"降低 D,同时 P 也只能跟着降低。D 调整完后可以再次加大 P 值,以能够跟随打舵为判断标准。

④ 加上 I,会发现手感变得柔和了些。由于笔者"烤四轴"的装置中四轴的重心高于旋转轴,这决定了在四轴偏离水平位置后会有重力分量使得四轴会继续偏离平衡位置。I 的作用就可以使得在一定角度范围内(30 度左右)可以修正重力带来的影响。表现为打舵使得飞机偏离平衡位置,舵量回中后飞机立刻停止转动,若没有 I 或太小,飞机会由于重力继续转动。

(3) 角度外环只有一个参数 P。将外环加上打舵会对应到期望的角度。P 的参数比较简单。太小,打舵不灵敏,P 太大,打舵回中易震荡。以合适的打舵反应速度为准。

(4) 至此,"烤四轴"效果应该会很好了,但是两个轴混控的效果如何还不一定,有可能会抽搐(两个轴的控制量叠加起来,特别是较大的 D,会引起抽搐)。如果抽搐了,降低 P、D

的值,I 基本不用变。

(5) 加上偏航的修正参数后(直接给双环参数,角度外环 P 和横滚差不多,内环 P 比横滚大些,I 和横滚差不多,D 可以先不加),拿在手上试过修正和打舵方向正确后可以试飞了。

请注意以下几点:

(1) 试飞很危险! 选择在宽敞、无风的室内,1 米的高度(高度太低会有地面效应干扰,太高不容易看清姿态且容易摔坏);

(2) 避开人群密集的地方,如有意外情况,立刻关闭油门!

(3) 试飞时主要观察以下几个方面的情况,一般经过调整的参数在平衡位置不会大幅度震荡,需要观察:

① 在平衡位置有没有小幅度震荡(可能是由于机架震动太大导致姿态解算错误造成,也可能是角速度内环 D 的波动过大。前者可以加强减震措施,传感器下贴上 3M 胶,必要时在两层 3M 泡沫胶中夹上"减震板",注意:铁磁性的减震板会干扰磁力计读数;后者可以尝试降低 D 项滤波的截止频率)。

② 观察打舵响应的速度和舵量回中后飞机的回复速度。

③ 各个方向(记得测试右前、左后等方向)大舵量突加输入并回中时是否会引起震荡。如有,尝试减小内环 PD 也可能是由于"右前"等混控方向上的舵量太大造成。

(4) 横滚和俯仰调好后就可以调整偏航的参数了。合适参数的判断标准和之前一样,打舵快速响应,舵量回中飞机立刻停止转动(参数 D 的作用)。

16.5.2 主控程序初始化设置及说明

主控程序流程图如图 16-43 所示。

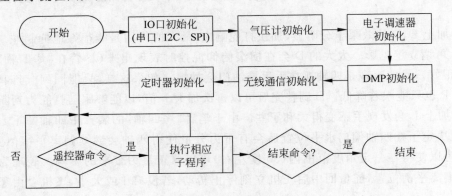

图 16-43　主控板主流程图

16.5.1 节给出了一些四轴飞行器设计时需要掌握的知识点和需要注意的问题,从本节开始,结合具体的软件编程来说明软件设计的实现方法。四轴飞行器的设计核心是飞控板,本书中采用 STM32F4 系列的微控制器。

STM32F4 系列是意法半导体基于 Cortext-M4 核心构架的一款 32 位单片机,其主频达到 168MHz,并集成了单周期 DSP 指令和 FPU(浮点单元),提升了计算能力,可以进行一些复杂的计算和控制。在这里使用 STM32F4 系列的 STM32F407VET6 芯片,其自带 512KB Flash 与 192SRAM、12 位 AD/DA 发生器等,本书中要使用其硬件 SPI 与 I2C 功能。

1. SPI 的 IO 口初始化实现

SPI 接口主要应用在 EEPROM、FLASH、实时时钟、AD 转换器以及数字信号处理器和数字信号解码器之间。SPI 是一种高速的、全双工、同步的通信总线,并且在芯片的引脚上只占用四根线,节约了芯片的引脚,同时为 PCB 的布局节省了空间,正是出于这种简单易用的特性,现在越来越多的芯片集成了这种通信协议。

在四旋翼飞行器设计中,SI4463 芯片的通信模式采用的是 SPI 总线方式,下面介绍 SPI 的 IO 初始化方法。

SPI 接口一般使用 4 条线通信:

(1) MISO:主设备数据输入,从设备数据输出。

(2) MOSI:主设备数据输出,从设备数据输入。

(3) SCLK:时钟信号,由主设备产生。

(4) CS 从:设备片选信号,由主设备控制。

STM32F4 的 SPI 功能很强大,SPI 时钟最高可以到 37.5MHz,支持 DMA,可以配置为 SPI 协议或者 I2S 协议(支持全双工 I2S)。

1)使能 SPI1 时钟和相关 IO 口时钟

```
RCC_APB2PeriphClockCmd(RCC_APB2Periph_SPI1,ENABLE);
RCC_AHB1PeriphClockCmd(RCC_AHB1Periph_GPIOA,ENABLE);
```

2)初始化相应 IO 引脚并复用引脚为 SPI1 引脚

(1) 选择 SPI 相关引脚。

```
GPIO_InitStructure.GPIO_Pin = SPIX_PIN_SCK|SPIX_PIN_MISO|SPIX_PIN_MOSI;
```

(2) 设置 IO 口时钟为 100MHz。

```
GPIO_InitStructure.GPIO_Speed = GPIO_Speed_100MHz;
```

(3) 将 IO 口设为复用模式。

```
GPIO_InitStructure.GPIO_Mode = GPIO_Mode_AF;
```

(4) 复用推挽输出模式。

```
GPIO_InitStructure.GPIO_OType = GPIO_OType_PP;
```

(5) 设置上拉电阻连接。

```
GPIO_InitStructure.GPIO_PuPd = GPIO_PuPd_UP;
```

(6) 初始化 GPIOA 相关引脚。

```
GPIO_Init(GPIOA,&GPIO_InitStructure);
```

(7) 设置 SPI 相关引脚复用映射。

```
GPIO_PinAFConfig(GPIOA,GPIO_PinSource5,GPIO_AF_SPI1);
GPIO_PinAFConfig(GPIOA,GPIO_PinSource6,GPIO_AF_SPI1);
GPIO_PinAFConfig(GPIOA,GPIO_PinSource7,GPIO_AF_SPI1);
```

3) 初始化 STM32F4 硬件 SPI1

(1) 设置 SPI 为双线双向全双工。

```
SPI_InitStructure.SPI_Direction = SPI_Direction_2Lines_FullDuplex;
```

(2) 设置为主 SPI 模式。

```
SPI_InitStructure.SPI_Mode = SPI_Mode_Master;
```

(3) 每次发送/接收 8 位数据。

```
SPI_InitStructure.SPI_DataSize = SPI_DataSize_8b;
```

(4) 空闲状态下时钟为低。

```
SPI_InitStructure.SPI_CPOL = SPI_CPOL_Low;
```

(5) 数据捕获于第一个时钟沿。

```
SPI_InitStructure.SPI_CPHA = SPI_CPHA_1Edge;
```

(6) NSS 由软件控制。

```
SPI_InitStructure.SPI_NSS = SPI_NSS_Soft;
```

(7) 波特率预分频值为 16。

```
SPI_InitStructure.SPI_BaudRatePrescaler = SPI_BaudRatePrescaler_16;
```

(8) 传输从最高位开始。

```
SPI_InitStructure.SPI_FirstBit = SPI_FirstBit_MSB;
```

(9) 设置 CRC 校验多项式,提高通信可靠性。

```
SPI_InitStructure.SPI_CRCPolynomial = 7;
```

(10) 初始化 SPI1。

```
SPI_Init(SPI1,&SPI_InitStructure);
```

(11) 使能 SPI1 时钟。

```
SPI_Cmd(SPI1,ENABLE);
```

2. I2C 的 IO 口初始化实现

I2C 总线协议是由飞利浦公司开发的两线式串行总线，用于连接微控制器及其外围设备，是微电子通信控制领域广泛采用的一种总线标准。它是同步通信的一种特殊形式，具有接口线少、控制方式简单、器件封装形式小、通信速率较高等优点。

在四轴飞行器上，使用 I2C 协议与姿态模块 MPU9250 及气压计 MS5611 通信。

1）使能 I2C2 和相关 GPIO 引脚的时钟

```
RCC_APB1PeriphClockCmd(RCC_APB1Periph_I2C2,ENABLE);
RCC_AHB1PeriphClockCmd(RCC_AHB1Periph_GPIOB,ENABLE);
```

2）初始化相应 IO 引脚并复用引脚为 I2C2 引脚

（1）选择 SPI 相关引脚。

```
GPIO_InitStructure.GPIO_Pin = GPIO_Pin_10|GPIO_Pin_11;
```

（2）将 IO 口设为复用模式。

```
GPIO_InitStructure.GPIO_Mode = GPIO_Mode_AF;
```

（3）设置 IO 口时钟为 100MHz。

```
GPIO_InitStructure.GPIO_Speed = GPIO_Speed_100MHz;
```

（4）复用开漏输出模式。

```
GPIO_InitStructure.GPIO_OType = GPIO_OType_OD;
```

（5）无上拉或下拉电阻。

```
GPIO_InitStructure.GPIO_PuPd = GPIO_PuPd_NOPULL;
```

（6）初始化 GPIO 引脚。

```
GPIO_Init(GPIOB,&GPIO_InitStructure);
```

（7）设置 SPI 相关引脚复用映射。

```
GPIO_PinAFConfig(GPIOB,GPIO_PinSource10,GPIO_AF_I2C2);
GPIO_PinAFConfig(GPIOB,GPIO_PinSource11,GPIO_AF_I2C2);
```

3）初始化 STM32F4 硬件 I2C

（1）设置模式为 I2C 模式。

```
I2C_InitStructure.I2C_Mode = I2C_Mode_I2C;
```

（2）低电平持续时间是高电平的 2 倍。

```
I2C_InitStructure.I2C_DutyCycle = I2C_DutyCycle_2;
```

（3）STM32F4 的 I2C 自身地址作为主设备时设置为 0 即可。

```
I2C_InitStructure.I2C_OwnAddress1 = I2C_OWN_ADDRESS;
```

（4）开启 I2C 应答。

```
I2C_InitStructure.I2C_Ack = I2C_Ack_Enable;
```

（5）应答为 7 位地址。

```
I2C_InitStructure.I2C_AcknowledgedAddress = I2C_AcknowledgedAddress_7bit;
```

（6）设置 I2C 频率为 400kHz。

```
I2C_InitStructure.I2C_ClockSpeed = 400000;
```

（7）初始化 I2C。

```
I2C_Init(SENSORS_I2C,&I2C_InitStructure);
```

（8）使能 I2C 时钟。

```
I2C_Cmd(SENSORS_I2C,ENABLE);
```

到此为止已经将 STM32F4 的硬件 SPI 和 I2C 初始化完毕了。

3. 定时器初始化实现

姿态模块 MPU9250 控制和气压计 MS5611 的数据读取需要使用定时器的功能，由于 MPU9250 的输出速率为 200Hz，所以在这里设置定时器为 5ms 产生一次中断。对于气压计需要 10ms 进行一次数据的转换或读取，只需要进入 2 次定时器中断程序后运行气压计的读取处理程序即可。

具体初始化程序如下：

（1）使能 TIM3 定时器时钟。

```
RCC_APB1PeriphClockCmd(RCC_APB1Periph_TIM3,ENABLE);
```

（2）设置自动重装载值。

```
TIM_TimeBaseInitStructure.TIM_Period = 4999;
```

（3）设置时钟预分频系数。

```
TIM_TimeBaseInitStructure.TIM_Prescaler = 83; 5ms
```

（4）设置为向上计算模式。

```
TIM_TimeBaseInitStructure.TIM_CounterMode = TIM_CounterMode_Up;
```

（5）设置时钟分频因子。

```
TIM_TimeBaseInitStructure.TIM_ClockDivision = TIM_CKD_DIV1;
```

（6）初始化定时器3。

```
TIM_TimeBaseInit(TIM3,&TIM_TimeBaseInitStructure);
```

（7）打开定时器3中断。

```
TIM_ITConfig(TIM3,TIM_IT_Update,ENABLE);
```

（8）使能定时器3时钟。

```
TIM_Cmd(TIM3,ENABLE);
```

（9）开启定时器3中断通道和设置其响应抢占优先级。

```
NVIC_InitStructure.NVIC_IRQChannel = TIM3_IRQn;
NVIC_InitStructure.NVIC_IRQChannelPreemptionPriority = 0;
NVIC_InitStructure.NVIC_IRQChannelSubPriority = 0;
NVIC_InitStructure.NVIC_IRQChannelCmd = ENABLE;
NVIC_Init(&NVIC_InitStructure);
```

那么如何确定定时器的中断时间呢？当 TIM_ClockDivision 设置为 TIM_CKD_DIV1时，此时的输入时钟频率为 84MHz，而 TIM_Period 和 TIM_Prescaler 的值执行时库函数会将其自动加1，所以其真值为 5000 和 84，进而中断时间为 $5000 \times 84/84000000(84\text{MHz}) = 0.005\text{s}$，正好等于 5ms。至此定时器初始化完毕了。

4. 电子调速器初始化实现

电调全称为航模无刷电子调速器，可以通过单片机输出 PWM 信号来控制无刷电机的速度。其本质是输入 7～20V 的直流电将其逆变为三相交流电并通过输入 PWM 信号进而来控制无刷电机的转速。

PWM 全称是脉冲宽度调制，通过单片机产生不同周期不同占空比的 PWM 方波来进行控制。用 PWM 信号与电调进行通信时要求最大频率不能超过 500Hz，也就是周期最小不能超过 2ms，在已经确定的周期下，标准的油门信号从最小到最大的 PWM 脉冲高电平持续时间分别为 1～2ms。

下面通过一个实例让大家更直观地进行了解。设计一个周期为 2.5ms，最小油门高电平持续时间为 1ms，最大油门高电平持续时间为 2ms 的 4 路 PWM 输出。

1）使能定时器4与相应 PWM 输出引脚

```
RCC_APB1PeriphClockCmd(RCC_APB1Periph_TIM4,ENABLE);
RCC_AHB1PeriphClockCmd(RCC_AHB1Periph_GPIOB,ENABLE);
```

2）将相关引脚初始化为复用推挽输出

```
GPIO_InitStructure.GPIO_Pin = GPIO_Pin_6|GPIO_Pin_7|GPIO_Pin_8|GPIO_Pin_9;
GPIO_InitStructure.GPIO_Mode = GPIO_Mode_AF;
GPIO_InitStructure.GPIO_Speed = GPIO_Speed_100MHz;
GPIO_InitStructure.GPIO_OType = GPIO_OType_PP;
```

```
GPIO_InitStructure.GPIO_PuPd = GPIO_PuPd_UP; ;
GPIO_Init(GPIOB,&GPIO_InitStructure);
```

3）对产生 PWM 脉冲所用到的定时器 4 进行初始化

```
TIM_TimeBaseStructure.TIM_Period = 2499;
TIM_TimeBaseStructure.TIM_Prescaler = 83; //400Hz
TIM_TimeBaseStructure.TIM_ClockDivision = TIM_CKD_DIV1;
TIM_TimeBaseStructure.TIM_CounterMode = TIM_CounterMode_Up;
TIM_TimeBaseInit(TIM4,&TIM_TimeBaseStructure);
```

通过上面的定时器介绍可以看出这是一个周期为 2.5ms 频率为 400Hz 的定时器。

4）PWM 初始化

（1）设置为 PWM1 模式。

```
TIM_OCInitStructure.TIM_OCMode = TIM_OCMode_PWM1;
```

（2）设置为比较输出使能。

```
TIM_OCInitStructure.TIM_OutputState = TIM_OutputState_Enable;
```

（3）设置此时的高电平持续时间为 1ms。

```
TIM_OCInitStructure.TIM_Pulse = 1000;
```

（4）当定时器的值小于 TIM_Pulse(1000)时输出高电平。

```
TIM_OCInitStructure.TIM_OCPolarity = TIM_OCPolarity_High;
```

（5）初始化定时器 4 的 PWM 设置。

```
TIM_OC1Init(TIM4,&TIM_OCInitStructure);
```

（6）初始化定时器 4 的 PWM 引脚 1。

```
TIM_OC1PreloadConfig(TIM4,TIM_OCPreload_Enable);
```

（7）初始化定时器 4 的 PWM 引脚 2。

```
TIM_OC2Init(TIM4,&TIM_OCInitStructure);
TIM_OC2PreloadConfig(TIM4,TIM_OCPreload_Enable);
```

（8）初始化定时器 4 的 PWM 引脚 3。

```
TIM_OC3Init(TIM4,&TIM_OCInitStructure);
TIM_OC3PreloadConfig(TIM4,TIM_OCPreload_Enable);
```

（9）初始化定时器 4 的 PWM 引脚 4。

```
TIM_OC4Init(TIM4,&TIM_OCInitStructure);
TIM_OC4PreloadConfig(TIM4,TIM_OCPreload_Enable);
```

（10）使能定时器 4。

```
TIM_Cmd(TIM4,ENABLE);
```

至此对 PWM 的初始化就完成了，下面介绍如何用 PWM 与电调进行通信。本书所使用的电调为好盈公司专为多旋翼飞行器设计的 XRotor 系列，其稳定、可靠兼容性好，无须复杂的协议即可进行通信。

5）对于第一次使用要对电调进行油门行程校准

（1）开启电源并将四个 PWM 引脚的油门信号设置为最大。

```
TIM_SetCompare1(TIM4,2000);
TIM_SetCompare2(TIM4,2000);
TIM_SetCompare3(TIM4,2000);
TIM_SetCompare4(TIM4,2000);
```

（2）然后延时 2 秒将四个 PWM 引脚的油门信号设置为最小。

```
TIM_SetCompare1(TIM4,1000);
TIM_SetCompare2(TIM4,1000);
TIM_SetCompare3(TIM4,1000);
TIM_SetCompare4(TIM4,1000);
```

（3）至此电调油门行程校准完成，如校准成功将听到两声"哔,哔"短鸣声。

（4）正常启动电调时，需开启电源并将四个 PWM 引脚的油门信号设置为最小。

```
TIM_SetCompare1(TIM4,1000);
TIM_SetCompare2(TIM4,1000);
TIM_SetCompare3(TIM4,1000);
TIM_SetCompare4(TIM4,1000);
```

（5）然后延时 2 秒即可。

```
delay_ms(1000);
delay_ms(1000);
```

16.5.3 姿态传感器软件设计

1. 软件设计基本思路

我们知道，四轴飞行器的升力由四个电机带动桨叶转动提供的，而升力的大小与无刷电机转动的快慢成正比。但它们之间不是绝对的线性关系，那么这时会出现的问题是，四个同一品牌同一型号使用同一规格的桨叶的无刷电机在相同的转速下升力肯定不会一样，会有微小的偏差，如果四轴飞行器以这样的状态飞行，那么随着偏差的积累最终会超过一定倾斜角度失控坠机。

通过纯粹的机械结构不能使四轴稳定地飞起来，还要有姿态模块和 MCU 构成的飞控来实时调节四轴飞行器自身或外界造成的微小偏差，即使有外界微小的干扰也能保障四轴飞行器时时刻刻处于稳定的飞行状态中,这就是姿态传感器的重要作用。

姿态模块本书使用 InvenSense 公司的消费级陀螺仪传感器,如 6 轴系列的 MPU6050、MPU6500,九轴系列的 MPU9150、MPU9250、MPU9255 等。陀螺仪传感器包括基础的 3 轴(X、Y、Z)角速度数据、3 轴加速度数据,这时称其为可输出 6 轴数据的传感器模块,而一些新生产的传感器还会输出 3 轴地磁数据,称其为可输出 9 轴数据的传感器,如果在九轴传感器外再加上气压计芯片获取高度,这就构成了 10 轴传感器模块。

有了姿态模块输出角速度、加速度、地磁数据后,就能通过算法解算出四轴相对于地心坐标系偏差的角度及此时偏差的速度大小(角速度)。对于姿态解算可以使用 AHRS(航姿参考系统)和 IMU(惯性测量单元)算法,AHRS 由加速度计、磁场计、陀螺仪构成。AHRS 的真正参考来自于地球的重力场和地球的磁场,它的静态终精度取决于对磁场的测量精度和对重力的测量精度,而陀螺决定了它的动态性能。AHRS 是一种相对广泛使用的算法,优点是使用多种数据进行融合保障了数据的准确性,缺点是太过于依赖地磁数据进行融合。如果磁场传感器受到感染,那数据融合就可能出错,后果是很严重的。IMU 则放弃了地磁数据,单纯地用角速度与角速度解算出角度。事实证明,当四轴处于惯性参考系中,飞行效果和 AHRS 相差甚微,而当四轴突然加速或减速时,此时机体处于非惯性参考系下,加速度计数据短暂失真,表现在四轴上会发生震荡现象。

由于本身使用的传感器都是消费级传感器,温漂误差很大,无法和工业级乃至军工级相比,不过想让四轴飞上蓝天还是得心应手的。

上述的 AHRS 和 IMU 算法属于软件解算姿态,需要对原始数据进行滤波处理还要微处理器花费时间进行运算。下面介绍使用 MPU9250 传感器内部的 DMP 系统进行硬件姿态解算。

2. DMP

DMP 就是指 MPU9250 内部集成的处理单元,可以直接运算出四元数和姿态,而不再需要另外进行数学运算。DMP 的使用大大简化了四轴的代码设计量。DMP 是数字运动处理器的缩写,顾名思义,MPU9250 并不单单是一款传感器,其内部还包含了可以独立完成姿态解算算法的处理单元。在设计中使用 DMP 来实现传感器融合算法优势很明显。首先,InvenSense 官方提供的姿态解算算法应该比绝大部分初学者设计的要可靠得多。其次,由 DMP 实现姿态解算算法将微处理器从算法处理的压力中解放出来,微处理器所要做的是等待 DMP 解算完成后产生的外部中断,在外部中断里去读取姿态解算的结果。这样单片机有大量的时间来处理诸如电机调速等其他任务,提高了系统的实时性。

DMP 是一种快速、低功耗、可编程、嵌入式的轻量级处理器。DMP 有许多特性,这些特性在运行时动态地关闭和开启,单独的某个特性也能被禁止使用。除了计步器,DMP 的所有数据输出到 FIFO 寄存器中。

(1) 3 轴低功率四元数:陀螺仪只有四元数。这个功能启用时将整合陀螺仪数据以 200Hz 输出,传感器融合数据根据用户的请求速度传输到 FIFO。这 200Hz 数据会融合更精确的传感器数据,如果启用了这个功能,驱动程序将使用硬件四元数的 MPL 库,MPL 库还集成了加速度和地磁数据处理。

（2）6 轴低功率四元数：陀螺仪和加速度四元数。与 3 轴低功率四元数类似，根据用户请求的速率，以 200Hz 采样率把陀螺仪和加速度的数据输出 FIFO。3 轴低功率四元数和 6 轴低功率四元数不能同时运行。如果启用了六轴，四元数会由 MPL 产生。

（3）位置手势识别：用该传感器检测到各个方向的变化，方向矩阵相互依赖。

（4）点击手势识别：设备的全方位点检测，这个特性使用户知道检测到的是轴的正向还是反向的一个点，最多能检测 4 个，API 配置这个特性的门限、死区时间和点数。

（5）计步器手势识别：简单的计步器提供步数和时间戳。这个特性是自动启用但不触发，直到发现有 5 秒的连续步骤。后 5 秒计数和时间戳将开始和数据可以从 DMP 的寄存器中读取。

（6）DMP 中断：中断时可以配置为生成传感器数据准备好或当检测到一个方向姿态或者分向姿态时。

（7）MPL：6.12 版本的二进制库包含了 InvenSense 公司传感器融合和动态校正的所有算法，它把传感器的数据送入 MPL，MPL 处理包含罗盘数据在内的 9 轴传感器的数据。

MPL 所有的功能在配置之前要先启动 MPL 库，他们在 MPL 内部可以通过 API 动态地开启和关闭。

1）涉及算法

DMP 主要涉及算法如表 16-9 所示。

表 16-9 DMP 涉及算法

算法	说　明
陀螺仪标定	正常是实时标定，一旦检测到了陀螺仪标定没有运动状态就会被触发，标定会在没有运动状态检测的 5 秒之内完成
陀螺仪温度补偿	在每次陀螺仪标定之后，MPL 会记录内部的温度，之后采集多点的温度数据，MPL 能建立一条陀螺仪的多点温度曲线，用它可以校正偏差，根据陀螺仪的温度漂移进行补偿
电子罗盘校正	MPU9150 和 MPU9250 用实时运行硬铁指南针校准，MPL 读取和构建磁场周围环境的数据，一旦获取了足够的电子罗盘的补偿数据，就生成 9 轴的四元数。如果环境不能获取到周围环境的磁场数据，那么四元数仅仅是 6 轴的
磁场干扰抑制	在补偿之后，MPL 库会继续跟踪磁场，如果检测到了反常状态，MPL 库就会抑制电子罗盘数据且改为 6 轴融合。 当检测到有磁场干扰，MPL 库会每 5 秒检测电子罗盘数据，如果检测不到干扰了，会返回 9 轴融合的数据
3 轴融合	陀螺仪角度四元数
6 轴融合	陀螺仪角度、加速度四元数
9 轴融合	陀螺仪角度、加速度、电子罗盘四元数

2）传感器数据

四元数数据可以获取多种类型的数据，主要提供了 3 类传感器数据，分别是：

（1）电子罗盘：在每个轴上微特斯拉的磁场数据；

(2) 陀螺仪：度每秒，x、y、z 轴旋转加速度数据；

(3) 加速度：x、y、z 轴的线性加速度数据；

(4) 起始点：360 度从以 $y+$ 轴为指针的北测；

(5) 旋转矩阵：表示现行代数的 9 个元素矩阵；

(6) 欧拉角：参考帧度的 Pitch、roll 和 yaw；

(7) 四元数：传感器融合 w、x、y、z 的旋转角度；

(8) 线性加速度：线性加速坐标系坐标；

(9) 重力向量：访问重力影响。

3) InvenSense MD6.12 驱动层(core\\driver\\eMPL)包含文件

(1) inv_mpu.c：该驱动很容易移植到不同的嵌入式系统平台。

(2) inv_mpu.h：InvenSense 驱动架构和原型。

(3) inv_mpu_dmp_motion_driver.c：DMP 映像和 API 的加载以及 DMP 的配置代码。

(4) inv_mpu_dmp_motion_driver.h：DMP 特性的定义和原型。

(5) dmpKey.h：DMP 特性的 DMP 存储器位置。

(6) dmpmap.h：DMP 存储器位置。

通过 I2C 实现读写功能，用户需要提供 API 支持 I2C 读/写功能、系统时钟访问、硬件中断回调并记录相应的平台。inv_mpu.c 和 inv_mpu_dmp_motion_driver.c 代码里有定义，如 32 平台：

```
#define i2c_write        Sensors_I2C_WriteRegister
#define i2c_read         Sensors_I2C_ReadRegister
#define delay_ms         mdelay
#define get_ms           get_tick_count
#define log_i            MPL_LOGI
#define log_e            MPL_LOGE
```

(1) i2c_write 和 i2c_read：需要关联 I2C 驱动，实现 I2C 的功能需要配置以下 4 个参数：unsigned char slave_addr，unsigned char reg_addr，unsigned char length，unsigned char * data。

(2) delay_ms：ms 延时(unsigned long)。

(3) get_ms：get_ms 主要获取当前的时间戳，这个函数主要用于电子罗盘调度器和传感器融合数据等其他信息。

(4) log_i 和 log_e：MPL 的消息传递系统可以登录信息或错误消息。通过 USB 或者 UART 实现当前数据包的消息的接收或发送。日志代码位于 log_stm32l.c 中。

4) eMPL-HAL 目录包含从 MPL 库中获取各类数据的 API。用户可以通过以下函数获取。

(1) int inv_get_sensor_type_accel(long * data, int8_t * accuracy, inv_time_t * timestamp);

(2) int inv_get_sensor_type_gyro(long * data, int8_t * accuracy, inv_time_t * timestamp);

(3) int inv_get_sensor_type_compass(long * data, int8_t * accuracy, inv_time_t * timestamp);

(4) int inv_get_sensor_type_quat(long * data, int8_t * accuracy, inv_time_t * timestamp);

（5）int inv_get_sensor_type_euler(long * data,int8_t * accuracy,inv_time_t * timestamp);

（6）int inv_get_sensor_type_rot_mat(long * data,int8_t * accuracy,inv_time_t * timestamp);

（7）int inv_get_sensor_type_heading(long * data,int8_t * accuracy,inv_time_t * timestamp);

（8）int inv_get_sensor_type_linear_acceleration(float * values,int8_t * accuracy,inv_time_t * timestamp)。

5）初始化 API

上电之后 MPU 得到传感器的默认值数据，inv_mpu.c 提供了如何初始化微处理器等一些基本配置，如传感器开启、设置标度范围、采样率等。

（1）int mpu_init(struct int_param_s * int_param)

（2）int mpu_set_gyro_fsr(unsigned short fsr)

（3）int mpu_set_accel_fsr(unsigned char fsr)

（4）int mpu_set_lpf(unsigned short lpf)

（5）int mpu_set_sample_rate(unsigned short rate)

（6）int mpu_set_compass_sample_rate(unsigned short rate)

（7）int mpu_configure_fifo(unsigned char sensors)

（8）int mpu_set_sensors(unsigned char sensors)

6）方向矩阵

MPU 需要定义方向矩阵，方向矩阵将重新配置物理硬件传感器轴设备坐标。一个错误的配置会使得从传感器获得的数据不准确。方向矩阵转换图如图 16-44 所示。矩阵送入 MPL 库和 DMP 实现融合计算。

```
struct platform_data_s {
signed char orientation[9];
};
/* 传感器可以安装在板上任一方向,矩阵能识别 MPL 如何旋转驱动程序的原始数据 */
static struct platform_data_s gyro_pdata = {
.orientation = { -1,   0, 0,
                  0, -1, 0,
                  0,   0, 1}
              };
static struct platform_data_s compass_pdata = {
# ifdef MPU9150_IS_ACTUALLY_AN_MPU6050_WITH_AK8975_ON_SECONDARY
.orientation = { -1, 0,   0,
                  0, 1,   0,
                  0, 0, -1}
# else
.orientation = {0, 1,   0,
                1, 0,   0,
                0, 0, -1}
# endif
}
```

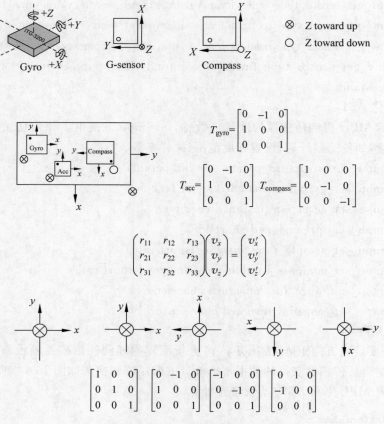

图 16-44　方向矩阵转换图

7）中断处理

MPU 有一个中断输出引脚,中断可以通过编程生成在 FIFO 输出速度或由 DMP 生成。一般情况下,当 FIFO 中有可以使用的新的传感器数据时将产生中断,或者当检测到一个手势 DMP 也可以被编程来生成一个中断。

如果使用的是 MD6.12 引用的例子中,当一个传感器数据生成中断,中断程序设置是一个全局标识:new_gyro 为 1,主循环将会知道有一个新的传感器数据需要处理。

API 相关中断函数:

(1) int dmp_set_interrupt_mode(unsigned char mode)

(2) static int set_int_enable(unsigned char enable)

8）DMP 初始化

DMP 固件代码 3KB 映像在 static const unsigned char dmp_memory[DMP_CODE_SIZE]能看到,映像需要下载到 DMP 存储扇区中,下载所需的起始地址,开启 DMP 的使能状态,DMP 初始化相关的几个主要 API。

(1) int dmp_load_motion_driver_firmware(void)。

(2) int dmp_set_fifo_rate(unsigned short rate)。

(3) int mpu_set_dmp_state(unsigned char enable)。

9) DMP 特性

DMP 有许多功能,这些函数可以动态地启用和禁用。主要的 API:

```
int dmp_enable_feature(unsigned char mask);
```

这个函数需要掩码(unsigned char mask)和索引到正确的 DMP 固件的内存地址来启用和禁用功能。主要有:

(1) #define DMP_FEATURE_TAP (0x001)

(2) #define DMP_FEATURE_ANDROID_ORIENT (0x002)

(3) #define DMP_FEATURE_LP_QUAT (0x004)

(4) #define DMP_FEATURE_PEDOMETER (0x008)

(5) #define DMP_FEATURE_6X_LP_QUAT (0x010)

(6) #define DMP_FEATURE_GYRO_CAL (0x020)

(7) #define DMP_FEATURE_SEND_RAW_ACCEL (0x040)

(8) #define DMP_FEATURE_SEND_RAW_GYRO (0x080)

(9) #define DMP_FEATURE_SEND_CAL_GYRO (0x100)

10) DMP FIFO 输出

当指定的特性使能,DMP 把数据写入 FIFO,MD6.12 驱动会等待 DMP 产生中断,然后读出 FIFO 的内容。FIFO 格式取决于 DMP 的哪个特性被启用。DMP FIFO 的输出格式可以通过 API 函数看到。

```
int dmp_read_fifo(short * gyro,short * accel,long * quat,unsigned long * timestamp,short *
sensors,unsigned char * more);
```

11) 校准数据和存储

校准数据包含的信息是受温漂影响 MPU 的陀螺仪、加速度、磁力计。MPL 执行过程中使用该数据来改善 MPL 返回的结果的准确性。校准数据可能随时间、环境、温度缓慢变化,所以 InvenSense 提供了几个传感器校准算法。

(1) 工厂的线性校准。

自检后返回的陀螺仪和加速度的偏差能用来作为出厂校准,通过 HAL 保存用来校准传感器的性能,该偏差也能够被存入硬件偏移寄存器或 MPL 库。

(2) 保存装载校准数据。

校准的数据不能被 MPL 库自动地产生、装载和存储,偏差计算和应用,断电后会丢失,因此 InvenSense 提供了 API 函数,可以校准数据的保存和装载。用户用这些函数把数据存储到寄存器中,这样当重新上电后可继续使用数据。

(1) inv_error_t inv_save_mpl_states(unsigned char * data, size_t sz)

(2) inv_error_t inv_load_mpl_states(const unsigned char * data, size_t length)

3. 代码实现及解析

DMP 功能在 InvenSence 官方网站上有适用于 KEIL 及 IAR 等编译软件的代码库,只需要将这个代码库下载下来然后阅读其用户操作手册,将一些必要的.c 和.h 文件及.lib 库文件添加到工程中后调用即可,目前 DMP 已经更新到 6.12 版本,可实现 9 轴融合的数据输出,下面是 DMP 的初始化代码。

1) 对 MPU 模块进行初始化

```
mpu_init(&int_param);
```

2) 对 MPL 模块进行初始化

```
inv_init_mpl();
```

3) 设置传感器基础输出

```
mpu_set_sensors(INV_XYZ_GYRO | INV_XYZ_ACCEL | INV_XYZ_COMPASS);
```

设置传感器基础输出速率

```
mpu_set_sample_rate(400);
```

使能四元数输出

```
inv_enable_quaternion();
```

使能 9 轴数据输出

```
inv_enable_9x_sensor_fusion();
```

使能地磁数据校准

```
inv_enable_vector_compass_cal();
```

使能快速静止校准(如果 500ms 无运动则进行一次数据校准)

```
inv_enable_fast_nomot();
```

使能陀螺仪校准

```
inv_enable_gyro_tc();
```

磁场受到干扰时不使用地磁数据

```
inv_enable_magnetic_disturbance();
```

运行时保持自动校准

```
inv_enable_in_use_auto_calibration();
```

开始上述 MPL 模块中各功能

```
inv_start_mpl();
```

家族 DMP 驱动代码

```
dmp_load_motion_driver_firmware();
```

设置 DMP 方向矩阵(无需更改,默认即可)

```
dmp_set_orientation(inv_orientation_matrix_to_scalar(gyro_or));
```

DMP 使能功能

```
dmp_enable_feature(DMP_FEATURE_6X_LP_QUAT|DMP_FEATURE_SEND_RAW_ACCEL|DMP_FEATURE_SEND_CAL_
GYRO);
```

设置 DMP 输出速率(最大为 200)

```
dmp_set_fifo_rate(200);
```

8 秒后进行一次准确的校准

```
dmp_enable_gyro_cal(1);
```

开启 DMP 功能

```
mpu_set_dmp_state(1);
```

设置 DMP 中断引脚持续工作

```
dmp_set_interrupt_mode(DMP_INT_CONTINUOUS);
```

至此 DMP 的初始化就完成了,由于设置的数据输出速率为 200Hz,所以需要每隔 5ms 进行一次数据的读取与处理。

这里可以有两种方法:

(1) 使用 MPU9250 模块自带的中断(INIT)引脚,FIFO 有数据生成时会产生一个下降沿信号,可以通过设置单片机捕捉这个下降沿信号来读取 DMP 输出的数据。

(2) 设计一个 5ms 中断一次的定时器,每中断一次就进行一次数据的采集与处理,本书使用的是该方法。

DMP 初始化完成后来看一下如何在定时器中断中实现数据的读取与处理,代码如下:

```
void TIM3_IRQHandler()                  //定时器 3 的中断处理函数
{
TIM_ClearFlag(TIM3,TIM_FLAG_Update);    //清除定时器 3 的中断处理标准位
TIM3 -> ARR = 0x0000;                   //将自动重装载计时器置 0(此时定时器不计数)
dmp_data_process();                     //进行 DMP 的数据读取
Control();                              //进行姿态数据处理
TIM3 -> CNT = 0x0000;                   //将定时器 3 的计数值清零
```

```
    TIM3 -> ARR = 0x1387;        //将定时器 3 的自动重装载寄存器的值设置为对应 5ms 中断一次的 4999
}
```

下面来看下数据读取函数 dmp_data_process()代码。

```
void dmp_data_process()
{
float norm = 0,qtemp[4],q[4],gy[3],acc[3],quat[4];
short int sensors,more;
READ: dmp_read_fifo(gy,acc,quat,0,&sensors,&more);  //读取 DMP 的 FIFO 数据
        if(more!= 0)
            {
            goto READ;
            }//如果 more 不为 0 则 FIFO 中还有数据,再读一次
        Gyro.X = gy[0]/16.4;
        Gyro.Y = gy[1]/16.4;
        Gyro.Z = - gy[2]/16.4;
    //将角速度数值除以量程
        qtemp[0] = (float)quat[0];
        qtemp[1] = (float)quat[1];
        qtemp[2] = (float)quat[2];
        qtemp[3] = (float)quat[3];
        norm = dmpinvSqrt(qtemp[0] * qtemp[0] +
                          qtemp[1] * qtemp[1] + qtemp[2] * qtemp[2] + qtemp[3] * qtemp[3])
        q[0] = qtemp[0] * norm;
        q[1] = qtemp[1] * norm;
        q[2] = qtemp[2] * norm;
        q[3] = qtemp[3] * norm;
    //四元数的规范化、归一化
MPU_ANGLE.Roll = (atan2(2.0 * (q[0] * q[1] + q[2] * q[3]),1 - 2.0 * (q[1] * q[1] + q[2] * q[2]))) *
180/M_PI;
MPU_ANGLE.Pitch = dmp_asin(2.0 * (q[0] * q[2] - q[3] * q[1])) * 180/M_PI;
MPU_ANGLE.Yaw = - atan2(2.0 * (q[0] * q[3] + q[1] * q[2]),1 - 2.0 * (q[2] * q[2] + q[3] * q[3])) *
180/M_PI;
    //将四元数解算为 x、y、z 3 轴的角度
    }
```

通过这个函数获得了保障四轴飞行器平稳飞行的两个重要数据:角速度与角度。下面用获得的数据通过串级 PID 处理来控制四轴的平稳飞行,以下是 Control()函数代码。

```
void PID_Postion_Cal(PID_Typedef * PID,float target,float measure)
    {
    PID -> Error = target - measure;
    PID -> Integ += PID -> Error * dt;
    if(PID -> Integ > Integ_max){PID -> Integ = Integ_max; }
    if(PID -> Integ < - Integ_max){PID -> Integ = - Integ_max; }
//进行积分限幅
```

```
    PID->Deriv = PID->Error - PID->PreError;
    PID->Output = PID->P * PID->Error + PID->I * PID->Integ + PID->D * PID->Deriv;
    PID->PreError = PID->Error;
    }
```

该函数第一个参数为串级 PID 的结构体存储比例系数、积分系数、微分系数的值

```
    typedef struct
        {
            float P;
            float I;
            float D;
            float Error;
            float PreError;
            double Integ;
            float Deriv;
            float Output;
        }PID_Typedef;
```

该函数第二个参数为 PID 的目标值,第三个参数为 PID 的输入值。下面为串级 PID 的
具体处理代码。

```
void Control(void)
{
    RC_ANGLE.X = roll;
    RC_ANGLE.Y = pitch;
    RC_ANGLE.Z = yaw;
//将串级 PID 的外环目标量设置为遥控器发送的打舵量
    PID_Postion_Cal(&pitch_angle_PID, RC_ANGLE.Y, MPU_ANGLE.Pitch);
    PID_Postion_Cal(&roll_angle_PID, RC_ANGLE.X, MPU_ANGLE.Roll);
//外环(角度环)X、Y 轴 PID,目标量为遥控器打舵量,输入为当前角度
if(RC_ANGLE.Z == 0)
    {
        if(YawLockState == 0)
        {
        YawLock = MPU_ANGLE.Yaw;
        YawLockState = 1;
        }
    }
    else
        {
        YawLockState = 0;
        YawLock = MPU_ANGLE.Yaw;
        }
        PID_yaw(&yaw_angle_PID, YawLock, MPU_ANGLE.Yaw);
/*外环(角度环)z 轴 PID,目标量为 YawLock 存储的当前偏航角度,输入为当前实际的偏航角度*/
    PID_yaw(&yaw_rate_PID, yaw_angle_PID.Output + RC_ANGLE.Z, Gyro.Z);
    PID_Postion_Cal(&pitch_rate_PID, pitch_angle_PID.Output, Gyro.Y);
```

```
    PID_Postion_Cal(&roll_rate_PID,roll_angle_PID.Output,Gyro.X);
/* 内环(速度环)x、y、z 轴 PID,目标量为上一级外环 PID 的输出量,输入为当前 3 轴角速度 */
    Pitch = pitch_rate_PID.Output;
    Rool = roll_rate_PID.Output;
    Yaw = yaw_rate_PID.Output;
//将内环 PID 的输出赋值给三个变量
    Motor[2] = (int16_t)(thro + Pitch - Rool - Yaw );
    Motor[0] = (int16_t)(thro - Pitch + Rool - Yaw);
    Motor[3] = (int16_t)(thro + Pitch + Rool + Yaw);
    Motor[1] = (int16_t)( thro - Pitch - Rool + Yaw );
    //串级 PID 输出值与基础油门融合并以 PWM 形式输出到电调上
}
```

16.5.4 气压计软件设计

1. 软件设计基本思路

当四轴飞行器能平稳地起飞飞行后,就可以开始考虑进行自主定高的测试了。自主定高就是通过测量当前相对其起飞点的相对高度的传感器数值,并通过控制算法由软件控制油门值的大小而不是通过遥控器来控制四轴的油门大小,最终的目标就是让四轴飞行器稳定在一个高度上,并可以控制这个高度的大小。

首先要通过传感器获取高度值,高度传感器可以考虑使用超声波模块、气压计模块和GPS 模块。超声波模块输出的数值能精确到 0.1cm,输出间隔小、精度高是其优点,缺点是要求地面平整无障碍物,有高度限制,太高时超声波就失去作用。气压计用于采集当期的气压值和温度,通过换算能够知道当前的海拔高度,从而可以进一步地计算出地面和空中的相对高度,使用气压计的优点是没有高度的限制,在室内室外都可以胜任,缺点是气压计模块的精度普遍不高,本书所使用的 MS5611 精度为 10cm,在气压计模块中这个精度算是不错的了。GPS 可以提供很多实用的数据,但精度有限,它有一个致命的缺陷,就是无法在室内不使用辅助手段的情况下收到有效良好的信号,只适合在室外使用,这点使其在室内调试非常不便。

1) 气压和温度计算流程

MS5611 高精度气压传感器支持 SPI 和 I2C 协议读取,包括一个高精度数字气压计与一个高精度温度计,通过实时测量周围环境温度对气压值进行一阶二阶补偿,保证气压计的一定精度。气压和温度计算流程如图 16-45 所示。

(1) 开始,计算结果最大值。

$P_{MIN} = 10mbar$, $P_{MAX} = 1200mbar$, $T_{MIN} = -40℃$,

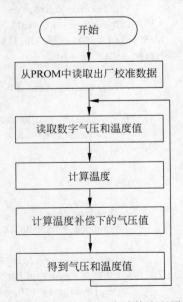

图 16-45 气压和温度计算流程图

$T_{MAX} = 85℃，T_{REF} = 20℃$

（2）从 PROM 中读取出厂校准数据，如表 16-10 所示。

表 16-10　PROM 中数据

变量	描述|方程	推荐变量类型	大小 Bit	值 Min	值 Max	典型值
C1	压力灵敏度|$SENS_{T1}$	unsigned int 16	16	0	65 536	40 127
C2	压力补偿|OFF_{T1}	unsigned int 16	16	0	65 536	36 924
C3	温度压力灵敏度系数|TCS	unsigned int 16	16	0	65 536	23 317
C4	温度系数的压力补偿|TCO	unsigned int 16	16	0	65 536	23 282
C5	参考温度|T_{REF}	unsigned int 16	16	0	65 536	33 464
C6	温度系数的温度|TEMPSENS	unsigned int 16	16	0	65 536	28 312

（3）读取数字气压和温度值，如表 16-11 所示。

表 16-11　数字气压和温度值

D1	数字压力值	unsigned int 32	24	0	16 777 216	9 085 466
D2	数字温度值	unsigned int 32	24	0	16 777 216	8 569 150

（4）计算温度，如表 16-12 所示。

表 16-12　计算温度

dT	实际和参考温度之间的差异	unsigned int 32	25	−167 769 60	16 777 216	2366
TEMP	实际温度（−40…85℃，0.01℃分辨率） $TEMP = 20℃ + dT * TEMPSENS = 2000 + dT * C6/2^{23}$	unsigned int 32	41	−4000	8500	2007 = 20.07℃

（5）计算温度补偿下的气压值，如表 16-13 所示。

表 16-13　计算气压值

OFF	实际温度补偿 $OFF = OFF_{T1} + TCO * dT = C2 * 2^{16} + (C4 * dT)/2^7$	unsigned int 64	41	−858 967 245 0	12 884 705 280	2 420 281 617
SENS	实际温度灵敏度 $SENS = SENS_{T1} + TCS * dT = C1 * 2^{15} + (C3 * dT)/2^8$	unsigned int 64	41	−429 483 622 5	6 442 352 640	1 315 097 036
P	温度补偿压力（10…1200mbar，0.01mbar分辨率） $P = D1 * SENS − OFF = (D1 * SENS/2^{21} − OFF)/2^{15}$	unsigned int 32	58	1000	120 000	100 009 = 1000.09 mbar

2) 重要时序

MS5611-01BA 的 I2C 地址为 111011Cx,其中 C 为 CSB 引脚的补码值(取反)。因为传感器内并没有微控制器,所以 I2C 的命令和 SPI 是相同的,下面介绍几个重要的时序。

(1) I2C 复位时序:

复位指令可以在任何时间发送。如果没有成功地上电复位,这可能是被屏蔽的 SDA 模块在应答状态。MS5611-01BA 唯一的复位方式是发送几个 SCLK 后跟一个复位指令或上电复位,如图 16-46 所示。

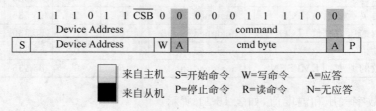

图 16-46 I2C 复位时序

(2) 存储器读取时序:

PROM 读指令由两部分构成,第一部分使系统处于 PROM 读模式,第二部分从系统中读取数据,如图 16-47 所示。

(a) I2C读存储器指令,地址=011(系数:3)

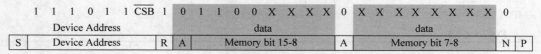

(b) I2C从芯片中应答

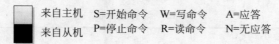

图 16-47 存储器读取时序

(3) 转换时序:

通过向 MS5611-01BA 发送指令可以进入转换模式。当命令写入到系统中,系统处于忙碌状态,直到转换完成。当转换完成后可以发送一个读指令,此时 MS5611-01BA 发回一个应答,24 个 SCLK 时钟将所有 bit 位传送出来。每隔 8bit 就会等待一个应答信号,如图 16-48 所示。

(4) 循环冗余检查(CRC):

MS5611-01BA 包含 128bit 的 PROM 存储器。存储器中有一个 4bit 的 CRC 数据检测

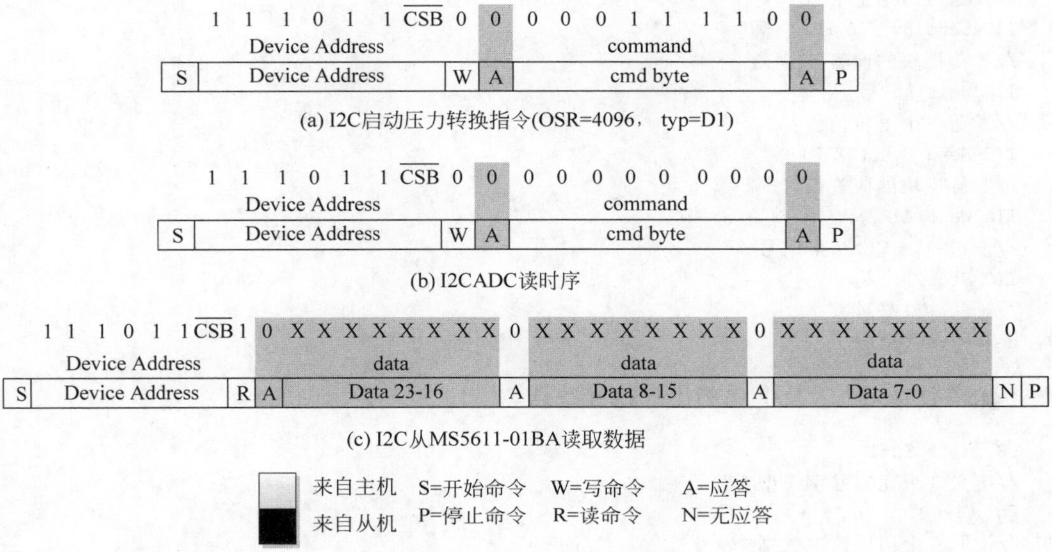

1	1	1	0	1	1	$\overline{CSB}$	0	0	0	0	0	0	1	1	1	1	0	0

Device Address		command		

S	Device Address	W	A	cmd byte	A	P

(a) I2C启动压力转换指令(OSR=4096，typ=D1)

1	1	1	0	1	1	$\overline{CSB}$	0	0	0	0	0	0	0	0	0	0	0	0

Device Address		command		

S	Device Address	W	A	cmd byte	A	P

(b) I2CADC读时序

1	1	1	0	1	1	$\overline{CSB}$	1	0	X X X X X X X X	0	X X X X X X X X	0	X X X X X X X X	0

Device Address		data		data		data	

S	Device Address	R	A	Data 23-16	A	Data 8-15	A	Data 7-0	N	P

(c) I2C从MS5611-01BA读取数据

来自主机　S=开始命令　W=写命令　A=应答
来自从机　P=停止命令　R=读命令　N=无应答

图 16-48　I2C 转换时序

位。下面详细描述了 CRC-4 代码的使用，如图 16-49 所示。

Add	DB15	DB14	DB13	DB12	DB11	DB10	DB9	DB8	DB7	DB6	DB5	DB4	DB3	DB2	DB1	DB0
0	16 bit reserved for manufacturer															
1	Coefficient 1(16 bit unsigned)															
2	Coefficient 2(16 bit unsigned)															
3	Coefficient 3(16 bit unsigned)															
4	Coefficient 4(16 bit unsigned)															
5	Coefficient 5(16 bit unsigned)															
6	Coefficient 6(16 bit unsigned)															
7													CRC			

图 16-49　存储器 PROM 映射

2．代码实现及解析

通过上面一小节知道要想使用 I2C 协议和气压计通信，首先需要将 PS 引脚通过单片机拉高，选择 I2C 协议，其次要将 CSB 引脚拉低，此时的 I2C 地址为 0xEE。下面就介绍 MS5611 模块的编程代码。

1）初始化及如何读出其中的数据

（1）首先要对模块进行复位。

```
//发送一个 I2C 起始信号
IIC_Start();
```

```
//发送一个地址信号
IIC_Send_Byte(0xEE);
//等待模块的应答信号
IIC_Wait_Ack();
//发送一个复位信号
IIC_Send_Byte(0X1E);
//等待模块的应答信号
IIC_Wait_Ack();
//发送一个 I2C 结束信号
IIC_Stop();
//延时 100 毫秒
delay_ms(100);
```

(2) 要读取芯片 Flash 中的出厂校准数据。

```
u8    inth,intl,i;
//定义 3 个无符号字符型变量:
for (i = 0; i < 6; i++)
//读取 6 个出厂校准数据
    {
        //发送一个 I2C 起始信号
        IIC_Start();
        //发送一个地址信号
        IIC_Send_Byte(0XEE);
        //等待模块的应答信号
        IIC_Wait_Ack();
        //发送读取出厂校准数据命令
        IIC_Send_Byte(0xA2 + (i * 2));
        //等待模块的应答信号
        IIC_Wait_Ack();
        //发送一个 I2C 结束信号
        IIC_Stop();
        //延时 5 微秒
        delay_us(5);
        //发送一个 I2C 起始信号
        IIC_Start();
        //进入接收模式
        IIC_Send_Byte(0XEE + 1);
        //延时 1 微秒
        delay_us(1);
        //等待模块的应答信号
        IIC_Wait_Ack();
        //带有 I2C 应答信号读取出厂校准的高位
        inth = IIC_Read_Byte(1);
        //延时 1 微秒
        delay_us(1);
        //不带有 I2C 应答信号读取出厂校准的低位
```

```
        intl = IIC_Read_Byte(0);
        //发送一个 I2C 结束信号
        IIC_Stop();
        //将数据的高位与地位融合后存入数组 PROM_C 中
        PROM_C[i] = (((u16)inth << 8) | intl);
}
```

至此 MS5611 的初始化完成，下面介绍如何进行数据的读取。

2）读取数据

首先要开始模块的温度转换，然后等待一段时间读取温度值，再等待模块的气压值转换后读取气压值，接着进行气压与温度的一阶二阶补偿计算出相应高度。转换时间精度越高，相应等待时间越长，这里使用最大精度，每次转换读取数据间等待 10ms。读取气压计的数据是通过 10ms 中断一次的定时器实现的，读取程序如下：

```
switch(Now_doing)
//查询状态本次进行到哪一步
    {
        //状态如果为启动温度转换时
    case  SRTemperature:
            //开始精度为最高的温度转换
            MS561101BA_startConversion(0x50 + 0x08);
            //将状态设置为读取温度
            Now_doing = RETemperature;
            break;
        //状态如果为读取温度时
        case  RETemperature:
            //读取温度
            MS561101BA_GetTemperature();
            //将状态设置为启动气压转换
            Now_doing = SRPressure;
            break;
        //状态如果为启动气压转换时
        case  SRPressure:
            开始精度为最高的气压转换
            MS561101BA_startConversion(0X40 + 0X08);
            //将状态设置为读取气压转换
            Now_doing = REPressure;
            break;
        //状态如果为读取气压转换时
        Case  REPressure:
            //读取气压值并进行高度结算
            MS561101BA_getPressure();
            //将状态设置为启动温度转换
            Now_doing = SRTemperature;
            break;
        //当状态值未知时
```

```
        default:
            Now_doing = SRTemperature;
            //将状态设置为启动温度转换
            break;
    }
```

至此读取气压计数据程序粗略介绍完了,下面介绍具体的读取和数据处理滤波程序,以下是 MS5611 开启温度/气压数值转换的程序。

(1) 精度为最高的温度/气压转换函数:

```
void MS561101BA_startConversion(uint8_t command)
{
//发送一个 I2C 起始信号
  IIC_Start();
//发送一个地址信号
  IIC_Send_Byte(0xEE);
  //等待模块的应答信号
IIC_Wait_Ack();
//发送一个 I2C 命令信号
  IIC_Send_Byte(command);
//等待模块的应答信号
  IIC_Wait_Ack();
  //发送一个 I2C 结束信号
IIC_Stop();
}
uint32_t MS561101BA_getConversion()
{
uint32_t conversion = 0;
u8 temp[3];
//发送一个 I2C 起始信号
IIC_Start();
//发送一个地址信号
IIC_Send_Byte(0xEE);
//等待模块的应答信号
IIC_Wait_Ack();
//发送一个空指令
IIC_Send_Byte(0);
//等待模块的应答信号
IIC_Wait_Ack();
//发送一个 I2C 结束信号
IIC_Stop();
//发送一个 I2C 起始信号
IIC_Start();
//进入接收模式
  IIC_Send_Byte(MS5611_ADDR + 1);
//等待模块的应答信号
IIC_Wait_Ack();
```

```
//带有 I2C 应答信号读取温度数据的 16~24 位
temp[1] = IIC_Read_Byte(1);
//带有 I2C 应答信号读取温度数据的 8~15 位
temp[0] = IIC_Read_Byte(1);
//带有 I2C 应答信号读取温度数据的 0~7 位
temp[2] = IIC_Read_Byte(0);
//发送一个 I2C 结束信号
IIC_Stop();
conversion = (unsigned long)temp[0] * 65536 + (unsigned long)temp[1] * 256 + (unsigned
long)temp[2];
        return conversion;
}
```

（2）读取温度值：

下面介绍的是温度数据的读取函数。

```
void MS561101BA_GetTemperature(void)
{
 tempCache = MS561101BA_getConversion();
}
```

此函数的特点是，发送读取温度值命令后调用此函数读取的就是温度值，同理当发送读取气压值命令后读取的就是气压值。

（3）读取气压值并进行高度解算：

下面介绍的是气压数据的读取函数。

```
void MS561101BA_getPressure(void)
{
int64_t T2,Aux_64,OFF2,SENS2;
float MS5611_Vn;
int64_t off,sens;
u8 Send_Count,i;

//读取原始气压值并赋值给变量 rawPress
    int32_t rawPress = MS561101BA_getConversion();
//计算 dt(以下的公式来自 ms5611 官方文档)
    int64_t dT = temperature - (((int32_t)PROM_C[4]) << 8);
//计算实际温度
    TEMP = 2000 + ((dT * (int64_t)PROM_C[5])>> 23);
//计算 off 实际温度抵消
    off = (((int64_t)PROM_C[1]) << 16) + ((((int64_t)PROM_C[3]) * dT) >> 7);
 //计算 sens 实际温度灵敏度
    sens = (((int64_t)PROM_C[0]) << 15) + (((int64_t)(PROM_C[2] * dT) >> 8);
//当温度小于 20℃时进行的 2 阶温度补偿
        if (TEMP < 2000)
            {
        T2 = (((int64_t)dT) * dT) >> 31;
```

```
                  Aux_64 = (TEMP - 2000) * (TEMP - 2000);
                  OFF2 = (5 * Aux_64)>> 1;
                  SENS2 = (5 * Aux_64)>> 2;
          //当温度小于 - 15℃时进行的 2 阶温度补偿
      if(TEMP <( - 1500))
        {
              OFF2 += 7 * ((TEMP + 1500) * (TEMP + 1500));
              SENS2 = sens + 11 * ((TEMP + 1500) * (TEMP + 1500)) * 0.5;
        }
      TEMP = TEMP - T2;
      off = off - OFF2;
      sens = sens - SENS2;
      }


      //计算气压值
Pressure = (((((int64_t)rawPress) * sens) >> 21) - off) >> 15;
      //解算出高度值并进行一次卡尔曼滤波
      MS5611_Altitude = KalmanFilter(MS561101BA_get_altitude());
      //对高度微分出的速度值进行一次卡尔曼滤波(dt 为时间间隔)
      MS5611_v = KalmanFilter_v(MS5611_Vn = ((MS5611_Altitude - last_Altitude)/dt));
}
```

下面是将气压值结算为高度值的函数。

```
float MS561101BA_get_altitude(void)
{
        static float Altitude, Pressure_ average = 0;
        static u8 average_flag = 0,num = 0;
    if(average_flag == 0)
            {
            Pressure_ average += Pressure;
            num++;
            if(num == 50)
                  {
                  average_flag = 1;
                  Pressure_ average / = 50;
                              //计算 50 次气压值的平均值赋给变量 Pressure_ average
              }
            Altitude = 0;
          return Altitude;
        }
    //计算基于起飞时的高度值
    Altitude = 44330.0 * (1 - pow((Pressure/ Pressure_ average), 0.1903));
    //高度的精度单位为 cm(厘米)
    return Altitude * 100;
}
```

采用卡尔曼滤波函数处理,代码如下:

```
#define KALMAN_Q0.03f
#define KALMAN_R15.0f
float KalmanFilter(const float ResrcData)
        {
                float R = KALMAN_R;
                float Q = KALMAN_Q;

        static float x_last;
                float x_mid = x_last;
                float x_now;
                static float p_last;
                float p_mid ;
                float p_now;
                float kg;

                x_mid = x_last;
                p_mid = p_last + Q;
                kg = p_mid/(p_mid + R);
                x_now = x_mid + kg * (ResrcData - x_mid);
                p_now = (1 - kg) * p_mid;
                p_last = p_now;
                x_last = x_now;

                return x_now;
}
```

对于 MS5611 气压计,还有几点需要注意:

① 刚上电时输出的前几个数据不准确,需要去除;

② 一定要保证充分的温度/气压转换时间,过早地进行读取数据会导致数据出错;

③ 气压计数据延迟性较大、收敛速度较慢,今后会寻找其他方法获取垂直方向的速度值以进行改善。

3. 自主高度控制的实现

至此已经获取了高度值以及 z 轴的速度值,下面介绍如何通过串级 PID 算法实现自主定高。

使用气压计解算出的高度值做高度串级 PID 控制的外环输入,使用气压计解算出的高度速度变化量作为串级 PID 的内环输入,使用串级 PID 作为控制方法的优点是可调参数比单级 PID 多,鲁棒性更好,控制性能较单级 PID 有所提高。

下面对控制代码进行分析。

```
void high_handle()
{
  //首先对 PID 参数进行初始化
  PID_High_init();
  //当 hold_high_flag = 1 时为开启自主高度控制,否则退出本函数
```

```
    if(hold_high_flag!= 1)
        {
            return;
        }
//外环的串级 PID 控制
PID_High(&high_dis_PID,high_dis_PID.Desired,MS5611_Altitude);
//内环的串级 PID 控制
PID_High_v(&high_v_PID,high_dis_PID.Output,MS5611_v);
//fly_thro 为基准起飞油门(400),将 PID 计算的结果加上基准起飞油门作为输出油门
    high_v_PID.Output += fly_thro;
    if(high_v_PID.Output > 600)
        {
            high_v_PID.Output = 600;
        }
//使输出油门最大不超过 600,最小不低于基准起飞油门 fly_thro
    if(high_v_PID.Output <(fly_thro))
        {
            high_v_PID.Output = (fly_thro);
        }
    }
```

16.5.5 遥控器软件设计

1. 软件设计基本思路

当四轴飞行器起飞之后,使用遥控器无线发射控制指令远程控制它的行动方向以及油门大小(不开启自动定高)。对于四轴与遥控器的无线通信,选择合适的无线模块很重要。常见的 2.4G 无线模块可传输大容量的数据快,但是传输距离短、绕射能力差。由于无刷电机转动时还会产生磁场干扰,使 2.4G 无线模块无法良好地保持远距离传输的可靠性。另一种无线通信模块为低频信号的 433MHz 的无线模块,由于其频率低,所以绕射能力强,传输距离远,但是在传输大容量数据时无法提供足够的带宽,不过四轴飞行器只传输控制指令与状态数据,微小的带宽就可以胜任。

这里介绍 Silicon Labs 公司生产的 SI4463 无线通信模块。其工作频率 142~1050MHz 可调,最大输出功率 20dbm,最大数据传输速率 1Mbps,支持自动跳频功能,加装鞭状天线后最大传输距离可达到 2000 米。

使用由 SI4463 构成的遥控器(地面站)与四轴飞行器进行通信。由遥控器定期向四轴飞行器传输控制指令,同时四轴飞行器将各种飞行数据传回遥控器的液晶显示屏上。

要通过遥控器向四轴飞行器传输数据就要使用摇杆电位器,这是由两个滑动变阻器构成的可进行 2 自由度移动的模块,使用单片机上的 AD 引脚采集其电压值就可以判断出此时摇杆的位置,然后再将其数值(油门值、偏航值、俯仰值、横滚值)通过无线模块发送到四轴飞行器上,作为串级 PID 的目标量实现对其姿态控制。

同时,四轴飞行器飞行过程中各种数据指标都可以再通过飞行器端的无线模块发回给

遥控器端,例如每个电机的油门大小、当前偏转的角度、当前的高度及电池电量等。还可以在 PID 参数整定时将数据绘制成曲线并通过遥控器进行参数的实时更改,更加方便快捷。

2. 无线模块代码实现及解析

参照使用 SPI 总线对无线模块 SI4463 进行初始化的方法,这里遥控器使用 STM32F103 系列单片机。

1) 行硬件引脚的宏定义

```
#define    SI446X_GPIO2           GPIO_Pin_12
#define    SI446X_GPIO3           GPIO_Pin_13
#define    SI446X_GPIO            GPIOB

#define    SI446X_IRQ_GPIO        GPIOA
#define    SI446X_PIN_IRQ         GPIO_Pin_8 //D
#define    SI446X_IRQ_IN          (SI446X_IRQ_GPIO -> IDR & SI446X_PIN_IRQ)

#define    SI446X_SDN_GPIO        GPIOB
#define    SI446X_PIN_SDN         GPIO_Pin_14 //D
#define    SI446X_SDN_HIGH()      GPIO_SetBits(SI446X_SDN_GPIO,SI446X_PIN_SDN) ;
#define    SI446X_SDN_LOW()       GPIO_ResetBits(SI446X_SDN_GPIO,SI446X_PIN_SDN);

#define    SI446X_CS_GPIO         GPIOA
#define    SI446X_PIN_CS          GPIO_Pin_4 //D
#define    SI446X_CS_HIGH()       GPIO_SetBits(SI446X_CS_GPIO,SI446X_PIN_CS) ;
#define    SI446X_CS_LOW()        GPIO_ResetBits(SI446X_CS_GPIO,SI446X_PIN_CS);

#define    SPIX_PIN_SCK           GPIO_Pin_5
#define    SPIX_PIN_MISO          GPIO_Pin_6
#define    SPIX_PIN_MOSI          GPIO_Pin_7
#define    SPIX_GPIO              GPIOA
#define    SPIX_DEVX              SPI1
```

2) GPIO 引脚的初始化

```
GPIO_InitStructure.GPIO_Pin = SI446X_GPIO3|SI446X_GPIO2;
GPIO_InitStructure.GPIO_Speed = GPIO_Speed_50MHz;
GPIO_InitStructure.GPIO_Mode = GPIO_Mode_IN_FLOATING;
GPIO_Init(SI446X_GPIO, &GPIO_InitStructure);

GPIO_InitStructure.GPIO_Pin = SI446X_PIN_CS|SI446X_PIN_SDN ;
GPIO_InitStructure.GPIO_Speed = GPIO_Speed_50MHz;
GPIO_InitStructure.GPIO_Mode = GPIO_Mode_Out_PP ;
GPIO_Init(SI446X_CS_GPIO , &GPIO_InitStructure);

GPIO_InitStructure.GPIO_Pin = SI446X_PIN_SDN ;
GPIO_InitStructure.GPIO_Speed = GPIO_Speed_50MHz;
GPIO_InitStructure.GPIO_Mode = GPIO_Mode_Out_PP ;
```

```
GPIO_Init(SI446X_SDN_GPIO , &GPIO_InitStructure);

GPIO_InitStructure.GPIO_Pin = SPIX_PIN_SCK| SPIX_PIN_MISO | SPIX_PIN_MOSI ;
GPIO_InitStructure.GPIO_Speed = GPIO_Speed_50MHz;
GPIO_InitStructure.GPIO_Mode = GPIO_Mode_AF_PP ;
GPIO_Init(SPIX_GPIO , &GPIO_InitStructure);
```

3) SPI 的初始化

```
SPI_Cmd(SPIX_DEVX, DISABLE);
SPI_InitStructure.SPI_Direction = SPI_Direction_2Lines_FullDuplex;
SPI_InitStructure.SPI_Mode = SPI_Mode_Master;
SPI_InitStructure.SPI_DataSize = SPI_DataSize_8b;
SPI_InitStructure.SPI_CPOL = SPI_CPOL_Low;
SPI_InitStructure.SPI_CPHA = SPI_CPHA_1Edge;
SPI_InitStructure.SPI_NSS = SPI_NSS_Soft;
SPI_InitStructure.SPI_BaudRatePrescaler = SPI_BaudRatePrescaler_16;
SPI_InitStructure.SPI_FirstBit = SPI_FirstBit_MSB;
SPI_InitStructure.SPI_CRCPolynomial = 7;
SPI_Init(SPIX_DEVX, &SPI_InitStructure);
SPI_Cmd(SPIX_DEVX, ENABLE);
```

4) SI4463 无线模块的重要的寄存器
SI4463 无线模块的重要寄存器如表 16-14 所示。

表 16-14 SI4463 无线模块的重要寄存器

寄存器地址	名　称	描　述
0x02	POWER_UP	开启芯片电源和启动模式选择
0x11	SET_PROPERTY	设置属性
0x12	GET_PROPERTY	读取当前属性
0x66	TX_FIFO_WRITE	写入发送端 FIFO 寄存器
0x77	RX_FIFO_READ	读取接收端 FIFO 寄存器
0x21	GET_PH_STATUS	返回状态结果
0x44	READ Command buffer	返回先前命令结果

5) 发送指令函数

```
U8 bApi_SendCommand(U8 bCmdLength, U8 * pbCmdData)
{
    SpiClearNsel(0);                              //将 NSEL 引脚置低
    bSpi_SendData (bCmdLength, pbCmdData);        //SPI 发送数据
    SpiSetNsel(1);                                //将 NSEL 引脚拉高
return 0;
}
```

6）向发送 FIFO 寄存器写入数据

```
U8 bApi_WriteTxDataBuffer(U8 bTxFifoLength, U8 * pbTxFifoData)
{
    SpiClearNsel(0);                              //将 NSEL 引脚置低
    bSpi_SendDataByte(0x66);                      //写入发送端 FIFO 寄存器
    bSpi_SendData(bTxFifoLength, pbTxFifoData);   //SPI 发送数据
    SpiSetNsel(1);                                //将 NSEL 引脚拉高
    return 0;
}
```

7）向接收 FIFO 寄存器写入数据

```
U8 bApi_ReadRxDataBuffer(U8 bRxFifoLength, U8 * pbRxFifoData)
{
    SpiClearNsel(0);                              / 将 NSEL 引脚置低
    bSpi_SendDataByte(0x77);                      //写入接收端 FIFO 寄存器
    bSpi_SendData (bRxFifoLength, pbRxFifoData);  //SPI 发送数据
    SpiSetNsel(1);                                //将 NSEL 引脚拉高
    return 0;
}
```

8）读取状态数据函数

```
U8 bApi_GetResponse(U8 bRespLength, U8 * pbRespData)
{
    bCtsValue = 0;
    bErrCnt = 0;
    while (bCtsValue!= 0xFF)                       //如果为接收到应答信号
        {
            SpiClearNsel(0);                       //将 NSEL 引脚置低
            bSpi_SendDataByte(0x44);               //发送返回先前指令状态命令
            bSpi_Read(1, &bCtsValue);              //读取 SPI
            if(bCtsValue != 0xFF)
                {
                    SpiSetNsel(1);                 //NSEL 引脚拉高
                }
        }
    if(bErrCnt++> MAX_CTS_RETRY)
        {
            return 1;                              //大于等待时间返回错误指令
        }
    bSpi_Read(bRespLength, pbRespData);            //CTS 函数返回成功读取数据
    SpiSetNsel(1);                                 //NSEL 引脚拉高
    return 0;                                       //返回成功指令
}
```

9) 等待模块应答相应函数

```
U8 vApi_WaitforCTS(void)
{
    bCtsValue = 0;
    bErrCnt = 0;
    while (bCtsValue!= 0xFF)                        //如果为接收到应答信号
        {
            SpiClearNsel(0);                        //将 NSEL 引脚置低
            bSpi_SendDataByte(0x44);                //发送返回先前指令状态命令
            bSpi_Read (1, &bCtsValue);              //读取 SPI
            SpiSetNsel(1);                          //将 NSEL 引脚拉高
                if (++bErrCnt > MAX_CTS_RETRY)
                    {
                        return 1;                   //大于等待时间返回错误指令
                    }
        }
    return 0;                                       //返回成功指令
}
```

10) SI4463 相关引脚及硬件 SPI 初始化

```
MCU_Init();
//将模块的 SDN 引脚置高
EZRP_SDN = 1;
//等待大约 300μs
for(wDelay = 0; wDelay < 330; wDelay++);
//将模块的 SDN 引脚拉低
EZRP_SDN = 0;
//等待 5ms
for(wDelay = 0; wDelay < 5500; wDelay++);
```

11) 开始发送

```
abApi_Write[0] = CMD_POWER_UP;
abApi_Write[1] = 0x01;
abApi_Write[2] = 0x00;
//将数组内容写入 SPI,并发送出去
bApi_SendCommand(3,abApi_Write);
//等待中断引脚的低电平响应信号
if (vApi_WaitforCTS())
    {
    while (1) {}
}
```

12) 设置包内容

(1) 设置报头字长。

```
abApi_Write[0] = CMD_SET_PROPERTY;              //使用属性命令
abApi_Write[1] = PROP_PREAMBLE_GROUP;           //选择属性组
```

```
abApi_Write[2] = 1;                              //写入的属性
abApi_Write[3] = PROP_PREAMBLE_TX_LENGTH;        //制定属性
abApi_Write[4] = 0x05;                           //5 字节长度
bApi_SendCommand(5,abApi_Write);                 //通过 SPI 发送
vApi_WaitforCTS();                               //等待应答信号
```

（2）设置报头模式。

```
abApi_Write[0] = CMD_SET_PROPERTY;               //使用属性命令
abApi_Write[1] = PROP_PREAMBLE_GROUP;            //选择属性组
abApi_Write[2] = 1;                              //写入的属性
abApi_Write[3] = PROP_PREAMBLE_CONFIG;           //制定属性
abApi_Write[4] = 0x31;                           // 字节模式为 1010
bApi_SendCommand(5,abApi_Write);                 //通过 SPI 发送
vApi_WaitforCTS();                               //等待应答信号
```

（3）设置同步字。

```
abApi_Write[0] = CMD_SET_PROPERTY;               //使用属性命令
abApi_Write[1] = PROP_SYNC_GROUP;                //选择属性组
abApi_Write[2] = 3;                              //写入的属性
abApi_Write[3] = PROP_SYNC_CONFIG;               //制定属性
abApi_Write[4] = 0x01;                           //2 字节同步
abApi_Write[5] = 0xB4;                           //第一个同步字节
abApi_Write[6] = 0x2B;                           //第二个同步字节
bApi_SendCommand(7,abApi_Write);                 //发送 SPI 控制命令
vApi_WaitforCTS();                               //等待应答信号
```

（4）通用包配置（设置位顺序）。

```
abApi_Write[0] = CMD_SET_PROPERTY;               //使用属性命令
abApi_Write[1] = PROP_PKT_GROUP;                 //选择属性组
abApi_Write[2] = 1;                              //写入的属性
abApi_Write[3] = PROP_PKT_CONFIG1;               //制定属性
abApi_Write[4] = 0x00;                           //数据
bApi_SendCommand(5,abApi_Write);                 //发送 SPI 控制命令
vApi_WaitforCTS();                               //等待应答信号
```

13）下面是发送数据的具体程序

（1）将无线模块置于工作状态。

```
abApi_Write[0] = CMD_CHANGE_STATE;
abApi_Write[1] = 0x02;
bApi_SendCommand(2,abApi_Write);
vApi_WaitforCTS();
```

（2）发送数字 1～8 值 FIFO。

```
abApi_Write[0] = 1;
```

```
abApi_Write[1] = 2;
abApi_Write[2] =3;
abApi_Write[3] = 4;
abApi_Write[4] = 5;
abApi_Write[5] = 6;
abApi_Write[6] = 7;
abApi_Write[7] = 8;
bApi_WriteTxDataBuffer(0x08, &abApi_Write[0]);
vApi_WaitforCTS();
```

（3）发送数据。

```
abApi_Write[0] = CMD_START_TX;
abApi_Write[1] = 0;
abApi_Write[2] = 0x10;
abApi_Write[3] = 0x00;
abApi_Write[4] = 0x08;
bApi_SendCommand(5,abApi_Write);
```

14）下面介绍接收数据的程序

开启接收模式。

```
abApi_Write[0] = CMD_START_RX;
abApi_Write[1] = 0;
abApi_Write[2] = 0;
abApi_Write[3] = 0;
abApi_Write[4] = 0X08;
abApi_Write[5] = 0;
abApi_Write[6] = 0X03;
abApi_Write[7] = 0;
bApi_SendCommand(0x08, abApi_Writ]);
vApi_WaitforCTS();
  if(EZRP_NIRQ == 0)                         //如果中断引脚为低电平
{
// 读取寄存器,查看造成中断的原因
abApi_Write[0] = CMD_GET_PH_STATUS;
abApi_Write[1] = 0x00;
bApi_SendCommand(2,abApi_Write);
bApi_GetResponse(1,abApi_Read);             //读取状态数据
if((abApi_Read[0] & 0x10) == 0x10)          //收到数据
{
// 读取 FIFO 中的相应数据(这里为数字 1~8)
bApi_ReadRxDataBuffer(8,abApi_Read);
```

3. 摇杆代码实现及解析

使用摇杆电位器返回的 AD 值来判断摇杆目前所处的位置,通过无线模块发送出去进一步控制四轴飞行器在空中的行进方向。

首先初始化 STM32 的 AD 功能与 DMA 功能，采集摇杆的的点位信号。

```c
void ADxinit()
    {
//初始化 ADC 相关配置结构体
ADC_InitTypeDef ADC_InitStructure;
//初始化 GPIO 相关配置结构体
GPIO_InitTypeDef GPIO_InitStructure;
//初始化 DMA 相关配置结构体
DMA_InitTypeDef DMA_InitStructure;

//将 GPIO 的 A0、A1、A2、A3 引脚配置为输入模式
GPIO_InitStructure.GPIO_Pin = GPIO_Pin_0|GPIO_Pin_1|GPIO_Pin_2|GPIO_Pin_3;
GPIO_InitStructure.GPIO_Mode = GPIO_Mode_AIN;
GPIO_Init(GPIOA, &GPIO_InitStructure);

//ADC 独立模式
ADC_InitStructure.ADC_Mode = ADC_Mode_Independent;
//开启扫描模式(多通道模式)
ADC_InitStructure.ADC_ScanConvMode = ENABLE;
//ADC 连续工作模式
ADC_InitStructure.ADC_ContinuousConvMode = ENABLE;
//ADC 转换软件启动
ADC_InitStructure.ADC_ExternalTrigConv = ADC_ExternalTrigConv_None;
//ADC 结果右对齐
ADC_InitStructure.ADC_DataAlign = ADC_DataAlign_Right;
//开启的 ADC 通道数为 4
ADC_InitStructure.ADC_NbrOfChannel = 4;
//初始化 ADC1
ADC_Init(ADC1,&ADC_InitStructure);

//设置 ADC 通道 0～4 的转换顺序与采样时间
ADC_RegularChannelConfig(ADC1, ADC_Channel_0, 1,ADC_SampleTime_55Cycles5);
ADC_RegularChannelConfig(ADC1, ADC_Channel_1, 2,ADC_SampleTime_55Cycles5);
ADC_RegularChannelConfig(ADC1, ADC_Channel_2, 3,ADC_SampleTime_55Cycles5);
ADC_RegularChannelConfig(ADC1, ADC_Channel_3, 4,ADC_SampleTime_55Cycles5);

//设置 ADC 时钟的分频系数
RCC_ADCCLKConfig(RCC_PCLK2_Div6);
//复位 ADC1 的校准系统
ADC_ResetCalibration(ADC1);
//等待复位完成
while(ADC_GetResetCalibrationStatus(ADC1));
//启动 ADC1 的校准系统
ADC_StartCalibration(ADC1);
//等待校准完成
while(ADC_GetCalibrationStatus(ADC1));
```

```
//设置 DMA 起始地址为 ADC1 的 ADC_DR 地址
DMA_InitStructure.DMA_PeripheralBaseAddr = ((u32)0x40012400 + 0x4c);
//设置 DMA 目的地址为数组 ADC1result 的首地址
DMA_InitStructure.DMA_MemoryBaseAddr = (u32)&ADC1result;
//寄存器作为传输数据的来源(起始)
DMA_InitStructure.DMA_DIR = DMA_DIR_PeripheralSRC;
//设置 DMA 的缓存大小为 4 个数据长度
DMA_InitStructure.DMA_BufferSize = 4;
//寄存器地址指针不变
DMA_InitStructure.DMA_PeripheralInc = DMA_PeripheralInc_Disable;
//数组指针自动指向下一个
DMA_InitStructure.DMA_MemoryInc = DMA_MemoryInc_Enable;
//设置从寄存器取出的数据长度为 16 位
DMA_InitStructure.DMA_PeripheralDataSize = DMA_PeripheralDataSize_HalfWord;
//设置向数组存入的数据长度为 16 位
DMA_InitStructure.DMA_MemoryDataSize = DMA_MemoryDataSize_HalfWord;
//设置 DMA 为循环模式
DMA_InitStructure.DMA_Mode = DMA_Mode_Circular ;
//设置此 DMA 优先级为高
DMA_InitStructure.DMA_Priority = DMA_Priority_High ;
//关闭 DMA 的内存移动至内存功能(目前使用的是寄存器移至内存功能)
DMA_InitStructure.DMA_M2M = DMA_M2M_Disable;
//启动 DMA1 的 ADC1 通道 DMA1_Channel1
DMA_Init(DMA1_Channel1, &DMA_InitStructure);
//使能 DMA1_Channel1
DMA_Cmd(DMA1_Channel1, ENABLE);
//使能 ADC1 的 DMA 通道
ADC_DMACmd(ADC1, ENABLE);
//使能 ADC1
ADC_Cmd(ADC1, ENABLE);
//软件启动 ADC1
ADC_SoftwareStartConvCmd(ADC1, ENABLE);
    }
```

然后初始化一个周期为 100ms 的定时器作为遥控数据,定时发送到四轴飞行器的接收端。

```
void TMIinit(u8 pri,u8 sub)
{
TIM_TimeBaseInitTypeDef TIM_TimeBaseStructure;
  NVIC_InitTypeDef NVIC_InitStructure;
  TIM_TimeBaseStructure.TIM_Period = 7200 - 1;
  TIM_TimeBaseStructure.TIM_Prescaler = 1000 - 1; //100ms
  TIM_TimeBaseStructure.TIM_ClockDivision = TIM_CKD_DIV1;
  TIM_TimeBaseStructure.TIM_CounterMode = TIM_CounterMode_Up;
  TIM_TimeBaseInit(TIM2, & TIM_TimeBaseStructure);
```

```
   NVIC_PriorityGroupConfig(NVIC_PriorityGroup_2);
   NVIC_InitStructure.NVIC_IRQChannel = TIM2_IRQn;
   NVIC_InitStructure.NVIC_IRQChannelPreemptionPriority = pri;
   NVIC_InitStructure.NVIC_IRQChannelSubPriority = sub;
   NVIC_InitStructure.NVIC_IRQChannelCmd = ENABLE;
   NVIC_Init(&NVIC_InitStructure);

   TIM_ARRPreloadConfig(TIM2, ENABLE);
   TIM_Cmd(TIM2, ENABLE);
   TIM_ITConfig(TIM2, TIM_IT_Update,ENABLE);
TIM_ClearFlag(TIM2, TIM_FLAG_Update);
}
```

然后在定时器中断函数中将四个方向的 AD 值处理为实际数据并发送到四轴飞行器的接收端,这里要说明下 STM32F103 系列的 AD 为 12 位精度,所以数据范围为 0～4096。由于除油门外的摇杆默认位置在中点,对应的 AD 值为 2048 左右,又因为 AD 电压的上下波动,所以在此将判断值设置的略高/略低于 2048。

```
#define thro_max   900
#define yaw_range   120
#define pitch_range   200
#define roll_range   200
  void TIM2_IRQHandler(void)
  {
     //清除定时器 2 中断标志
     TIM_ClearFlag(TIM2, TIM_FLAG_Update);
     //使油门大小为 0～900
     thro = (float)ADC1result[1]/4090 * thro_max;
     //如果偏航摇杆的 AD 值在接受范围内
     if(ADC1result[0]<= 2050)
        {
           //使偏航值大小为 -120～0
           yaw = ((float)ADC1result[0]/2000 * yaw_range_zuo) - yaw_range_zuo;
           }
     else if(ADC1result[0]>= 2100)
        {
           ADC1result[0] -= 2100;
           //使偏航值大小为 0～120
           yaw = ((float)ADC1result[0]/2100) * yaw_range;
           }
     else{yaw = 0; }
        //如果俯仰摇杆的 AD 值在接受范围内
        if(ADC1result[3]<= 2050)
        {
           //使俯仰值大小为 -20.0～0
           pitch = ((float)ADC1result[3]/2050 * pitch_range - pitch_range);
```

```
            }
            else if(ADC1result[3]> = 2120)
            {
                ADC1result[3] -= 2100;
                //使俯仰值大小为 0~20.0
                pitch = (float)ADC1result[3]/2120 * pitch_range;
            }
                else{pitch = 0; }
                //如果横滚摇杆的 AD 值在接受范围内
            if(ADC1result[2]< = 2000)
                {
                //使横滚值大小为 0~20.0
                roll = roll_range - (float)ADC1result[2]/2000 * roll_range;
                }
                else if(ADC1result[2]> = 2100)
                {
                ADC1result[2] -= 2100;
                //使横滚值大小为 - 20.0~0
                roll = (float)ADC1result[2]/2100 * - roll_range;
                }
                else
            {
            roll = 0;
            }
//控制数据标志位
data[0] = 0xaa;
//将 16 位的油门数据变为 2 字节存储
data[1] = thro >> 8;
data[2] = thro&0x00ff;
//将整数部分与小数部分分开存储
data[3] = yaw;
data[4] = pitch >> 8;
data[5] = pitch&0x00ff;
data[6] = roll >> 8;
data[7] = roll&0x00ff;
//数据整体性检验
data[8] = data[1]^data[2]^data[3]^data[4]^data[5]^data[6]^data[7];
//将数据发送至四轴飞行器端
WirelessTx_handler(0,data,PACKET_LENGTH);
            }
```

将读取的 AD 值处理后判断摇杆此时的位置,也就是四轴飞行器将要倾斜的角度,将这个数值发送给无线模块 SI4463。

当摇杆数值读取并处理完毕后依次存入字符型数组 data[]中并用函数"WirelessTx_handler(0,data,PACKET_LENGTH);"发送至四轴飞行器端,同理,当想接收无线模块发送过来的数据时,使用函数"WirelessRx_handler(rcdata,PACKET_LENGTH);"接收数据,rcdata 是另一个字符型数组,用来接收数据,PACKET_LENGTH 是将要发送或接收的数组成员个数。最后就可以将接收回来的数据显示在液晶屏上了。

16.6　调试、问题解析及改进方向随想

1. 硬件

(1) 笔者认为市面上好盈品牌的电调性价比要优于其他品牌,而电调中带 BEC 的电调稳定性要略差于不带 BEC 的电调。对于电池方面,要根据电机参数及载重能力合理选择电池的 S 数以及毫安数。

(2) 电机一定要选择有口碑的大厂电机,型号选择要考虑所适用的桨叶的大小以及机架的尺寸,万不可使桨叶大于机架。四轴的机架如 250、330、450 这些数字是指一般情况下机架的轴间距,如果是特殊形状的机架还要特别考虑。

(3) 越大的桨叶其转速要更低同时转动时的扭力则要比小桨叶更大,所以一定要注意安全,由于桨叶属于消耗品所以数量要留有余地。

2. 软件

本书用到的是 MPU9250 模块中的 DMP 功能,解算出的数据受制于速度限制,数据更新最快只能到 200Hz。如果使用 MPU9250 输出的角速度加速度,通过例如 AHRS 算法进行姿态解算,数据更新速度能到 400Hz。

3. 调试

(1) 检查硬件电路连线是否正确连接,是否有短路、断路现象。

(2) 检查电池电量是否充足,电机线圈里是否有异物。

(3) 通电观察各模块指示灯是否正常亮起,如有异常应当逐个排查。

(4) 去掉桨叶,通电进行调试,观察电机是否正常转动,电机转动方向是否正确,遥控器遥控是否正常。

(5) 加上桨叶,在开阔地区进行调试,如遇异常应当立即将油门归零,将四轴电源关闭重新进行检查。

4. 已知 BUG

(1) 四轴飞行器的陀螺仪模块极易受到干扰,所以请尽量在空旷无干扰的环境中飞行,否则会因为数据异常发生问题。

(2) 四轴飞行器各个模块存在兼容性问题,在运行的过程中会突然停止工作。

习题

(1) 设计四旋翼飞行器时电机、桨、电池、机型的相互关系是什么? 有哪些注意事项?

(2) 深入理解什么是串级 PID,外环和内环作用是什么?

(3) 尝试用超声波传感器实现定高设计。

第 17 章

案例设计

本章主要给出几个设计方案和思路,涉及的主要知识在前面章节都有体现,这里换一个角度去实现,读者在此基础上完成设计,巩固前面的知识。本章设计的完整素材电子版资料可免费发布给读者。

17.1 STM32 的无线传输系统

17.1.1 设计任务

很多地方会用到无线传输模块,该案例以 NRF24L01 为无线传输芯片,分为主机和从机两个模块。主从机微控制器均采用 STM32F103 系列芯片,主机通过 STM32 的 ADC 功能采集遥感的模拟量,并在主机中显示所采集的值,然后通过无线模块传输到从机,从机中显示出所接收到的数据。

17.1.2 系统结构组成

主机整体主要由 6 部分构成,分别为电压源 5V、电压源 3V3、微控制器、显示模块、无线模块、遥杆。其整体结构框图如图 17-1 所示。

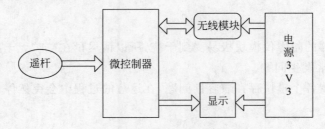

图 17-1　主机部分结构框图

从机部分由 5 部分组成,分别为电压源 5V、电压源 3V3、微控制器、显示模块、无线模块。其整体结构框图如图 17-2 所示。主机实物图如图 17-3 所示。

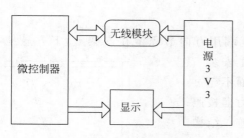

图 17-2　从机部分结构框图

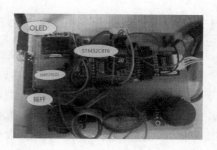

图 17-3　主机实物图

17.1.3　主要设计思路

（1）微控制器：微控制器需要能够支持多种外设同时工作，最好有 AD/DA 功能。STM32C8T6 完全符合要求。STM32C8T6 使用 ARM 先进架构的 Cortex-M3 内核，其特点主要有优异的实时性能、杰出的功耗控制、最大程度的集成整合、易于开发、可使产品快速进入市场等等。

（2）显示模块：因只需要显示简单的数据，所选显示屏越小越好，可以采用 0.96 寸的点阵 OLED，这种类型的 OLED 功耗小且操作简单、支持多种协议。

（3）无线模块：无线模块在市场上琳琅满目，提供了多种选择，主要有三类：一是蓝牙模块，此类模块要求使用者懂得 java 语言，或者有些店家提供 App，使用起来会容易很多；二是 WiFi 模块，此类模块多用于视频等无线传输，功能强大，但操作也相应比较复杂；三是 2.4G 模块，此类模块只需要使用者操作 NRF24L01 芯片的内部寄存器就可实现两模块之间的数据传输。

（4）摇杆：考虑整个主机工作电压和 STM32 的 ADC 功能块所能检测到的最大压值 3V3，选用双轴按键 PS2 游戏摇杆。两路模拟量输出，一路数字量输出。x、y 轴输出为两个电位器，可以通过 AD 转换读出扭动角度。向下按摇杆，可以触动一路轻触开关，为数字输出；上拉适用于两自由度舵机云台控制或者其他遥控比例控制。因输入摇杆电压为 5V，超出 AD 模块所能检测的最大压值，其在后面接入总电路时内部电路需要进行分压处理。

17.2　风力摆控制系统设计

此设计来源于 2015 年的全国大学生电子设计大赛，其中 B 组题目就是风力摆控制系统，大赛对这一系统的构架与功能提出了诸多要求，有难有易，对整个系统也提出了一个大致的框架，也给出了几点建议。就大赛而言，主要考察学生的综合能力，包括完成速度、反应能力、抗压能力与应对问题的能力，所以说题目的含金量也是很大的。想要较好地完成该题目，学生们需要掌握很多相关专业知识和一些物理方面的知识，同时对流体力学、空气动力学都应该有一定的了解和领悟。

17.2.1　设计任务

设计并制作一长约 60～70cm 的细管,上端用万向节固定在支架上,下方悬挂一组 (2～4 只)直流风机构成一个风力摆;风力摆上安装一个向下的激光笔,静止时,激光笔的下端距地面不超过 20cm;设计一个测控系统,控制各风机使风力摆按照一定规律运动,激光笔在地面画出要求的轨迹。结构示意图如图 17-4 所示。

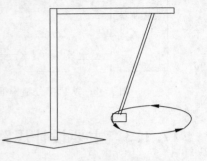

图 17-4　风力摆结构示意图

设计要求如下:

(1) 从静止开始,15s 内控制风力摆做类似自由摆运动,使激光笔稳定地在地面画出一条长度不短于 50cm 的直线段,其线性度偏差不大于±2.5cm,并且具有较好的重复性;

(2) 从静止开始,15s 内完成幅度可控的摆动,画出长度在 30～60cm 间可设置、长度偏差不大于±2.5cm 的直线段,并且具有较好的重复性;

(3) 可设定摆动方向,风力摆从静止开始,15s 内按照设置的方向(角度)摆动,画出不短于 20cm 的直线段;

(4) 将风力摆拉起一定角度(30～45°)放开,5s 内使风力摆制动达到静止状态;

(5) 以风力摆静止时激光笔的光点为圆心,驱动风力摆用激光笔在地面画圆,30s 内需重复 3 次;圆半径可在 15～35cm 范围内设置,激光笔画出的轨迹应落在指定半径±2.5cm 的圆环内。

17.2.2　系统结构组成

采用 3 个直流风机作为动力,3 个风机在 3 个方向相背而放,互成 120 度角。通过控制风机的转速及工作状态来控制风力摆的运动轨迹。采用以增强型 ARM 为内核的 STM32 系列单片机,控制两个 L298N 模块,从而驱动空心杯电机,用 STM32 控制 L298N 的输入,其工作在占空比可调的开关状态,精确调整风机转速。电路设计简单、抗干扰能力强、可靠性好。采用双电源供电,风机驱动电源与控制电源分开。系统硬件框图如图 17-5 所示。

整个系统可以驱动各空心杯,使风力摆按照一定的规律和频率摆动,同时,被安放在风力摆下面的激光笔在地面上画出相应的轨迹,如直线、圆形等。

首先系统控制 MPU6050 陀螺仪进行数据采集,将采集过来的数据实时反馈给 STM32,STM32 将数据进行整合处理,对风力摆的实时状态有了了解后,对按键状态进行扫描,调用所需执行的指令,将每个电机转速所对应的脉冲经过光电耦合器发送给不同的驱动,以此控制电机,达到控制风力摆运行状态的目的。

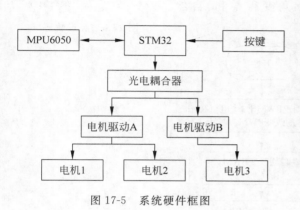

图 17-5　系统硬件框图

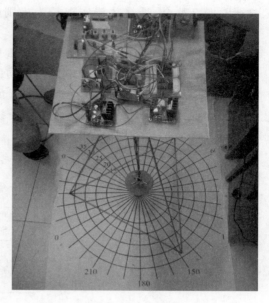

图 17-6　实物图

17.2.3　主要设计思路

（1）电机选择：该系统需要完成对风力摆的实时控制，因此该系统不但需要质量较轻的电机，又要考虑电机的可操控性以及电机的精度问题。选用空心杯电机，空心杯电机属于直流电机，工作电压较低，相比较而言额定电流较大，可达到 800 毫安。最重要的一点是该电机质量较轻、体积较小、易于安装。

（2）风力摆扇叶选择：电机的转动带动风扇转动，风扇转动时通过短时间内挤压空气带来动空气对风扇的反作用力。扇叶越多或扇叶越大都会在相同状况下提升推力。该系统的扇叶确定为二叶窄叶的扇叶。扇叶图如图 17-7 所示。

图 17-7　二叶扇叶图

（3）圆形轨迹摆动控制：相对于其他几项功能来讲，圆形运动轨迹是最难实现的，因为其各个角度所需力的大小、方向都不一样，而且采集过来的实时角度在使用中有一定的延迟，这就需要对其轨迹进行建模分析，找出其运动过程中的受力规律，找出其各个点的运动规律并加以整合,最终才能实现较为规则的圆形的摆动轨迹的目标。

圆形轨迹的起始摆动轨迹图如图 17-8 所示。

前 4 个起始阶段需要操控电机在不同的方向上,依据实时状态,包括角度以及实时速度与加速度进行预判与整合,期间利用 PID 控制对拐角处进行直角磨合,使其拐角变得柔和、自然。图 17-9 为圆形轨迹控制流程图。

图 17-8　圆形轨迹

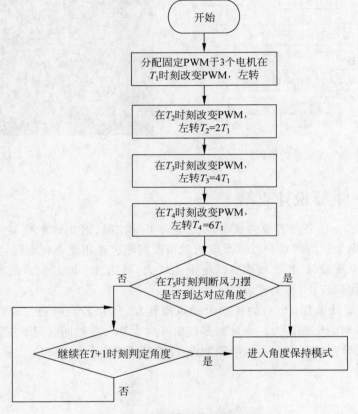

图 17-9　圆形轨迹控制流程图

习题

(1) 用 STM32 处理器实现自动泊车控制系统设计。

(2) 结合上位机软件,实现对风力摆无线传输系统的控制。

参 考 文 献

[1] 刘火良,杨森.STM32库开发实战指南[M].机械工业出版社,2013.

[2] 卢纪丽等.信息环境下单片机课程实践教学的思考[J].科技信息,2010.

[3] 万永伦,丁杰雄.一种机器人寻线控制系统[J].电子科技大学学报,2003.

[4] 杨明.基于光电管寻迹的智能车舵机控制[J].光电技术应用,2007.

[5] 亢雪琳.基于STM32的CAN总线通信设计[D].吉林:吉林大学,2013.

[6] 马丹丹.基于CAN_BUS和STM32的智能步进电机驱动控制模块设计[D].杭州:杭州电子科技大学,2013.

[7] 肖海荣,张吉卫.基于89C52单片机的智能电动车电控系统设计[J].山东交通学院学报,2004.

[8] 吴建平,殷战国,李坤垣.红外反射式传感器在自主式寻迹小车导航中的应用[J].中国测试技术,2004.

[9] 赵负图.传感器集成电路手册[M].北京:化学工业出版社,2004.

[10] 马场清太郎.运算放大器运用电路设计[M].北京:科学出版社,2008.

[11] 虞君锚.传感器与检测技术[M].北京:电子工业出版社,2007.

[12] 郑新,闫建国.倒立摆计算机控制系统[J].电脑与电子,2000(2):05-08.

[13] 杨亚炜.倒立摆的数控稳定[J].北京航空航天大学学报,2000(3):311-314.

[14] 张葛祥,李众立.倒立摆与控制技术研究[J].西南工学院学报,2001(5):07.

[15] Spong M W. The swing up control problem for the hcrobot[J]. IEEE Control Systems Magazine, 1995(1):49-50.

[16] 张冬军.环形倒立摆的控制研究与实现[J].信息与控制,2003(11):123-127.

[17] Kabat,Rndre. Inverted pendulum process control[J]. Maribor,1997(4):11-12.

[18] 谢冬菊.环形倒立摆控制系统的设计和仿真[D].成都:西南石油大学,2011:18.

[19] 付莹,张广立.倒立摆系统的非线性稳定控制及起摆问题的研究[J].组合机床与自动化加工技术,2003(10):35-37.

[20] Qiguo Yan. Output Tracking of Underactuated Rotary Inverted Pendulum by Nonlinear Controller [C]. Proceedings of the 42nd IEEE Conference on Decision and Control Maui,2003:2395-2400.

[21] 张乃尧.倒立摆的双闭环模糊控制[J].控制与决策,1996(11):85-88.

[22] 陈华龙.基于DPS的倒立摆控制系统研究[D].广州:广东工业大学,2004.

[23] 周向宁,楚荣珍,张鹏.基于SPCE061A单片机的二级倒立摆控制系统[J].微计算机信息,2007(2):72-74.

[24] 段旭东,许可.单级旋转倒立摆的建模与控制仿真[J].机器人技术与应用,2002(2):23-38.

[25] 宋君烈,肖军,徐心和.倒立摆系统的Lgarnage方程建模与模糊控制[J].东北大学学报,2002:4.

[26] Bouslama,Ichikawa. Application of neural network to fuzzy control[J]. Neural Networks,1993:791-799.

[27] 吴景利.对Lgarnage方程的讨论[J].黑龙江教育学院学报,1992(6):15.

[28] 杨景芳.关于Lgarnage方程的几点讨论[J].大庆师专学报,1992(2):4.

[29] 戴忠达,吕林等.自动控制理论基础[M].北京:清华大学出版社,2001:42.

[30] 许俊巧,李建,金晶,黄正烈.利用单片机形成的速度闭环控制系统[J].自动化与仪器仪表,2005(4):21-23.